Politisches Denken · Jahrbuch 1998

Redaktionsanschriften:

Prof. Dr. Karl Graf Ballestrem
Geschichts- und Gesellschaftswissenschaftliche Falkultät
Katholische Universität Eichstätt
Universitätsallee 1, 85071 Eichstätt

Prof. Dr. Volker Gerhardt,
Institut für Philosophie, Humboldt Universität Berlin,
Unter den Linden 6, 10099 Berlin

Prof. Dr. Henning Ottmann
Geschwister-Scholl-Institut für Politische Wissenschaft,
Universität München, Oettingenstr. 67, 80539 München

Politisches Denken
Jahrbuch 1998

Herausgegeben von
Karl Graf Ballestrem, Volker Gerhardt,
Henning Ottmann und Martyn P. Thompson

Verlag J. B. Metzler
Stuttgart · Weimar

Die Deutsche Bibliothek – CIP-Einheitsaufnahme

Politisches Denken : Jahrbuch ...;
Jahrbuch der Deutschen Gesellschaft zur Erforschung des Politischen Denkens.
- Stuttgart / Weimar, Metzler.
Erscheint jährlich.- Aufnahme nach 1991 (1992)
ISSN 0942-2307
1991(1992)

Gedruckt auf säure- und chlorfreiem, alterungsbeständigem Papier.

ISSN 0942-2307
ISBN 3-476-01559-9

Einbandgestaltung: Willy Löffelhardt
Druck und Bindung: Franz Spiegel Buch GmbH, Ulm
Printed in Germany

Verlag J.B.Metzler Stuttgart · Weimar

Inhalt

Diskussion

Rezensionen

Jürgen Gebhardt

Gibt es eine Theorie der Menschenrechte?

In der Idee unveräußerlicher, personaler Menschenrechte sui generis hat der moderne politische Diskurs einen sittlichen und geistigen Ordnungsbegriff mit universalem Geltungsanspruch formuliert und im verfassungsstaatlichen Regime institutionalisiert. Die historische Genese, inhaltliche Deutung, sozialpraktische und politisch-rechtliche Folgewirkung, ebenso wie die Bedeutung der Menschenrechte insgesamt für das politische Ordnungsverständnis der Gegenwart schlechthin, sind im modernen politischen Diskurs derart umfassend thematisiert worden, daß jeder weitere Beitrag überflüssig erscheinen muß. Aus diesem Eingeständnis folgt, daß die hier vorgetragenen Überlegungen nur einen kritischen Kommentar zu einigen aus der internationalen Diskussion wohlbekannten Problemen liefern werden. Es sollen also nur die Aporien im Menschenrechtsdiskurs aus der Sicht einer philosophisch informierten politiktheoretischen Reflexion einer kritischen Prüfung unterzogen werden. Denn, wie Maurice Cranston bereits vor geraumer Zeit feststellte, »in den letzten Jahren (ist) ein philosophisch vertretbarer Begriff der Menschenrechte dadurch vernebelt, verdunkelt und belastet worden, daß man den Versuch unternommen hat, darunter auch bestimmte Rechte einer logisch ganz anderen Kategorie zu subsumieren.« Cranstons Kritik ist philosophisch und politisch begründet: »Unter philosophischem Blickwinkel ergibt die neue Theorie der Menschenrechte keinen Sinn« und politisch führt sie »zur Vorbereitung eines unklaren Begriffs der Menschenrechte«, der »den wirksamen Schutz dessen behindert, was zutreffend unter Menschenrechten verstanden werden sollte.«[1] Cranstons Kritik an der »neuen Theorie der Menschenrechte« setzt bei der Aufnahme wirtschaftlicher und sozialer Rechte in den Katalog der Menschenrechte in der *Universal Declaration of Human Rights* von 1948 an. Insofern er die Frage nach den Bedingungen der Möglichkeit einer philosophisch ausgewiesenen Theorie der Menschenrechte aufwirft, verweist er auf jene Prinzipienfrage, die Gegenstand der folgenden Erörterung ist. Sie kann sich allerdings in entscheidenden Punkten nicht mit den Antworten Cranstons begnügen. Dies gilt insbesondere für die Bestimmung dessen, was eigentlich der Gegenstand des Menschenrechtsdiskurses sei, und inwieweit er einer analytischen Betrachtung zugänglich sei.

Das Multiversum langfristig etablierter und stabiler Verfassungsstaaten ist um ein ordnungspolitisches Zentrum organisiert, das in einem für die Ordnungs-

---

[1] M. Cranston, Kann es soziale und wirtschaftliche Menschenrechte geben? in: E.-W. Böckenförde – R. Spaemann, Menschenrechte und Menschenwürde, Stuttgart 1987, S. 236f.

gehalte der Politie konstitutiven, allgemein als gültig akzeptierten Wertkodex gründet. Hierzu gehören die sogenannten Grund- und Freiheitsrechte. Denn wo immer die Konstitutionalisierung der Herrschaft nachhaltig vollzogen wurde, bedingt diese die Konstitutionalisierung von Individualrechten. In ihnen drückt sich ein entscheidendes Formprinzip der modernen Verfassungsordnung aus. In ihrer jeweiligen politischen und rechtlichen Bindewirkung, in Umfang und Detaillierung mögen die Grundrechtskataloge variieren, aber es gibt darüber hinaus einen von der westlichen Traditionsgeschichte seit den atlantischen Revolutionen des ausgehenden 18. Jahrhunderts vorgegebenen Kernbestand an Freiheitsrechten und rechtsstaatlichen Garantien. Hierbei handelt es sich primär um politische oder zivile Rechte. Entscheidend ist aber, daß diese Grundrechte ideenpolitisch und ordnungspolitisch unlösbar mit der Verfassung einer politisch organisierten Gesellschaft verknüpft sind und durch das Gewaltmonopol der Letzteren garantiert werden. So sehr die Grund- oder Bürgerrechtskataloge – historisch bedingt im inhaltlichen Detail und ihrer rechtlichen Qualifizierung – variieren, ihnen ist gemeinsam, daß sich ihr Geltungsanspruch im Sinne einer Letztbegründung aus den Menschenrechten als invariablen, unveräußerlichen, der conditio humana inhärenten Rechte ableitet – ein Zusammenhang, der in der *Declaration des droits des l'homme et du citoyen* von 1789 formuliert und durch die Verpflichtung aller Verfassungsstaaten auf die völkerrechtlichen Menschenrechtsübereinkommen universalisiert wurde. Vordergründig folgt hieraus ein – allerdings verfassungs- und rechtspolitisch durchaus relevanter – Widerspruch zwischen dem, wie Hasso Hofmann es ausdrückt, »universellen Geltungsanspruch des Menschenwürdeprinzips und der Partikularität der Verwirklichungsgemeinschaft in einer Welt differerierender Nationalismen ... Diese Dialektik tritt überall auf, wo ein Staat nicht nur Bürgerrechte gewährt, sondern Menschenrechte statuiert, wo ein Nationalstaat Rechte der Menschheit positiviert.« Hofmann fährt fort: »Nichts ist erhellender als die Paradoxie, daß die universellen natürlichen Menschenrechte ihren historischen Durchbruch dem partikularistischen Sezessionskrieg der nordamerikanischen Siedler gegen das englische Mutterland verdanken.«[2]

Ob es sich tatsächlich um ein Paradoxon handelt, wird noch zu klären sein. Vorerst ist aber folgendes anzumerken: die von Hofmann so bezeichnete Dialektik besteht in der Tat in einem mehrfachen Sinn: Bürgerrechte gelten im vollen Umfang für den Bürger einer spezifischen Politie. Auch wo sie ausdrücklich auf die Menschenrechte Bezug nehmen, kommt der Nichtstaatsangehörige nicht in den vollen Genuß der Bürgerrechte. Und die Berufung einer Person auf ihr Menschsein begründet kein Menschenrecht auf Aufnahme in einen Bürger-

---

[2] H. Hofmann, Die versprochene Menschenwürde, in: Archiv des Öffentlichen Rechts, Bd. 118, H. 3, 1993, S. 366.

verband, wie die Einwanderungs- und Asylpolitik des Verfassungsstaates belegt. Darüber hinaus enthalten die bestehenden Grundrechtskataloge manch historisch bedingtes Recht, für das eine menschenrechtliche Begründung kaum zu finden ist, so beispielweise für ein Grundrecht auf den Besitz von Schußwaffen. Wird die revolutionäre Semantik der *Declaration* von 1789, die sich in der UNO-Declaration von 1948 cum grano salis wiederfindet, fundamentalistisch begriffen, dann führt die Identifizierung von Menschen- und Bürgerrecht notwendigerweise zum oben genannten Widerspruch, können doch mannigfache, in sich durchaus plausible politische, soziale oder kulturelle Ansprüche innerhalb einer politischen Gemeinschaft solchermaßen normativ aufgeladen werden. Dieses Problem prägte von den amerikanischen Anfängen an die Diskussion und den Konflikt um die Konstitutionalisierung von Individualrechten. Auf der Idee der dem Menschen qua Menschsein zukommenden unveräußerlichen natürlichen Rechte beruhte nicht nur die Konstitutionalisierung von Individualrechten, sondern auch die Konstitutionalisierung der Herrschaft schlechthin in der Form einer durch die schriftliche Verfassung normierten Ordnung der sich selbstregierenden und selbstverantwortlichen Bürgerschaft. In dem revolutionären republikanischen Ordnungsparadigma des 18. Jahrhunderts drückt sich die fundamentale im modernen Naturrecht fundierte Vorstellung aus, daß Menschsein im vollen Sinn des Wortes Bürgersein bedeutet, die menschliche Natur sich nur in derjenigen Ordnung zu entfalten vermag, die auf die Realisierung der ›natural and inalienable rights‹ verpflichtet ist. Daraus resultiert ein universaler Geltungsanspruch, der da besagt, daß die bürgerschaftliche Ordnung die einzige der menschlichen Natur angemessene gesellschaftliche Verfassung ist. Die Bürgerrechte sind, so gesehen, Menschenrechte, nicht nur weil sie jedem Menschen in seiner Eigenschaft als Bürger zukommen, sondern weil der Mensch nur als Bürger wahrhaft Mensch ist. Somit sind es seine Rechte und Freiheiten, die ihm nicht von der Obrigkeit gewährt wurden, sondern diese selbst unterliegt der bürgerschaftlichen Autorität, die sich im Prinzip der Selbstregierung ausdrückt.

Somit sind die Sinn- und Ordnungsgehalte der Verfassung die Quintessenz der Menschenrechte. Das gilt auch für die *Declaration des droits de l'homme et du citoyen* von 1789 wie Art XVI ausweist: »Toute societé, dans laquelle la garantie des droits n'est pas assuré, ni le séparation des pouvoirs determinée n'a point de constitution.« In diesem Zusammenhang ist aber der Unterschied zwischen den amerikanischen und den französischen verfassungstheoretischen und -geschichtlichen Folgewirkungen zu beachten. In den USA artikuliert sich die bürgerschaftliche Autorität in der Verfassung als dem »vorrangigen Gesetz«, das dem Zugriff des einfachen Gesetzgebers entzogen ist. Daraus entwickelte sich eine Verfassungsgerichtsbarkeit, bei der die Bürgerrechte eingeklagt werden können. Die Volkssouveränität (d.h. Bürgersouveränität) stellte sich zunehmend als Verfassungssouveränität dar. In Frankreich wurde der Ordnungsgehalt der Verfassung schließlich in die historisch vorgegebene Gestalt der Nation projiziert, mit der bis in das 20. Jh. wirksamen Folge, daß sich die Volkssouveränität in der Souveränität der Nation und somit in der Souveränität des einfachen Gesetzgebers realisierte, so daß sich weder eine Verfassungsgerichtsbarkeit entwickelte, noch die Bürgerrechte eingeklagt werden konnten. Es ist aber die Verfassungsgerichtsbarkeit, die nicht nur die juristische Gewährleistung der Rechte verbürgt, sondern auch – und das ist entscheidend – die nicht positivierbaren natürlichen Rechte, d.h. die Menschenrechte als moralische Rechte, »die für alle Menschen in allen Zeiten und unter allen Umständen gelten« (Cranston) und als regulative Ideen wirksam werden läßt, insofern sie diese zum verbindlichen Maßstab fundamentaler ordnungspolitischer Entscheidungen im Gemeinwesen macht. Die solchermaßen geleistete Institutionalisierung des Spannungsverhältnisses von Menschen- und Bürgerrechten läßt eine pragmatische, flexible, wenn auch nicht immer gelingende Bestimmung dessen zu, was in den vielfältigen bürgerrechtlichen Ansprüchen legitimerweise sich auf die Menschenrechte berufen kann. Es ist im übrigen bemerkenswert, daß die hier skizzierte Problematik bereits in den Verfassungsdebatten der Gründerjahre der amerikanischen Republik als solche erkannt wurde. 1787 schreibt ein Anonymus als ›Federal Farmer‹:

> »Of rights, some are natural and unalienable of which even the people cannot deprive individuals. Some are constitutional or fundamental; these cannot be altered or abolished by the ordinary laws; but the people, by express acts, may alter or abolish them. These, such as the trial by jury, the benefits of the writ of habeas corpus etc., individuals claim under the solemn compacts of the people, as constitutions, or at least under laws so strengthened by long usage as not to be repealable by the ordinary legislature may alter or abolish at pleasure.«[3]

Aus der bisherigen Erörterung läßt sich zusammenfassend folgern, daß unter dem Gesichtspunkt einer theoretisch-historischen Systematik der Problemkreis der Menschenrechte sachlogisch verknüpft ist mit einem bürgerschaftszentrierten Politikbegriff, der das Menschsein als Bürgersein definiert und der Idee der Verfassung als ordnungspolitischem Bezugspunkt des politischen Institutionengefüges. Unter dem historischen Aspekt ist festzuhalten, daß die Visionen der ›natural rights‹ des Menschen und Bürgers von Anbeginn an, d.h. seit ihrer Verkündigung in der amerikanischen Unabhängigkeitserklärung, universale Geltunganspruche hinsichtlich der Gestaltung der konkreten Ordnung beinhalten. In Sicht einer theoretischen, d.h. auf das Wesen des Gegenstandes gerichteten Reflexion gilt, daß den Menschenrechten ein anthropologisches Credo in Gestalt eines naturrechtlich ausgewiesenen Begriffs der menschlichen Natur unterliegt,

---

[3] Zit. nach G. Stourzh, Die Begründung der Menschenrechte im englischen und amerikanischen Verfassungsdenken des 17. und 18. Jahrhunderts, in: E. W. Böckenförde – R. Spaemann, Menschenrechte und Menschenwürde, S. 89.

auf den hin die politische Ordnung zu konzipieren ist. Die in der institutionellen Ordnung realisierte Natur des Menschen ist der Bürger. Hieran knüpfen die folgenden Bemerkungen an.

Ein halbwegs sachgerechter Rückblick auf die komplexe Entwicklungsgeschichte des europäischen Naturrechts ist hier nicht möglich. Deswegen können die für die frühneuzeitliche Metamorphose des naturrechtlichen Denkens, der wir die Entstehung der Menschenrechte ursächlich verdanken, historischen Traditionselemente antik-christlicher Observanz nur unter dem Gesichtspunkt ihrer konzeptionellen Relevanz für die Menschenrechte berührt werden. Für den naturrechtlichen Komplex im politischen Denken der anhebenden Moderne ist es bezeichnend, daß die Existenz des Menschen und das dieser implizite ›Recht‹ der Ausgangspunkt für die politische Rekonstruktion der Ordnung in einem Spannungsfeld von zerfallender *Res Publica Christiana* und emergenten nationalen Machteinheiten ist. Hier vollzog sich jener, in der westlichen Zivilisationsgeschichte angelegte Prozeß, in dem sich zunehmend die politische Artikulation der Mitgliedschaft der Gesellschaft auf das letzte Individuum erstreckt und »dementsprechend die Gesellschaft ihr eigener Repräsentant wird.«[4] Dieses Resultat zeichnet sich in Umrissen in der Gesellschafts- und Geistesgeschichte des angelsächsischen Kulturraums – aber nicht nur dort – in der naturrechtlichen Semantik insbesondere des radikalprotestantischen biblizistischen Republikanismus in der revolutionären Parlamentsarmee der 40er Jahre des 17. Jhs. ab. Da es hier nicht um ein detailgetreues historisches Referat geht, soll auf das Exemplarische der Entwicklung hin abgehoben werden. Die in und durch die Armee mobilisierten, im ständischen Sinn nicht privilegierten Gruppierungen klagten im *Agreement of the People* (1647) jene ›fundamental rights and liberties‹ eines freien englischen Untertans ein, welche die aristokratische ständische Fronde gegen die absolutistischen Bestrebungen der Krone für sich in Anspruch genommen hatte. Diese beispielsweise in der *Petition of Right* von 1627 unter Berufung auf historische Vorgaben durch Common Law und State Law wie die in der Magna Carta aufgeführten »rights and liberties of the subjects« gelten bereits soweit als rechtlich garantiert, daß man mit Gerald Stourzh hierin eine Fundamentalisierung von Individualrechten sehen kann.

Aus den Standesrechten eines »sozial weit gefächerten dritten Standes, der ›Commonalty of England‹ ... waren frühzeitig und gewissermaßen unmerklich die ›liberties of freebone subjects‹, die ›rights of Englishmen‹ geworden.«[5] Als die Sprecher des *common man* für diesen das Wahlrecht und die weiteren Rechte auf Unversehrtheit von ›life‹, ›liberty‹, und ›estates‹ forderten, mußten sie sich gegen

---

4 E. Voegelin, Neue Wissenschaft der Politik, München 1959, S. 66.
5 G. Stourzh, Begründung der Menschenrechte, S. 82.

historische Präzedenz auf ihr eigentliches Motiv des Handelns, ihre biblizistisch inspirierte spirituelle Erfahrung der ›godliness‹ berufen:

> »For as God has created every man free in Adam, so by nature are all alike freemen born; and are since made free in grace by Christ; no guilt of the parent being sufficient to deprive the child of this freedom. And although there was that wicked and unchristian-like custom of villeiny introduced by the Norman conqueror; yet was it but a violent usurpation upon the law of our creation, nature ... and is now, since the clear light of the Gospel hath shined forth ... quite abolished as a thing odious to both God and man ...«[6]

So kann die Armee aufgerufen werden zum Einsatz für »the recovery of our natural human rights and freedoms, that all orders, sorts, and societies of the natives of this land may freely and fully enjoy a joint and mutual neighborhood, cohabitation, and human subsistence ...«, wie es dem »radical law of nature and reason« entspräche.[7] Zu diesen Rechten – im *Agreement of the People* aufgelistet – zählte insbesondere die Religionsfreiheit, die natürlich nicht zu den englischen Fundamentalrechten zählte, aber langfristig einen ganz entscheidenden Platz unter den Menschenrechten einnehmen sollte. Die Prinzipien dieser wohl frühesten Konkretisierung natürlicher Menschenrechte entstammen nicht den systematischen Naturrechtslehren der Zeit, sondern waren »principles born out of second-hand scholastic philosophy ... combined with the practise, and, equally importantly, the theology of the sects.«[8] In dem neuen topischen Symbol »natural human rights« wurde ein Kampfbegriff gefunden, der das im überkommenen westlichen Selbstverständnis des Menschen als Ebenbild Gottes und Vernunftwesen enthaltene spirituelle Potential gegen die soziale Restriktion des Menschseins aktivierte. In der Berufung auf einen dem Menschen transzendenten Grund des Menschseins werden Rechte postuliert, welche den Wesensgehalt des Menschlichen ins Normative wenden, um ihn zu verwirklichen.

Dieser in der englischen Revolution episodisch aufleuchtende Erfahrungstypus und seine Formensprache ist in gewisser Weise historisch kontingent, seine Geschichtsmächtigkeit verdankt er der einzigartigen Konstellation in den englischen Kolonien Nordamerikas. Das heißt: kontingent sind die historischen Umstände, die zu dem folgenreichen Ereignis der Amerikanischen Unabhängigkeitserklärung führen. Nicht kontingent sind die motivierenden Erfahrungsgehalte selbst, in denen sich das Universale einer essentiellen Humanität des Menschlichen offenbart. Nicht spekulativ philosophisch ausgelegt, sondern konkretistisch situationsgebunden eingesetzt, bleiben die ›natural rights‹ lange an ihren ständegesellschaftlich-mittelalterlichen Kontext gebunden: ›the rights

---

[6] Vox Plebis 1646, S. 4, zit. nach D. Wootton, Leveller Democracy and the Puritan Revolution, in: J. H. Burns ed., The Cambridge History of Political Thought 1450-1700, Cambridge 1991, S. 442.

[7] R. Overton, An Appeal From the Commons to the Free People, in: A. S. Woodhouse ed.

[8] D. Wootton, Leveller Democracy, S. 442.

of the freeborn English subject‹. Diese werden in den Kolonien nicht nur durch indogene Lokalrechte angereichert, sondern in Grundordnungen gefaßt zur ›raison d'être‹ kolonialer Partialgesellschaften, in denen die politische Logik des Radikalprotestantismus, dem Locke ein kontraktualistisches Fundament gegeben hatte, anders als in England sich sukzessive zu entfalten vermochte. Aber: Das Subjekt der Rechte war nach wie vor der ›freie Mann‹ in seiner Eigenschaft als Subjekt der englischen Krone. Die Idee der ›natural rights‹ war deswegen weder in England noch in Amerika mit dem Begriff des Bürgers verbunden. Der aus Italien importierte bürgerhumanistische neoklassische Republikanismus eines James Harrington schlug im 17. Jh. weder konzeptionell noch begrifflich Brücken zu den verschiedenen Spielarten des christlichen Radikalismus; obwohl in der republikanischen Grundhaltung, der heterodoxen apokalyptisch gestimmten Religiosität und der naturrechtlichen Ausrichtung durchaus Gemeinsamkeiten vorlagen. Aber Harringtons *citizen* entbehrte der ständischen Konnotationen, er ist aristotelisch als *zoon politikon* definiert und ethisch-politisch bestimmt. Als neoklassische Alternative zu den historischen Institutionen der *Ancient Constitution* konzipiert, kannte die neoklassische Republik keine historischen Rechte des freien englischen Subjekts, aber auch keine ›natural human rights‹, wohl aber wurde dem protestantischen Begehren nach Gewissensfreiheit Rechnung getragen. Die im ständisch-traditionalistischen oder im staatszentrierten Denken der Zeit übliche Vermischung der Begriffe des Untertanen und des Bürgers schlug sich in der politischen Semantik der ›natürlichen Rechte‹ nicht nieder, wie sich selbst an Locke zeigen läßt.

Auch als in Frankreich im Lauf des 18. Jahrhunderts der *citoyen* zu einem Schlüsselbegriff zur Bezeichnung des vergesellschafteten Menschen wurde, wird er nicht Bezugspunkt der fundamentalisierten Individualrechte. Das galt auch für die amerikanischen Kolonien, obwohl sich dort ein ideen- und institutionenpolitisches Selbstverständnis herausbildete, dessen impliziter Republikanismus sehr zum Ärger des Mutterlandes viel vom revolutionären Radikalismus bewahrt hatte, nicht zuletzt die Idee der ›natural human rights‹. Hier mischten sich biblizistischer und neoklassischer Bürgerhumanismus mit selektiv wahrgenommenen Doktrinen der kontinentaleuropäischen Aufklärung derart, daß ein genuin amerikanisches Ordnungsverständnis sich entfalten konnte. Ohne weiter hierauf einzugehen, ist festzuhalten, daß dieses Ordnungsverständnis im Konflikt mit dem Mutterland über die richtige Deutung der Fundamentalrechte des englischen Untertans, diese in die »natural, inherent, and inseperable rights as man and citizen« transformiert, die jenseits des Zugriffs des englischen Parlamentes sind.[9] Den Amerikanern wurden gleichsam die Grenzen der

---

[9] J. Otis, The Rights of the British Colonies Asserted and Proved, 1764, in: B. Bailyn, Pamphlets of the American Revolution, I. Boston 1965, S. 444.

Fundamentalisierung der Individualrechte im englischen Verfassungsrecht deutlich gemacht. Dessen führender Interpret William Blackstone betonte ebenfalls die »absolute rights of every Englishman« – inhaltlich definiert durch das Recht auf »personal security«, »personal liberty« und »private property« – »as they are founded on nature and reason«. Doch da sie absolut in der Verfügungsgewalt des Menschen liegen, können sie – das ist hobbesianisch gedacht – auch absolut in die Obhut der Gesellschaft gegeben werden, die sie zum Vorteil des Ganzen durch das Gesetz sichert und reguliert. Es liegt aber im Wesen des Gesetzes, daß es von einer souveränen Macht gegeben wird, und die liegt gemäß der englischen Verfassung beim King in Parliament. Die politische Verbindlichkeit dieser Doktrin beruhte auf der Idee der impliziten Zustimmung jedes Engländer zu den Akten des Parlaments, welche die Kolonisten für sich als nicht mehr gegeben ansahen.

Die *Declaration of Independence* von 1776 widerruft die alte Ordnung, da sie die Rechte des freien Engländers, auf die sie verpflichtet war, nicht wahren wollte, im Namen des höheren Rechts, den »Laws of Nature and Nature's God«, der den Menschen als von ihm in seinem Bild geschaffen seine Rechte als unveräußerlich garantiert. Diese Rechte »rest on claims that can be asserted consequent to the nature of man and of the creation in their dependence of God. The divine and natural orders are logically prior and ontologically superior to the social and political orders.«[10] Die in der Kreatürlichkeit angelegte Gleichheit der Menschennatur und die hierin fundierte Unveräußerlichkeit der Rechte werden vom Autor Jefferson als selbstevidente Wahrheiten bezeichnet und damit epistemologisch in der Rationalität des Menschen als solche verankert. In der ersten Fassung des Textes wurden die Wahrheiten noch rhetorisch affirmativ als »sacred and undeniable« bezeichnet. Die spätere Formulierung nimmt direkt Bezug auf Reids Philosophie des Common Sense. Selbstevidente Wahrheiten sind erste Prinzipien, welche von der im Common Sense gegebenen Vernunft mittels der Urteilskraft als solche begriffen werden können. Es sind »intuitive judgements«, und sie sind »natural, and therefore common to the learned and the unlearned, to the trained and the untrained. It requires ripeness of understanding, and freedom from prejudice ...«[11] Jefferson (wie seine Co-Autoren Adams und Franklin) waren im Vergleich zu manch modernem Interpreten durchaus philosophische Köpfe. Die Theologik der Naturrechtssätze wird rational erschlossen durch die Vernunfteinsicht, deren jeder urteilsfähige Mensch teilhaftig werden kann, wenn er denn nur der Stimme seiner Vernunftnatur folgt. Erst diese egalitäre Epistemologie vermag jedermann einsichtig zu machen, daß die natürlichen Menschenrechte Ziel und Inhalt einer politischen Ordnung zu

---

[10] E. Sandoz, A Government of Laws, Baton Rouge 1990, S. 192.
[11] Th. Reid, W. Hamilton ed., Works I, S. 434.

sein haben, und deswegen jeder Mensch notwendig verpflichtet ist, diese Ordnung zu wollen – um der Realisierung seiner Menschenwesentlichkeit willen. Dieser Zusammenhang ist nicht spekulativ oder konstruiert. Er ergibt sich aus der beispielhaften Auflistung von »unalienable rights«. Es ist weder die Trias Lockes noch Blackstones. Auf »life«, d.h. die physische Integrität der Person, und »liberty«, d.h. die freie Verfügungsgewalt der Person über ihre Existenz, folgt die berühmte und kontroverse Formel »the pursuit of happiness«. »Private property«, ein unumstrittenes unveräußerliches Recht und auch schon damals von vielen als vorrangig angesehen, wenn es um die Sklaverei ging, fehlte. In der *Declaration of Rights* des ersten Kontinentalkongresses von 1774 hieß es noch: »life, liberty, and property«. Die heute herrschende Meinung möchte den »pursuit of happiness« ganz liberal als ein freies interessengeleitetes individuelles Streben nach Glücksgütern, worin immer sie bestehen mögen, deuten. Das mag vielleicht auch seinerzeit wie heute die empirisch konstatierbare Mehrheitsmeinung gewesen sein, aber Jefferson, Adams und Franklin im Einklang mit dem intellektuellen und politischen Diskurs der Zeit teilten keineswegs diese hobbesianische Definition des Glücks als der kontinuierlichen Befriedigung eines unstillbaren Begehrens nach fortlaufendem Wohlergehen in diesem Leben.

Wo immer in der ordnungspolitischen Grundsatzdebatte der *Founding Fathers* von ›happiness‹ die Rede ist, ist der Begriff ethisch-politisch aufgeladen. Sein Bedeutungsgehalt ist geprägt von der Vorstellung eines der Humanität des Menschen entsprechenden gelingenden privaten und öffentlichen guten Lebens. Nach Glück strebt, wer tugendhaft und religiös, d.h. gottesfürchtig lebt. Das private Glück eines in diesem Sinn moralisch gelingenden Lebens ist Prämisse und zugleich Resultat der »public« oder »political happiness« (im Deutschen einst als Bürgerglück wiedergegeben) einer gelingenden politischen Ordnung. »(T)he happiness of a people, and the good order and preservation of civil government, essentially depend upon piety, religion, and morality« dekretiert die Verfassung von Massachussetts 1780. In einer Rede zum Unabhängigkeitstag 1802 heißt es:

> »Virtue, then, is necessary to the existence and preservation of republican government, and the perpetuity of public happiness. The real importance of virtue to the welfare of society consists in this, that it is an uniform direction of the public will to that which is good.«[12]

Die hier herangezogenen exemplarischen Belege sind repräsentativ. Jeffersons Formulierung amalgamiert die Konzeption der ›natural rights‹ mit dem christlich-bürgerhumanistischen Tugenddiskurs. »Pursuit of Happiness« kann als ein der

---

[12] American Political Writing during the Founding Era 1760-1805, Ch. S. Hyneman – D. S. Lutz eds., Indianapolis 1983, I, S. 1212.

Kreatur gegebenes unveräußerliches Recht definiert werden, weil es der menschlichen Vernunft unmittelbar einsichtig ist, ein ihrem moralischen und religiösen Gebot entsprechendes Leben zu führen.

Aber: das »inalienable right« des »pursuit of happiness« ist strikt personsbezogen – die Entscheidung hierüber fällt in die Verantwortlichkeit des Einzelnen und seines freien Willens. Deswegen kam es – trotz latenter Vorstellungen vor einem »christlichen Sparta« (Samuel Adams) nicht zu institutionalisiertem Tugendterror. Die Infusion sittlicher Bürgerkompetenz blieb der Public Opinion und der Erziehung überlassen und jenseits des Zugriffs der Herrschaftsorgane. Die Selbstevidenz des Zusammenhangs von personalem und politischem Glück, von Moralität und Politik ergab sich aus dem Prinzip des »self command«. Glück im Sinne eines gelingenden Lebens erfordert Selbstbeherrschung und Kontrolle der Leidenschaftsnatur durch die eigene Vernunft, nur wer sich selbst beherrscht, kann auch sich selbst regieren unter einem republikanischen Regime. Deswegen verheißt dieses allen die »public happiness« einer gelungenen politischen Ordnung. Denn wie selbst der skeptische *Publius* in den *Federalist Papers* bemerkt: »... it is reason, alone, of the public, that ought to control and regulate government, the passions ought to be controlled and regulated by government« (Federalist Nr. XLIX). Von seinen geschichtlichen Ursprüngen her involviert die Idee der Menschenrechte das Motiv der personalen Selbstbestimmung im Einklang mit einer transpersonalen und transhistorischen vorgegebenen Zweckbestimmung der menschlichen Natur. Das republikanische Ordnungsparadigma machte die Quintessenz allen Menschenrechts, das Recht auf Selbstregierung, zum normativen Grund der politischen Herrschaft selbst, zur Sache des sich selbst regierenden Bürgers.

All dies bewirkt die Konstitutionalisierung der Herrschaft. Sie beruht auf absoluter Anerkennung der durch die natürlichen Rechte umschriebenen Integrität der moralischen Person und führt zur Konstitutionalisierung der Individualrechte, die unter republikanischem Vorzeichen nun Bürgerrechte sind. So mutiert der Untertan zum Bürger: Es trat bei den Leuten eine Veränderung ein, schreibt David Ramsey 1789, eine Wandlung

> »from subjects to citizens ... the difference is immense. Subject ... means one who is under the power of another; but a citizen is a unit of a mass of free people, who collectively, possess sovereignty. Subjects look up to a master, but citizens are so far equal, that none have hereditary rights superior to others. Each citizen of a free state contains, within himself, by nature and the constitution, as much of the common sovereignty as another.«[13]

[13] Zit. nach G. S. Wood, The Radicalism of the American Revolution, New York 1992, S. 169.

Die Gründung eines souveränen Staates macht nicht nur im staatsrechtlichen Sinne aus den Untertanen moderne Staatsbürger. »Republican citizenship« impliziert das normative Moment der Selbstregierung unter Anerkennung jenes im Begriff des Naturrechts symbolisierten sittlichen Kerns der menschlichen Person, d.h. der Menschenwürde, der »dignity of man«, ein Terminus, der mit all seinen römisch-christlichen Konnotationen eine neuartige, nämlich ethisch-politische Bedeutung erhält, der erst Kant wieder eine philosophisch-anthropologische Fundierung zu geben versuchte.

Im Lauf der amerikanischen Geschichte akzeptierte die amerikanische Gesellschaft die Menschen- und Bürgerrechte in der Tat als selbstevidente Wahrheiten, die interpretationsfähig, aber in ihrem Wahrheitsgehalt unbestreitbar sind. Sie tat dies allerdings erst nach einem Bürgerkrieg, der darüber entschied, ob die Menschenrechte »glittering and sounding generalities« seien ohne Bindewirkung für die Sklavenhalter oder verpflichtender Maßstab aller Ordnungspolitik in der Nation. Erst als die Konstitutionalisierung der Individualrechte im Prinzip für alle Einwohner der Republik galt, konnten die Menschenrechte endgültig den Status eines gesellschaftlichen Dogmas erhalten. Sie wurden in das durch die sakralen Gründungsdokumente, die Taten und Worte der Väter konstituierte symbolische Universum integriert, das insgesamt die gesellschaftliche Wahrheit der Republik verkörpert. Losgelöst vom ursprünglichen Begründungszusammenhang fungieren die natürlichen Menschenrechte als ziviltheologische Sätze. In einer Ziviltheologie werden Erkenntnisse, die aus der Interpretation primärer Ordnungserfahrungen gewonnen werden, dogmatisiert und systematisiert und in zivilreligiöse Glaubenswahrheiten verwandelt, aus denen die Gesellschaft ihr autoritatives Ordnungsverständnis bezieht.[14] Zivilreligiöse Glaubenswahrheiten entfalten wie alle Glaubenswahrheiten ihre soziale Wirkung als Maxime politischen Handelns, weil sie keiner Begründung mehr bedürfen. In der Dogmatisierung geht jedoch tendenziell die Differenz verloren zwischen »natürlichen Rechten« als symbolischem Ausdruck einer nichtgegenständlichen geistigen Erfahrung der Menschenwesentlichkeit und Bürgerrrechten als hierdurch begründeten historisch-pragmatischen politischen und sozialen Rechten, die auf die konsensual verfaßte Politie hingeordnet sind. Diese Problematik verdeutlicht Harvey C. Mansfield: »Natural rights are the rights on which civil society is founded: civil rights are the ones it secures. Natural rights... are the rights for the sake of which we establish a constitution. But the rights actually secured under this constitution are civil rights.« Die Umsetzung natürlicher in bürgerliche Rechte erfolgt durch Zustimmung und ist

---

[14] Vgl. hierzu J. Gebhardt, Politische Kultur und Zivilreligion, in: D. Berg-Schlosser, J. Schissler, Politische Kultur in Deutschland, Opladen 1987, S. 49-60.

geschützt durch das Recht auf Zustimmung. Dieses Recht wiederum leitet sich aus den Rechten auf »life«, »liberty« und »pursuit of happiness« ab, »because those rights cannot be effective without government yet would not be rights unless each person could consent on its own.«[15] Wenn diese dem Konstitutionalismus innewohnende Dialektik in der Ziviltheologie aufgehoben wird, dann ist die Folge einmal, daß Bürgerrechte als natürliche Rechte verabsolutiert werden, jenseits des bürgerschaftlichen Konsenses, und zum anderen, daß jede Forderung gesellschaftlicher Gruppen als menschenrechtlich begründeter Anspruch auftritt. Ziviltheologie tendiert zu einer Positivierung des Naturrechts, auch dort, wo dieses im Prinzip negiert wird, und eine solche Positivierung widerspricht dem ontologischen Status des Naturrechts.

Auch im ziviltheologischen Gewand behalten die Menschen- und Bürgerrechte ihren universalen Geltungsanspruch. Aber erst der Bruch mit den zivilisatorischen Traditionen der menschlichen Gesittung im Nationalsozialismus und der Aufstieg der USA zur Weltmacht bewirkten, daß die USA die selbstevidenten Wahrheiten der Menschenrechte in der *Universal Declaration of Human Rights* von 1948 zur »gemeinsamen Richtschnur für alle Völker und Nationen« in der UNO erheben konnten. Hier und in den folgenden völkerrechtlichen Menschenrechtsvereinbarungen zeigte sich die Ambivalenz einer ziviltheologischen Dogmatik der Menschenrechte. Sie sind einerseits Explikation einer paradigmatischen Erfahrung, gleichsam eines Seinskerns der Humanität und damit des Universalen im Menschlichen, andererseits aber werden sie insbesondere in ihrer ziviltheologischen Verengung in der Formensprache der westlichen industriegesellschaftlichen politischen Kultur präsentiert. So ist es nicht verwunderlich, wenn in einer emergenten asiatischen Ziviltheologie im Namen der ›Asian values‹ die Menschenrechtsdogmatik der *Universal Declaration* in Zweifel gezogen wird. Die Entstehung der *Declaration* verdankt sich der amerikanischen Rolle als Repräsentant der politischen und geistigen Tradition der westlichen Zivilisation, die vom nationalsozialistischen Deutschland grundsätzlich in Frage gestellt wurde.

Die durch den Weltkrieg ausgelöste historische Krise verlangte eine Restitution international verbindlicher Normen des Zusammenlebens, und die USA als Führungsmacht des »Westens« begegneten dieser Herausforderung mit der Durchsetzung der Menschenrechte als moralisch-politischer Leitidee der internationalen Politik. Harold J. Berman sieht hierin die Wirksamkeit der Entwicklungslogik der westlichen Rechtstradition:

»Western History (is to be seen) as a series of transitions from plural corporate groups within an overarching ecclesiatical unity to national states with an overarching but invisible religious and

---

[15] H. C. Mansfield jr., America's Constitutional Soul, Baltimore 1992, S. 183.

cultural unity, and then to national states without an overarching Western unity, seeking new forms of unity on a world scale...«

In dieser historischen Perspektive war die westliche Rechtstradition immer geprägt vom Glauben »in the existence of a body of law beyond the law of the highest political authority, once called divine law, then natural law, and recently human rights.«[16]

Daß die Menschenrechte das funktionale Äquivalent eines »higher law« sind, scheint weitgehend zuzutreffen. Doch im Begriff des »divine law« und des »natural law« drückt sich die Idee einer *lex aeterna* aus, die ihre Geltung der Anerkennung eines der politischen Welt transzendenten Ordnungsgrundes verdankt. Die Menschenrechte sind diesem Rechtsdenken entsprungen und sie repräsentieren, wie immer man sich auch gegen jede transzendente Begründung wehrt, notwendig die Vision einer »moralischen Welt«, deren Gebote verpflichtender Ausdruck der Vernunftnatur des Menschen sind.

Es liegt in der Natur ziviltheologischer Glaubenswahrheiten, daß sie ein Credo formulieren, das keiner weiteren Begründung bedarf, weil es geglaubt wird, »als ob« es begründet sei. Das mag philosophisch unbefriedigend sein, aber gerade eine solche begründungsoffene, auf konkrete Rechte hin konzipierte ziviltheologisch ausgerichtete Konzeption der Menschenrechte bewirkte deren Anerkennung im internationalen Diskurs. Aus der Tatsache, daß die Universalisierung der Menschenrechte in Gestalt moderner verfassungstaatlicher Grundrechtskataloge erfolgte, erklären sich zwei miteinander verknüpfte Sachverhalte: Erstens wurden aus der menschenrechtlichen Fundamentalnorm des durch den im Begriff der Menschenwürde definierten Anspruches der Person auf Leben, Freiheit und Sicherheit schon in der *Declaration* und dann in den völkerrechtlichen Menschenrechtskonventionen nicht nur die klassischen Bürgerrechte abgeleitet, sondern darüber hinaus eine Plethora ökonomischer, sozialer und kultureller Rechtsansprüche. »(E)ine verbindliche, systematisch einigermaßen klar gegliederte Liste von Menschenrechten gibt es nicht«, stellt E. O. Czempiel fest.[17] Die Kataloge spiegeln die menschen- bzw. grundrechtlich unterfütterte Inflationierung von Rechtsansprüchen in den westlichen wohlfahrtsstaatlichen Demokratien ebenso wider wie die Priorität der sozioökonomischen Zielvorstellungen des sozialistischen Staatenblocks. Insbesondere die in den beiden Menschenrechtspakten niedergelegten Rechte addieren sich insgesamt zum allumfassenden Rechtsanspruch auf ein vollkommenes materielles, soziales und psychisches Glück. Gegen eine Verpflichtung der Staatengemeinschaft auf wohlfahrtstaatliche Politik gibt es keinen Einwand, aber Cranston hat völlig

---

[16] H. J. Berman, Law and Revolution, Cambridge 1983, S. 45.

[17] E. O. Czempiel, Zwischen Ideal und Realität: die Menschenrechte, in: Merkur, H. 9/10 Sept./Okt. 1996, S. 907.

recht, wenn er moniert, daß hier bestimmte Rechte einer logisch anderen Kategorie unter die Menschenrechte subsumiert werden. Dies zeigt sich schon daran, daß die Konstitutionalisierung solcher Rechte im Verfassungsstaat selbst auf Grenzen gestoßen ist.

Hieran schließt sich ein zweiter Punkt. Wie eingangs ausführlich behandelt, ist die Realisierung der Menschenrechte in Gestalt grundrechtlich fixierter Bürgerrechte geschehen. Sie sind Ausdruck der Ordnungslogik bürgerschaftlicher Politik im Verfassungsstaat. Die Verpflichtung der Staatengemeinschaft auf die rechtliche Norm der Menschenrechte impliziert letztlich die Forderung an die unterzeichnenden Staaten, ihre politische Ordnung zu konstitutionalisieren. Es ist in der Tat festzuhalten, daß in diesem Punkt weltweit zumindest der Form Genüge getan wurde. Ob und inwieweit solche Konstitutionalisierungsprozesse zu einer homogenen Welt demokratischer Politien führen, ist zweifelhaft. Aber unabhängig davon ist die Frage, ob der präskriptive Status der Menschenrechte im internationalen Recht und in internationalen Institutionen sich zumindest auf die Einhaltung des primären Menschenrechts auf Integrität der Person, ihr Leben, ihre Freiheit und Sicherheit in der nicht-westlichen Welt auswirkt. In diesem Punkt zeigen empirische Befunde, daß tatsächlich die Institutionalisierung des universalen Geltungsanspruches erste Folgewirkungen auf nationalstaatlicher Ebene gezeitigt hat.

Universalisierung der Menschenrechte kann sachlogisch nicht zu einer Weltgesellschaft führen, in der der Bürger zum Weltbürger mutiert, denn die Realisierung der Menschrechte ist an die konkrete politische Gesellschaft, den Ort des Bürgerseins, gebunden. Dies beruht auf einer Grundbefindlichkeit menschlichen Seins: dem Spannungsverhältnis zwischen der konkreten Partikularität einer politisch verfaßten Gemeinschaft einerseits und der Erfahrung einer jede partikulare Vergesellschaftung transzendierenden Humanität, einer allen Menschen gemeinsamen Menschennatur andererseits. Auf letzterem beruht die Geltung der Menschenrechte. Denn das verpflichtende Gebot, die Menschenwürde zu achten, kommt nicht dem Menschen als vernünftigem Naturwesen zu: »Allein der Mensch als Person betrachtet, d.i. als Subjekt einer moralisch-praktischen Vernunft, ist über allen Preis erhaben; denn als ein solcher (homo noumenon) ist er nicht bloß als Mittel zu anderer ihren, ja selbst seinen eigenen Zwecken, sondern als Zweck an sich selbst zu schätzen, d.i., er besitzt eine Würde (einen absoluten inneren Wert)«.[18]

Ein reflexiver Begriff der Menschenrechte ist auf eine philosophisch und historisch informierte Theorie des Menschlichen und dessen Ordnung angewiesen. Diese kann sich nicht mit der generalisierenden Explikation ziviltheologi-

---

[18] I. Kant, Schriften zur Ethik und Religionsphilosophie, W. Weischedel Hg., Darmstadt 1963, S. 569.

scher Glaubenswahrheiten begnügen, sondern sie legt die für die Menschenrechte konstitutiven Ordnungserfahrungen auf den diesen inhärenten Begriff der menschlichen Natur hin aus, welcher einer jeden ordnungspolitischen Aktualisierung der Menschenrechte zugrunde liegt.

Summary

Does a Theory of Human Rights Exist?

In modern democratic polities human rights are constitutionally guaranteed by means of a bill of rights. Thus, human rights materialize in terms of citizen's rights. The notion of natural rights inherent in the human condition of being a creature of God endowed with reason has been the hallmark of the emerging Western republican paradigm of order. It provided the anthropological underpinning for the concept of civil self-government actualized in a constitutional state. The anthropological creed in question holds that only the citizen can live a truly human life. In this regard a historically grounded theory of human rights involves a reflection on citizenship. The tension between natural human rights and the specific rights of citizens in a particular civil polity reflects the tension between universal humanity and the particularity of human existence in society.

Volker Gerhardt

Die Asche des Marxismus

Über das Verhältnis von Marxismus und Philosophie

I. Über eine hier und heute bestehende Schwierigkeit, den Marxismus zu kritisieren

Es war schon immer nicht ganz leicht, über den Marxismus zu sprechen. Tat man es *als Marxist*, setzte man sich (zumindest innerlich) in *Opposition zur bürgerlichen Welt* und hatte außen mindestens zwei oder drei grundsätzlich *andere* Marxismen gegen sich. Zwar verfuhr die bürgerliche Welt mit ihren Opponenten zunehmend glimpflicher als der zur Herrschaft gelangte Marxismus mit seinen marxistischen Abweichlern. Und eine Weile lang gehörte es im Westen sogar zum guten Ton, sich mit marxistischen Etiketten zu schmücken. Gleichwohl blieb auch hier ein Restrisiko, vor allem wenn man als Marxist ein Grundrecht darin sah, vom bürgerlichen Staat verbeamtet zu werden.

Wer aber als Nicht-Marxist über den Marxismus zu sprechen suchte, der hatte die Marxisten geschlossen gegen sich, denn in ihren Augen verfehlte jeder die Wahrheit, der nicht bereits ihren Standpunkt einnahm. Der politische Kritiker des Marxismus wurde dafür zwar durch den Beifall aus dem bürgerlichen Lager entschädigt. Wer aber nur vorurteilslos eine Einsicht äußern wollte und dabei vielleicht auch noch zu einer kritischen Einschätzung beider Seiten kam, der hatte dann eben beide Seiten, die tödlich zerstrittenen Marxisten und ihren erklärten Todfeind, gegen sich.

Damit ist es, Gott sei Dank, heute vorbei. Zu welcher Bilanz wir am Ende auch kommen werden, in einem Punkt dürfte vorab Einigkeit herrschen: Es ist heute weit weniger riskant, sich über den Marxismus zu äußern. Und diese entspannte Lage sollten wir zur Erkenntnis nutzen. Wer weiß, zwischen welchen Fronten wir schon morgen stehen...

Aber es gibt eine Schwierigkeit ganz anderer Art, die ich zu dieser Zeit, an diesem Ort und in meiner Stellung als besonders drückend empfinde: Mit jedem kritischen Wort über Marx und die Folgen seiner Lehre rührt man an tiefsitzende Überzeugungen der Menschen, die im Staatsgebiet der ehemaligen DDR an das Gute dieser Weltanschauung geglaubt haben. Ich habe inzwischen aus persönlicher Kenntnis einen Eindruck davon, wie weit die innere Opposition mancher DDR-Bürger gegangen ist: Sie haben die Reglementierung eines Lebens hinter der Mauer verwünscht, haben die Unproduktivität von Wissenschaft und Wirtschaft beargwöhnt und haben sich sogar dann kritisch über die Restriktionen des

Systems geäußert, wenn sie wußten, daß ein Stasi-Spitzel dabeisaß. Wer seine berufliche Position gefunden hatte und nicht an der Organisation einer Widerstandsgruppe beteiligt war, der hatte nicht viel zu befürchten – wenn er dem Sozialismus nicht grundsätzlich abgeneigt war. Und das waren die wenigsten.

Denn viele haben doch, insbesondere wenn sie unter sozialistischen Prämissen erzogen waren, die Kritik an der Verelendung des Proletariats und der entfremdeten Produktions- und Warenwelt im großen und ganzen geteilt; sie haben die gute Endabsicht des Marxismus nicht bezweifelt und fühlten sich in der Abwehr von Faschismus und Bellizismus auch moralisch ganz und gar im Recht. Vielleicht haben sie die Realität des Sozialismus sogar deshalb als so unerträglich empfunden, weil sie von der Humanität der kommunistischen Ideale überzeugt waren. Eine dieser mir besonders lieben Personen sagt in Situationen, in denen es auf entschiedenes Handeln ankommt: »Das läßt sich eine Sozialistin nicht zweimal sagen!« Auch wenn ein Augenzwinkern dabei ist, weiß ich, daß auf dieses Wort tatsächlich Verlaß ist.

Nun aber sind die repressiven und unproduktiven Äußerlichkeiten der kommunistischen Herrschaft endlich beseitigt, und es ist erst recht keine Ruhe. Der Zusammenbruch des Systems hat auch die darin gleichwohl liebgewordenen Sicherheiten weggerissen. Die Hierarchie des Staatssozialismus ist zerfallen, die Nomenklatur hat ihre Bedeutung verloren. Dadurch sind nicht nur die Privilegien der alten Ordnung geschwunden, auch nicht nur die vielen kleinen Vergünstigungen und Annehmlichkeiten, die eine gewohnte Ordnung immer bietet. Am schlimmsten ist, daß sich auch das im System für normal und verdienstlich gehaltene Leistungs- und Berechtigungsgefüge schlagartig verändert hat. Auch der bürgerliche Fleiß, den es hier nicht weniger gegeben hat als anderswo, ist mit dem System in Mißkredit geraten. Dadurch ist jeder, den es persönlich trifft, notwendig verletzt.

Die besondere Schwierigkeit, den historischen Vorgang der Vereinigung der beiden deutschen Staaten adäquat zu fassen, liegt ja darin, daß sich hier zwei sich selbst als Sozialstaaten begreifende Großverbände zusammengeschlossen haben. In beiden glaubten die Bürger, ihre auf Lebenszeit garantierten Rechtsansprüche zu haben. Und nun trat plötzlich eine schicksalhafte Wendung ein. Auf das Schicksal aber ist ein Sozialstaat nicht eingerichtet. Er versichert lediglich gegen die kleinen Schicksalsschläge. In gewissen Grenzen ist er auch auf Naturkatastrophen vorbereitet. Aber für historische Großereignisse hat er keinen Platz.

Deshalb weiß man auch mit einer »Wende« nicht umzugehen. Man sucht auf allen Seiten nach den Schuldigen, die man regreßpflichtig machen kann. Im Osten glaubt man gern, für den zeitweiligen ökonomischen Einbruch seien primär die Glücksritter aus dem Westen verantwortlich. Und im Westen schreibt man sowohl die gestiegene Arbeitslosigkeit wie auch die Finanzkrise des Staates den Überforderungen durch den Aufbau im Osten zu. Daß hier eine alle vertrauten Dimensionen sprengende ökonomische und politische Aufgabe gestellt ist, die unvermeidlich Opfer mit sich bringt und mehr verlangt als die Peanuts des Solidaritätszuschlags, ja, daß ein *Glücksfall* darin liegt, sich in einer so eminenten historischen Situation politisch und persönlich bewähren zu können, das wagt angesichts der unwägbaren Schwierigkeiten heute kaum einer zu sagen.

Das hat seinen Grund wohl auch darin, daß die existentiellen Lasten der Vereinigung fast ausschließlich von den Menschen im Osten getragen werden. Zwar muß man ihnen gegenüber stets an den politischen Gewinn der Einheit: die *Freiheit*, den *Rechtsstaat* und die *parlamentarische Demokratie* (die bescheidenen und dennoch höchsten politischen Güter überhaupt) erinnern. Doch allein durch die Übernahme des westlichen Rechtssystems sind sie von Veränderungen betroffen, die an die Substanz ihres bürgerlichen Selbstverständnisses gehen. Deshalb mögen die Bürger in den neuen Ländern die »Wende« auch nachträglich weiterhin gutheißen: Wer jedoch durch sie seine Arbeit oder auch nur seine gewohnte Stellung verloren hat, ja, wer durch sie nur genötigt war, sich auf seine alte Position noch einmal zu bewerben, bei dem bleibt eine tiefsitzende Verbitterung zurück, die leicht zu einer trotzigen Verklärung der guten Seiten der alten Ordnung führt. Natürlich wünscht sich keiner das alte sozialistische Kastenwesen zurück; aber man kann, so wie die Dinge persönlich liegen, auch nicht einfach mit allem einverstanden sein.

Unter diesen schwierigen existentiellen Bedingungen wird es notwendig als Zumutung, vielleicht sogar als eine triumphierende Bosheit erfahren, wenn jemand daherkommt und ohne Not die alten sozialistischen Ideale in Frage stellt. Nicht genug, daß außen alles in bedrängender Veränderung ist; jetzt sollen auch noch die liebgewonnenen inneren Überzeugungen ihre Stellung verlieren.

Ich kann verstehen, wenn jemand damit nicht behelligt werden möchte. Aber ich rechne gleichwohl gerade bei den neu gewonnenen Freunden und Kollegen des Ostens auf Verständnis, daß ich dennoch keine Ruhe gebe. Denn die Krise, mit ihrer noch lebhaft gegenwärtigen Erfahrung, mit der Offenheit der Irritation und dem Verlangen nach Orientierung, bietet für die Erkenntnis günstige Chancen. Die müssen im Interesse politischer und moralischer Einsicht genutzt werden. Für Hegel, der gern im Haus- oder Schlafrock philosophierte, mag es richtig gewesen sein, sich auf die Eule der Minerva zu berufen, die bekanntlich ein Nachtvogel ist. Ich mache meine Erkenntnisse lieber bei Tag, wenn alle sehen können, worauf es ankommt. Die Gefahr, daß mir in der Tageshelle die Glut in der Asche des Marxismus entgeht, nehme ich gern in Kauf.

Es geht also nicht darum, Personen zu verletzen oder gar zu blamieren, sondern wir haben Theorien und deren Leistung einzuschätzen. Im persönlichen Umgang haben Verstehen und Verständigung die erste Maxime zu sein. Das setzt voraus, daß man bereit ist, voneinander zu lernen. Ich gestehe, daß ich viel von den Menschen im Osten gelernt habe und persönlich der Überzeugung bin, daß hier mehr Mitmenschlichkeit zu finden ist als im Westen. Der Westen könnte also in sozialer (und damit auch politischer) Hinsicht nicht eben wenig von der Lebenskunst unter dem Druck der sozialistischen Bürokratie lernen.

Aber in der philosophischen Einschätzung des Marxismus kann es nur am Rande um das gehen, was die Menschen ihm klug und listig abgetrotzt haben. Es geht in erster Linie um die Analyse struktureller Bedingungen, um begriffliche Klärung theoretischer und praktischer Prämissen und um die allgemeine Bewertung politischer Zusammenhänge. Zur Diskussion steht ein *System* - dabei natürlich auch, was dieses System für die Menschen, die stets nur als *Individuen* vorkommen, bedeutet. Nicht zur Debatte steht, wie einzelne Personen sich auf das politische System des Marxismus-Leninismus eingestellt haben.

Gleichwohl ist die Absicht der Analyse, durch Aufklärung und begründete Einsicht schließlich auch ein *Gespräch* mit den Personen zu eröffnen. Durchaus auch mit Blick auf dieses Gespräch vermeide ich polemische Formulierungen nicht. Denn meine Erfahrung gerade hier im Osten ist, daß sich oft erst dann die Zunge löst, wenn jemand sich ungerecht beurteilt fühlt. Wohlgemerkt: Ich ziele nicht auf die Verletzung jener, die den Marxismus anders sehen als ich. Aber ich möchte, daß sich diese andere Meinung artikuliert. Und nur auf diesen sachlichen Anspruch zielt die Herausforderung: Gerade weil sich hier ein einzelner mit seinem Urteil exponiert, soll das Selbstdenken des anderen herausgelockt werden. Denn es ist eine Wahrheit, die bereits mit dem Auftritt des Sokrates offenkundig geworden ist, daß eine Einsicht menschlich und philosophisch nur zählt, wenn sie zum eigenständigen Nachdenken über gemeinsame Lagen und Aufgaben führt und - sich in Gesprächen bewährt.

II. Ein Alptraum verschwindet

Wer sich an die gut vierzig Jahre lang zutreffende Lagebeschreibung der schrecklich geteilten Welt erinnert, dem muß auch heute noch ein epistemischer Schreck in die Glieder fahren. Denn binnen eines Jahres war davon nichts mehr gültig. Die weltgeschichtliche Realität des 20. Jahrhunderts, nämlich die mit Waffen bewehrte und mit einer unversöhnlichen Ideologie fundierte Opposition des Kommunismus gegen den Kapitalismus, war mit einem Schlag nicht mehr existent. So als hätten die Völker nur an *Phantome* geglaubt; so als wären die Menschen nur vor schieren Illusionen geflohen und am Eisernen Vorhang nur im Traum verblutet.

Natürlich können wir heute, sieben Jahre danach, die einmaligen ökonomischen, politischen und vor allem personellen Bedingungen aufzählen, die den geräuschlosen Zusammenbruch einer politischen Welt bewirkten. Und dennoch bleibt darin etwas Unerhörtes, Unglaubliches, Wunderbares. Und es ist – alles in allem – ein großes *Glück*. Man muß dies wiederholen, denn wie man sieht, gerät sogar der in dramatischen Bildern festgehaltene Jubel über den Fall der Mauer schnell in Vergessenheit.

Doch je weiter der Jubel über den Mauerfall in die Geschichte entrückt, um so deutlicher wird die unerhörte Gunst, die das politische Schicksal den Deutschen in den Jahren 1989/90 gewährte. Wer dies nicht wahrhaben wollte, der konnte sich seit 1991 durch den Krieg belehren lassen, den ein an der Macht verbliebener kommunistischer Funktionär in Jugoslawien entfachte. Der hat uns vor Augen geführt, was eigentlich, nach den sattsam bekannten Lehren der Geschichte, zu erwarten gewesen wäre. Man darf auch nicht vergessen, daß der Schießbefehl gegen die Montagsdemonstranten in Leipzig schon ausgefertigt war. In den Stasi-Kasernen hatten die Kommandanten schon die Sandsäcke gestapelt, hinter denen sie sich gegen das Volk verteidigen wollten. Wäre ihnen bekannt gewesen, mit welcher Entschiedenheit sich Margaret Thatcher und François Mitterrand bereits damals gegen die Aufhebung der deutschen Teilung wehrten, hätten sie vermutlich weniger Skrupel gehabt, zu den Waffen zu greifen. So aber hat sich der Kommunismus wenigstens im Abgang als bloßes Gespenst erwiesen.

III. Der verhängnisvolle Anteil der Philosophie

Die Philosophie hatte an der Teilung der Welt in zwei feindliche Lager einen wesentlichen und allemal unrühmlichen Anteil. Denn sie hat Marx, Engels, Lenin und Stalin die Begriffe gelehrt, nach denen die Welt in rückständige und fortschrittliche Elemente aufgeteilt werden konnte; sie hat den etablierten Revolutionären des Ostens die Rechtfertigung für Gewalt und willkürliche Herrschaft leichtgemacht, und sie hat, selbst als deren Scheitern für jeden offenkundig war, nichts Bemerkenswertes zu deren Kritik beigetragen.

In den philosophischen Seminaren mag man zwischen dem frühen und dem späten Marx, zwischen Marx und Engels sowie zwischen diesen beiden und ihren machthabenden Nachfolgern unterscheiden. Und niemand wird ausschließen wollen, daß sich durch die textkritische Forschung ein genaueres Bild vom historischen Marx und seinen Zielen ergibt. Deshalb ist es auch von Bedeutung, die Textbestände kritisch zu sichern. Die Fortsetzung der Marx-Engels-Gesamtausgabe (MEGA) ist daher ein editorisches Unternehmen ersten Ranges.

Bislang aber sind die Versuche, auf den »wahren Marx« zurückzugehen, nicht allein in historisch-philologischer Absicht erfolgt. Man hatte vielmehr immer auch das politische Motiv, den von allen Mißverständnissen gereinigten Gründungsvater auf die *eigene* Seite zu bringen, um selbst als der einzige legitime Nachfolger auftreten zu können. Angesichts der desaströsen politischen Wirkung, in der Marx und Engels stets als die mit ihren Texten gegenwärtigen Berufungsinstanzen anwesend waren, wirken die hermeneutischen Differenzierungen jedoch höchst artifiziell. Wo sie ernsthaft erfolgen, decken sie nur die Selbstüberschätzung der Schriftgelehrten auf. Und politisch betrachtet sind sie unglaublich naiv.

Denn eine mit Gelehrsamkeit restituierte reine Lehre hat bestehende Gegensätze immer nur vertieft. Die konfessionellen Spaltungen in den großen Religionen geben uns dafür ebenso gute Beispiele wie das Sektenwesen in Kunst und Wissenschaft. Also selbst wenn die Texte des Dr. Karl Marx die Bedeutung des Neuen Testaments, des Korans oder auch nur der ungeschriebenen Lehre Platons hätten, wäre es lediglich ein Doktrinarismus mehr, wollte man nun aus den säuberlich herauspräparierten echten Einsichten des Gründers einen strategischen Vorteil für die Programm- und Machtfragen einer politischen Bewegung ziehen. Für die Politik ist somit wenig gewonnen, wenn wir zwischen Marx und dem Marxismus unterscheiden.

Ich lege Wert darauf, daß dies eine *philosophische These* ist, eine These, die sich auf das Verhältnis von historisch überlieferter Theorie und politischer Praxis bezieht. Wir verbleiben mit unseren hermeneutischen Rekonstruktionen allemal im Bereich der Theorie, und können nicht aus rein theoretischen Gründen entscheiden, wo und wie der Übergang in die Praxis zu erfolgen hat. Wo und wie eine Theorie praktisch wird, ist ausschließlich eine praktische Frage.

Daraus folgt allerdings nichts zur Entlastung der marxistisch-leninistischen Philosophie. Wäre sie tatsächlich ihrem viel beschworenen humanistischen Erbe verpflichtet gewesen, dann hätte sie etwas zur Kritik des real-existierenden Sozialismus und des Sowjetkommunismus beitragen müssen. Hätte sie auch nur einen Hauch vom Widerspruchsgeist ihres Gründers in sich gehabt, ja, wäre sie nur in der Nähe ihres Anspruchs geblieben, eine »Wissenschaft« zu sein, hätte sie in Opposition zu einem System gehen müssen, das auf pure Gewalt und offiziöse Selbsttäuschung gegründet war. Doch die Opponenten kamen nicht aus der marxistischen Philosophie, sondern – klassisch gesprochen – aus Kunst und Religion, also aus den Kirchen, insbesondere aus der Friedensbewegung, und aus den Kreisen der Künstler. Das sollte uns allen zu denken geben, wenn wir über die gesellschaftliche und politische Funktion der Philosophie nachdenken.

Dieses Nachdenken aber darf die Philosophie nicht aus dem Zusammenhang mit ihrer jüngsten Hinterlassenschaft herauslösen. *Die Philosophie kann und darf nicht darüber hinwegsehen, daß der Marxismus immer auch in ihrem Namen aufgetreten ist.* Wenn sie daher als akademische Disziplin wie auch als geistige Haltung ernstgenommen werden will, hat sie sich dem Gebrauch und Mißbrauch ihres Namens zu stellen. Folglich kann sie auch *der* Geschichte nicht ausweichen, die der Marxismus unter Berufung auf ihre Einsichten in Gang gebracht hat. Da niemand leugnen kann, daß Deutschland in dieser Geschichte eine besondere Rolle gespielt hat, sind die Philosophen dieses Landes besonders gefordert. Sie haben in beiden Systemen Erfahrungen gemacht; also dürften die Bedingungen für eine vielseitige Diskussion für sie besonders günstig sein.

Im Marxismus haben wir den historisch einzigartigen Fall eines Philosophems, das nicht länger bloß *Theorie*, sondern selbst *Praxis* sein wollte. Allein dadurch hat er ein beispielloses denunziatorisches Potential nicht nur gegen jede *andere*, sondern gegen jede *bloße Theorie* freigesetzt. Durch seinen diktatorischen Anspruch auf das einzig richtige gesellschaftliche Handeln aber hat er den freien Erfahrungsaustausch über Politik und Ökonomie behindert; und wo er zur Macht gekommen ist, hat er – unter fortwährender Proklamation der größten Hoffnungen – den intellektuellen und materiellen Reichtum seiner Klientel verspielt. Darüber gilt es aufzuklären. Und wenn denn die Philosophie eine allgemeine politische Zwecksetzung hat, dann besteht sie heute in Deutschland nicht zuletzt darin, über diesen Zusammenhang von revolutionärem Größenwahn und politischem Verhängnis aufzuklären. Und so werden wir, so lästig dies manchem in Ost und West auch sein mag, eine *grundsätzliche Debatte über den Marxismus* zu führen haben.

IV. Radikalisierung aus dem bloßen Begriff

Es ist aber so, daß der Kommunismus, in der von Marx begründeten ökonomistischen Form, in der er dann auch zur Herrschaft gelangte, in vielfältiger Weise grundsätzlich irrte: So hat der Marxismus das *Recht* gering geachtet, hat es lediglich für ein Phänomen des sogenannten Überbaus erklärt und es im Kern für eine Festschreibung der »Ungleichheit« angesehen[1]; die vom jungen Marx noch für so wichtig befundenen *Menschenrechte* wurden, unter dem unguten Einfluß Hegels, gänzlich beiseite geschoben.[2]

Dann hat der Marxismus politische Wirksamkeit verlangt, aber ohne jeden Respekt vor den *Besonderheiten der politischen Sphäre*; er hat vor allem die *Institutionen* diskreditiert, hat die *Meinungen*, auf denen jede Politik basiert, nur als einen Appendix der ökonomischen Interessen angesehen, und für den in der

---

[1] Denn alles Recht ist letztlich »bürgerliches Recht«, und von dem gilt: *»Es ist daher ein Recht der Ungleichheit, seinem Inhalt nach, wie alles Recht.«* Karl Marx, Kritik des Gothaer Programms, in: MEW 19, 21.

[2] Vgl. dazu Volker Gerhardt, Eine politische These, kein philosophischer Satz. Über die 11. These *ad Feuerbach* von Karl Marx, in: Eine angeschlagene These. Hg. v. Volker Gerhardt, Berlin 1996, 13-32, 5.

Politik essentiellen *Kompromiß* fehlte ihm jedes Verständnis.[3] Über die (von ihm so genannte) »vulgäre Demokratie« der »demokratischen Republiken«,[4] über Volksvertretungen, ja, selbst über den die Politik eigentlich erst konstituierenden Akt der *Repräsentation* hat er gelästert, wie später die rechten Kritiker der Weimarer Republik. Man braucht nur die höhnischen Äußerungen über die »Erfurterei« der Sozialdemokratie[5] oder über den »demokratischen Wunderglauben« der »Lassalleschen Sekte« nachzulesen[6], und man versteht sofort, warum die Linke für Carl Schmitts Parlamentarismuskritik bis heute so anfällig ist. Bis in Habermas' *Strukturwandel der Öffentlichkeit* hinein läßt sich die Faszination durch den verbalen Radikalismus der Rechten verfolgen. Doch wie dem auch sei: Karl Marx hat sich durch seinen apriorischen Revolutionarismus den Zugang zu einer Theorie der Politik verstellt. Und auch wenn er es in späteren Jahren gelegentlich für möglich hält, daß sich aus den bestehenden Organisationen der Arbeiterbewegung Ansätze zur friedlichen Überwindung des Kapitalismus entwickeln, bleibt seine Vorstellung sowohl vom Übergang in den Kommunismus wie auch vom Kommunismus selbst überaus vage. Jon Elster, der diese Ansätze so sorgfältig wie wohlwollend geprüft hat, kommt zu dem Ergebnis, daß die Gesellschaft, von der Marx träumte, nur als »massively utopian« gelten kann: »No such society will ever exist; to believe it will is to court disaster.«[7]

Die Unfähigkeit zur Politik tritt bereits in der 4. These über Feuerbach hervor: Hier kritisiert Karl Marx die Inkonsequenz, mit der die religiöse Welt lediglich auf ihre weltliche Grundlage in den Lebensverhältnissen der Menschen zurückgeführt werde. Feuerbach zeige nur den Widerspruch in dieser weltlichen Grundlage auf, ohne ihn zu beseitigen. Feuerbach *interpretiert* also nur, anstatt, wie Marx es sich vornimmt, zu *verändern.* Marxens Vorsatz dazu liest sich so: »Also nachdem z.B. die irdische Familie als das Geheimnis der heiligen Familie entdeckt ist, muß nun erstere [also die »irdische Familie« aus Vater, Mutter und Kind; V.G.] selbst theoretisch und praktisch vernichtet werden.»[8]

---

[3] Jon Elster entdeckt in den späten Schriften von Marx (aus der Zeit der *Ersten Internationale* zwischen 1865 und 1875) neben der Mahnung an die revolutionäre Konsequenz immerhin auch ein Nachdenken über den »Geist des Kompromisses«: »they reflect the spirit of compromise«. Elster sieht es jedoch als sehr schwierig an, aus diesen Texten »Marx's real view« auch nur zu rekonstruieren (An Introduction to Karl Marx, Cambridge/New York 1986, 159). Ein vernichtendes Urteil über den Begründer einer politischen Bewegung – wie ich finde.

[4] »Selbst die vulgäre Demokratie, die in der demokratischen Republik das Tausendjährige Reich sieht und keine Ahnung davon hat, daß gerade in dieser letzten Staatsform der bürgerlichen Gesellschaft der Klassenkampf definitiv auszufechten ist.« Karl Marx, Kritik des Gothaer Programms, S. 29.

[5] Vgl. Karl Marx, Die Erfurterei im Jahre 1859, in: MEW 13, 414ff.

[6] Karl Marx, Kritik des Gothaer Programms, S. 31.

[7] J. Elster, An Introduction to Karl Marx, S. 166.

[8] Karl Marx, Thesen über Feuerbach, in: MEW 3, 6.

Diese »Vernichtung« der Familie (Engels macht in seiner Redaktion von 1888 behutsam eine »Umwälzung« daraus[9]) ist übrigens das einzige konkrete Beispiel für die propagierten Veränderungen, die (nach dem Spruch, der im Foyer des Hauptgebäudes der Humboldt-Universität angeschlagen ist) auf die Interpretationen der Philosophen folgen sollen. Dabei sieht man auch ohne philosophische Schulung, daß die von Marx avisierte Veränderung nur durch einen Kurzschluß aus den Interpretationen Feuerbachs folgt: Warum sollte man alles gleich »vernichten« – nur weil es mit einem Widerspruch verbunden ist? Man kann Widersprüche auch ausgleichen; man kann versuchen, sie durch Änderungen in den Rahmenbedingungen oder im inneren Aufbau zu beheben. Und – was man nie vergessen sollte: Man kann Widersprüche auch aushalten!

Das alles ist Marx aber offenbar nicht radikal genug. Für den Dialektiker muß jeder Widerspruch natürlich in sein Gegenteil umschlagen. Und so zwingt ihn schon die Logik, Vater, Mutter und Kind mit dem Bade auszuschütten. Nur eine solche dem bloßen Begriff gehorchende Radikalkur kann er als »Veränderung« gelten lassen. Was diese Konsequenz auch biographisch bedeutet, mag man daraus ermessen, daß Marx noch wenige Jahre vorher als Redakteur der *Rheinischen Zeitung* nicht nur Ehe und Familie, sondern auch ihr »sittliches« Wesen entschieden verteidigt hat.[10]

Wie gesagt, die Familie ist hier nur ein Beispiel. Aber ein durchaus treffendes; denn der gleiche revolutionäre Kurzschluß, der ihn von den gar nicht zu leugnenden Widersprüchen in der Familie zur Forderung nach deren Vernichtung führt, bringt Marx schon wenig später von den gar nicht zu übersehenden Gegensätzen in der bürgerlichen Gesellschaft zum Verlangen nach deren Abschaffung. Philosophisch ist auch dieser Schluß von der *Interpretation* auf die *Liquidation* nicht gedeckt, und inzwischen hat ja auch die politische Praxis hinlänglich gezeigt, daß mit der Diagnose vom zwangsläufigen Ende des Kapitalismus – selbst unter der Voraussetzung revolutionärer Nachhilfe – etwas nicht stimmt. Es kann nicht sein, daß aus der Kritik immer schon die Abschaffung des Kritisierten folgt.[11] Aber es ist eben dieser nicht nur *inhumane*, sondern auch zutiefst *apolitische* Kurzschluß, der Marx auf seine Mißachtung von Reformen und seine Begeisterung für Revolutionen führt. Es ist dies offenbar eine Konzession an die

---

[9] Karl Marx, Thesen über Feuerbach, in: MEW 3, 534. Da heißt es: »... muß erstere selbst theoretisch kritisiert und praktisch umgewälzt werden«.

[10] Kommentar zu dem bis dahin geheimgehaltenen, unter der Federführung Savignys entworfenen Ehescheidungsgesetzentwurf der Preußischen Regierung von 1842, in: *Rheinische Zeitung*, Nr. 353 v. 19. Dezember 1842 (Karl Marx, Der Ehescheidungsgesetzentwurf, in: MEW 1, 148-151).

[11] Das ließe sich, wie Oswald Schwemmer gezeigt hat, nur unter »Laborbedingungen« realisieren, die sich bestenfalls in einer totalitären Gesellschaft herstellen ließen (Oswald Schwemmer, Philosophie als Weltveränderung? in: Eine angeschlagene These, S. 139-160, 150).

Philosophie: Ein von Marx wohl nicht durchschauter Tribut an den reinen Begriff.

V. Die Mißachtung des Individuellen

Die Mißachtung der Besonderheiten der politischen Sphäre, die sich aus den Überzeugungen und *Meinungen* der einzelnen konstituiert, hängt eng mit der *Mißachtung des Individuellen* zusammen, für das Marx, romantisch wie er am Anfang war, ein Gespür hätte haben müssen. In seiner Dissertation hebt er noch die Subjektivität und Individualität der Griechen hervor, polemisiert jedoch sogleich (mit Hegel) gegen sie. In den *Ökonomisch-philosophischen Manuskripten* von 1844 warnt er mit Recht davor, »die ›Gesellschaft‹ [...] als Abstraktion dem Individuum gegenüber zu fixieren«, und dekretiert: »Das Individuum *ist* das *gesellschaftliche Wesen.*«[12] Dem könnte man bei entsprechender Erläuterung zustimmen. Doch es folgt nur die Feststellung: »Das individuelle und das Gattungsleben des Menschen sind nicht *verschieden*, so sehr auch – und dies notwendig – die Daseinsweise des individuellen Lebens eine mehr *besondere* oder mehr *allgemeine* Weise des Gattungslebens ist, oder je mehr das Gattungsleben ein mehr *besondres* oder *allgemeines* individuelles Leben ist.«[13]

Man sieht: Durch dialektische Akrobatik wird die Verschiedenheit von Individuum und Sozialität einfach aus der Welt gezaubert. Für die *Nationalökonomie* ist das vermutlich ohne Bedeutung; *Ökonomie* und *Soziologie* können und dürfen sagen, daß die Gesellschaft »nicht aus Individuen« bestehe, sondern nur die »Summe der Beziehungen« ausdrücke, »worin die Individuen zueinanderstehn«.[14] Für die *Politik* aber liegt in der Reduktion des Individuums zu einer bloßen Beziehungsgröße notfalls die Rechtfertigung, den einzelnen exakt auf das Maß zu bringen, das die Gesellschaft fordert.

In der 1847 verfaßten Streitschrift gegen Proudhon weiß Marx noch genau, daß sich die »Vernunft« nicht »ohne das Individuum« fassen läßt.[15] Aber das hat offenbar nur polemische Bedeutung; für die von ihm in Anspruch genommene ökonomische »Vernunft«, also für die ökonomische Logik der Geschichte, ist das Individuum ohne nennenswerte Funktion. Wer aber das Individuum, das ursprüngliche Element einer jeden menschlichen Gesellschaft, nicht achtet, der verspielt vorab sowohl die möglichen Lehren der Geschichte wie auch die der

---

[12] Karl Marx, Ökonomisch-philosophische Manuskripte (1844), in: MEW Erg. Bd. Teil I, Berlin 1968, 538.

[13] Ebd., 539.

[14] Karl Marx, Grundrisse der politischen Ökonomie (Rohentwurf 1857-1858), Berlin 1974, 176.

[15] Karl Marx, Das Elend der Philosophie (1847/1885), in: MEW 4, 65-182, 127.

Wissenschaft, die ihren Weg in die Realität nur über die Einsicht selbständiger Individuen nehmen können.[16]

Die Mißachtung des Individuellen führt unmittelbar zur Fehleinschätzung der Privatsphäre und ihrer gesellschaftlichen Funktion. Selbst die heute noch verbliebenen Marxisten des Ostens räumen ein, daß die propagierte Aufhebung des Privateigentums einfach nicht möglich war – und dies nicht nur in der Praxis: Die sozialistische Rechtstheorie hat sich hier in unauflösliche Widersprüche verwickelt. Denn sowohl das Recht wie auch die Sphäre der Öffentlichkeit setzen die Anerkennung materialer privater Ansprüche voraus.[17]

VI. Im Namen der Moral - ohne Gespür für ihren Sinn

Besonders schwer wiegt der ökonomistische *Verrat an der Moralität* – dies nicht zuletzt deshalb, weil die Marxisten bis heute so tun, als würden sie (und niemand sonst) die weltgeschichtliche Erbschaft des Humanismus antreten. Natürlich ist nicht zu leugnen, daß die Parolen der sozialen Gerechtigkeit in der Selbstdarstellung des Kommunismus eine Rolle spielten; auf den Schautafeln der SED haben sie vierzig Jahre lang den real existierenden Sozialismus propagiert und – unfreiwillig parodiert.

Man wird auch nicht bestreiten wollen, daß es dem Marxismus immer wieder gelungen ist, beachtliche moralische und politische Energien zu mobilisieren. Der Kampf gegen Armut, Ausbeutung und Entrechtung, der Einsatz für bessere Arbeits- und Lebensbedingungen ist großen humanitären Zielen verpflichtet, die sich vom Wunsch nach einer alle Menschen umfassenden Solidarität nicht trennen lassen. Marx hat diese Ziele für sich reklamiert, und es ist eine historische Tatsache, daß sie nicht nur bei den erklärten Adressaten seiner Botschaft, den Proletariern, sondern vornehmlich bei Intellektuellen und avantgardistischen Künstlern Anhänger gefunden hat. Ich erinnere nur an Pablo Neruda. Oder an Wolf Biermann, der es sogar noch 1976 fertigbrachte, daß man dem persönlich längst verabschiedeten »demokratischen Sozialismus« applaudierte.

---

16 In den *Grundrissen* kommt Marx noch einmal in schöner und deutlicher Weise auf das »freie Individuum« zurück. Da heißt es, die »freie Individualität« stelle, »gegründet auf die universelle Entwicklung der Individuen und die Unterordnung ihrer gemeinschaftlichen, gesellschaftlichen Produktivität« die dritte und letzte Stufe der (angestrebten) historischen Entwicklung dar. Aber das bleibt leider bloß ein Satz, der in der wissenschaftlichen und politischen Programmatik des Kommunismus keinen Ausdruck findet. Gelegentlich wird auch an das »lebendige Individuum« erinnert. Aber es scheint in der Politik des Kommunismus ebenso gestorben zu sein wie unter der entfremdenden Macht des Kapitals (Siehe: Karl Marx, Grundrisse der politischen Ökonomie, S. 75 u. 151).

17 Dazu: Rosemarie Will, Eigentum in der marxistischen Rechtstheorie, Vortrag in der Ringvorlesung *Marxismus. Versuch einer Bilanz* am 4. Juni 1996.

Aber es ist inzwischen ebenfalls eine historische Tatsache, daß der realexistierende Marxismus seine großen Ziele verfehlt hat. Schlimmer noch: Er hat die Ziele selbst ins Zwielicht gerückt. Man würde dieser Tatsache nicht gerecht, wollte man in ihr nur eine fehlgeschlagene Praxis namhaft machen. Am Anfang stehen fatale Fehleinschätzungen und gravierende Mängel der sie verantwortenden Theorie. Sofern darin Erwartungen enthalten sind, die Marx mit seiner Epoche teilt, vielleicht eine *déformation professionelle* des philosophischen Denkens überhaupt, gehen diese Fehler uns alle an, auch wenn wir der Verführung erlegen sein sollten, marxistisch zu denken. Darüber wird am Ende zu sprechen sein. Es gibt aber eine erklärte Blindheit des Marxismus, die man ihm als Versagen vorrechnen muß.

Das läßt sich an einigen Beispielen deutlich machen: Das *erste* und in meinen Augen wichtigste betrifft die philosophische Abwertung der Moral. Brechts schnoddriger Spruch: »Erst kommt das Fressen, dann kommt die Moral« hat in der *Dreigroschenoper* einen guten Platz. Aber wenn der Satz in einer philosophischen Debatte als Argument verwendet wird, traut man seinen Ohren nicht. So ging es mir in einem der ersten Kolloquien in unserem neuen Institut im Frühjahr oder Sommer 1993. Da hatte ein Referent nach verschiedenen Begründungsmöglichkeiten in der Ethik gefragt und für eine lebhafte Debatte gesorgt. Ziemlich gegen Ende kam dann noch eine Wortmeldung, die Vortrag und Diskussion unter Berufung auf die marxistische Ökonomie geradeheraus für überflüssig erklärte. Man brauche den Leuten nur Arbeit und satt zu essen geben, dann regelten sich die moralischen Probleme von selbst.

Von dem Denkfehler einmal abgesehen, daß wir ja satt zu essen hatten und damit sogar nach Ansicht des Redners Grund hätten haben dürfen, moralische Fragen ernstzunehmen, wurde dies wahrhaftig als eine Einlassung zum Thema angesehen, die vor dem Hintergrund der Marxschen Theorie ihre Berechtigung haben sollte. Natürlich muß man Marx gegen solche Plattheiten von Marxisten in Schutz nehmen. Aber er ist nicht ganz unschuldig an diesem Mißverständnis. Denn zunächst übernimmt er die Geringschätzung der Moralität von Hegel, der die Sittlichkeit des normalen Lebens stärker durch den lebendigen »Volksgeist« und die niemals bloß von außen leitende Kraft des Rechts garantiert sehen wollte. Hegel konnte sich diesen »Kommunitarismus« leisten, weil er sowohl dem unverzichtbaren Universalismus wie auch dem zugehörigen Individualismus in seiner Theorie des sich entfaltenden Geistes Rechnung trug. Wer aber mit dem Versuch reüssieren will, den angeblich kopfstehenden Hegel auf die Füße zu stellen, um dem Primat des Geistes zu entkommen, der muß schon ein anderes Medium nennen, in dem sich die Allgemeinheit und Verbindlichkeit moralischer Normen auch subjektiv vergewissern läßt.

Doch ein solches eigenständiges Medium fehlt, solange das menschliche Bewußtsein in der Abhängigkeit verbleibt, in der es, nach Marx, begriffen werden muß. Einem lediglich von den materiellen Vorgängen abhängigen (oder diese gar »widerspiegelnden«) Bewußtsein fehlt von vornherein die Integrität, die es benötigt, um sich als moralisch behaupten zu können. Die Moralität zeigt sich notfalls in der Unbeugsamkeit eines Widerstands gegen die Zumutung der Verhältnisse. Wie soll eine Theorie dafür Verständnis aufbringen, die grundsätzlich alles aus diesen Verhältnissen erklärt?

So kommt es, daß Marx als Anwalt der politischen Ökonomie auf die Moral kaltblütig verzichtet. Im »Naturgesetz« der gesellschaftlichen Bewegung hat sie keinen Platz. Aber nicht nur dies. Es kommt noch ein schrecklich hellsichtiges Motiv dazu: In der »Diktatur des Proletariats« kann die immer nur auf individuelle Freiheit zu gründende Moral letztlich nur ein Störfaktor sein. Deshalb war es auch für den politischen Machtwillen des Marxismus von Vorteil, sich der Moral gegenüber dummzustellen. Dem Gegner gegenüber führte man sie zwar im Munde; sie wirkte auch irgendwie in der Hoffung auf die große Befreiung nach der Revolution. *De facto* aber wurde sie auf unbestimmte Zeit vertagt – ein Akt, der die Moral aktuell zerstört. So hatte man zwar noch Worte, aber längst kein Gespür mehr für sie.

VII. Die Überforderung von Theorie und Praxis

Das *zweite* (und für den politischen Kontext vorrangige) Beispiel ist die von Marx betriebene *Unterhöhlung des Humanitätsbegriffs*. Sie ist deshalb so kennzeichnend, weil wir dem jungen Marx das wohl ausdrucksstärkste Plädoyer für die Wahrung der Menschlichkeit unter den Bedingungen der globalen Industrialisierung verdanken: Und ich kann gestehen, daß es dieses Plädoyer gewesen ist, das mich 1968 für ein paar Jahre selbst zu einem Sympathisanten eines (leider nirgendwo existierenden humanistischen) Marxismus gemacht hat. Zu den biographischen Merkwürdigkeiten gehört, daß es nicht etwa der Einmarsch der Warschauer-Pakt-Truppen in Prag, sondern erst die gründliche Kant-Lektüre war, die mich zurechtgebracht hat.

Ich zitiere die Passage, die mich damals für den Marxismus eingenommen hat: »[...] die [kommunistische; V.G.] *Gesellschaft* ist die vollendete Wesenseinheit des Menschen mit der Natur, die wahre Resurrektion der Natur, der durchgeführte Naturalismus des Menschen und der durchgeführte Humanismus der Natur.[18]« Dem voraus geht das große Versprechen:

»Der *Kommunismus* als *positive* Aufhebung des *Privateigentums* als *menschlicher Selbstentfremdung* und darum als wirkliche *Aneignung* des menschlichen Wesens durch und für den Men-

[18] Karl Marx, Ökonomisch-philosophische Manuskripte (1844), S. 538.

schen. [...] Dieser *Kommunismus* ist als vollendeter Naturalismus = Humanismus, als vollendeter Humanismus = Naturalismus, er ist die *wahrhafte* Auflösung des Widerstreits zwischen dem Menschen mit der Natur und mit dem Menschen, die wahre Auflösung des Streits zwischen Existenz und Wesen, zwischen Vergegenständlichung und Selbstbestätigung, zwischen Freiheit und Naturnotwendigkeit, zwischen Individuum und Gattung. Er ist das aufgelöste Rätsel der Geschichte und weiß sich als Lösung.« (Ebd., 536)

Man sieht sofort, daß hier ein durch und durch philosophisches Programm umrissen wird. Vielleicht ist es das ehrgeizigste und vermessenste, das jemals von anderen (als bloß vom Autor) ernstgenommen wurde. Und das konnte paradoxerweise wohl nur geschehen, weil hier die vollkommene Auflösung des Menschheitsrätsels zu einer durch und durch *praktischen* Aufgabe erklärt wurde: Ein philosophisches Programm, das ganz und gar durch Ökonomie und Politik zur Ausführung kommen sollte.

Aber eben darin liegt auch schon das ganze Problem! Um es deutlicher zu sagen: Darin liegt die von Anfang an bestehende Unmöglichkeit der Einlösung der kommunistischen Forderung. Auch wenn Marx sein kurzerhand zur Politik erklärtes philosophisches Programm mit eindringlichen Formulierungen untermalt - so entspricht seiner vernichtenden Diagnose eine *a priori* unzulängliche Therapie. Die Kontinuitätserwartung, die, wie man nicht vergessen darf, seine Revolutionsthese trägt, ist *theoretisch* nicht ausgewiesen[19]; *praktisch-politisch* wird sie durch eben das zerstört, was sie begründen soll. Denn eine Revolution kann keine Kontinuitäten sichern, auch wenn sie nur an der ökonomischen Basis bestehen soll. So bewegt sich schon die unbegründete Revolutionserwartung des Marxismus in einem selbsterzeugten praktisch-politischen Zirkel: Selbst wenn Marx mit seiner Diagnose recht hätte, könnte seine revolutionäre Therapie nichts zur Besserung beitragen.

Das ist leicht zu sehen, wenn man sich die Marxschen Prognosen vergegenwärtigt: So wird behauptet, daß die »Entwertung der Menschenwelt« mit der »Verwertung der Sachenwelt« zunehme (ebd., 511); daraus wird gefolgert, daß die »fremde, gegenständliche Welt« desto »mächtiger« werde, »je mehr sich der Arbeiter ausarbeite« (ebd., 512). Und je mehr der Mensch auf diese Weise *außen* schaffe, um so *»ärmer«* werde seine *innre Welt* (ebd.). Denn die lohnabhängige Arbeit mache jeden zum »Knecht seines Gegenstandes« (ebd.), oder, wie es im *Kommunistischen Manifest* von 1848 so eindrucksvoll heißt: Sie macht ihn *zum »bloße[n] Zubehör der Maschine«*.[20] Und so werde der Mensch nicht nur »dem Produkt seiner Arbeit, seiner Lebenstätigkeit, seinem Gattungswesen

---

[19] Dies gilt nicht nur für die erforderlichen ökonomischen und politischen Zwischenglieder, sondern auch für die Deutung des Revolutionsparadigmas, an dem Marx sich orientiert. Siehe dazu: Heinrich-August Winkler, Marx und die Französische Revolution. Vortrag zur Eröffnung der Ringvorlesung *Marxismus. Versuch einer Bilanz* an der Humboldt-Universität am 16. April 1996.

[20] Karl Marx/Friedrich Engels, Manifest der Kommunistischen Partei, in: MEW 4, 468.

entfremdet«, sondern es komme zur »*Entfremdung des Menschen von dem Menschen»*.[21] – Gesetzt, das stimmt auch nur ungefähr so, wie Marx es offenbar meint, dann kann daraus keine Revolution mehr folgen. Denn die Kräfte dazu wären – beim Arbeiter jedenfalls – gänzlich aufgebraucht. So erlaubt die Beschreibung der kapitalistischen Gesellschaft durch Marx und Engels ohnehin nur den Zusammenbruch, aber keine Revolution.

Aber ist da nicht auch bei Marx das *prometheische Glaubensbekenntnis* des modernen Menschen, wie wir es schon beim jungen Kant, beim jungen Goethe oder Fichte lesen können und das Marx in größte Nähe zu Nietzsche bringt? Könnten dadurch nicht ungeahnte, theoretisch gar nicht prognostizierbare Kräfte freigesetzt werden? Vermag der Mensch in seiner neugewonnenen säkularen Freiheit nicht auch das, was zuvor für unmöglich gehalten werden mußte?

»Nicht die Götter, nicht die Natur, nur der Mensch selbst kann diese fremde Macht [die ihm aus den verselbständigten Gegenständen seiner Arbeit erwächst; V.G.] über d[en] Menschen sein.« (Ebd., 519)

Daß sich hier *alle* angesprochen fühlen müssen, die auf ihre eigene Kraft vertrauen, die jugendlich Tätigen und Begeisterungsfähigen, die ihre Zukunft selbst in die Hand nehmen wollen, das versteht man gut.[22] Und gesetzt, im Marxismus wäre der moralische Ausgangspunkt anerkannt, der eine Empörung sanktioniert, so könn- te man auf die Widerstandskraft der Individuen vertrauen, die sich, bei geschlossener Gegnerschaft, auch entsprechend organisiert. Wie das geschehen kann, hat gerade der zähe *innere* Widerstand in den totalitären marxistischen Staaten vor 1989 bewiesen.

Doch in der Marxschen Theorie bleibt für eine solche Begründung künftigen Handelns kein Platz. Der Autor hat, fasziniert durch die Erklärungskraft einer Wissenschaft, die ganze Zukunft auf die Nationalökonomie gegründet. So hat er unter dem Anspruch auf strenge wissenschaftliche Analyse alle Mittel wieder gestrichen, die man für den Aufbruch in eine selbstbestimmte Zukunft braucht. In dem angepaßten Wunsch, die Ziele des Kommunismus aus dem Selbstlauf der Geschichte – und damit als rein wissenschaftlich – zu deklarieren, begeht Marx den verhängnisvollen Fehler, die Ideale, in deren Namen er die »knechtische Existenz« des Menschen kritisiert hatte, dem Positivismus seiner Zeit zu opfern. Mit der gleichen Automatik, mit der die Bourgeoisie als »willenloser und widerstandsloser Träger« des »Fortschritts der Industrie«[23] zur Herrschaft gekommen ist, soll schließlich auch das Proletariat seine Revolution vollziehen:

---

[21] Karl Marx, Ökonomisch-philosophische Manuskripte, S. 517.

[22] Vgl. Volker Gerhardt, Eine politische These, kein philosophischer Satz. Über die 11. These *ad Feuerbach* von Karl Marx, S. 30f.

[23] Karl Marx/ Friedrich Engels: Manifest der Kommunistischen Partei, S. 473.

»Die theoretischen Sätze der Kommunisten beruhen keineswegs auf Ideen, auf Prinzipien, die von diesem oder jenem Weltverbesserer erfunden oder entdeckt worden sind. Sie sind nur allgemeine Ausdrücke *tatsächlicher Verhältnisse* [...], einer unter unsern Augen vor sich gehenden geschichtlichen Bewegung.« (Ebd., 474 f.)

Man braucht eine solche Feststellung nur mit einer der späteren Aussagen zur politischen Ökonomie zu verknüpfen, und man bekommt eine Vorahnung von der Politik, die im Namen des Kommunismus notwendig betrieben werden mußte: »Das Resultat, wozu wir gelangen, ist nicht, daß Produktion, Distribution, Austausch und Konsumtion identisch sind [was in der Tat ein ziemlich absurdes Ergebnis wäre; V.G.], sondern daß sie alle Glieder einer Totalität bilden.«[24]

Verbliebe diese Aussage strikt in einem methodologisch begrenzten ökonomischen Kontext, wäre noch gar nicht einmal etwas einzuwenden. Da sie aber die Begründung für einen Zusammenhang liefert, der das politische Handeln anleiten soll, und da sie im Bann einer metaphysischen Totalitätsverheißung steht, in der Notwendigkeit und Freiheit, Naturalismus und Humanismus nur zwei Seiten ein und derselben Medaille sind, wird sie zum Freispruch für *jede* Macht, die sich so interpretiert, als sei ihr Handeln nichts anderes als der Vollzug der von der Geschichte zwangsläufig terminierten Veränderung.

Hier haben wir also den tragischen Fall, daß sich ein begabter Weltverbesserer selbst in den Rücken fällt. In seinem Eifer, auf *jeden* Fall und unter *allen* Umständen recht zu behalten, streicht er sich selbst als epistemische und moralische Instanz und macht aus der versprochenen Auflösung aller »Rätsel der Geschichte« einen Vorgang, der gar nicht mehr zu vermeiden ist.

VIII. Die Unterhöhlung der Humanität

Damit hat die *Idee der Humanität*, die auf das mitfühlende, eigen- und widerständige und trotz allem handelnde menschliche Individuum angewiesen ist, ihre Schuldigkeit getan. Und Marx läßt sich später, insbesondere in der Kritik der Sozialdemokratie, keine Gelegenheit entgehen, um seinen Spott über die vertrottelten Idealisten und Moralisten auszugießen. Ich erinnere nur an das böse Wort vom »Prinzipienschacher«, den er den Lassalleanern unterstellt, nur weil sie die Prinzipien der Freiheit und Gleichheit für unverzichtbar halten.[25] Das Schlimmste aber ist, daß er mit seiner positivistischen Realitätsbesessenheit den Grund für den Totalitarismus jener Marxisten legt, die mit ihrer Macht die

[24] Karl Marx, Einleitung zur Kritik der Politischen Ökonomie, in: MEW 13, 630.

[25] Karl Marx im Brief an Wilhelm Bracke vom 5. Mai 1875, in: Karl Marx, Kritik des Gothaer Programms, S. 14.

Wirklichkeit definierten, von der man dann nicht ungestraft durch eigene Ideen abweichen durfte.

Es ist aber nicht allein der Marx beherrschende Szientismus des 19. Jahrhunderts, der zum totalitären Denken führt. Gleich ursächlich ist der Traum von jener »gemütliche[n] Beziehung des Menschen zur Erde«, die hinter der Kritik an der Entfremdung steht.[26] Auch hier können wir sympathetisch nachvollziehen, worauf der junge Mann hinauswill, der Marx bei der Formulierung dieser utopischen Vision noch war. Doch er hätte, wenn nicht aus dem Leben, dann zumindest aus den von ihm zitierten Büchern wissen können, wie problematisch es ist, die »Entfremdung« zu einer Kategorie parteilicher Sozialkritik zu machen. Es ist ein Kurzschluß, vom entsetzlichen Elend des Industrieproletariats auf die Befindlichkeit des Menschen überhaupt schließen zu wollen. Was in den Fabriken ein Skandal und in den Warenhäusern ein Ärgernis ist, nämlich die Unterwerfung des Menschen unter den Sachzwang von Produktion und Konsumtion, das entpuppt sich in anthropologischer Reflexion auf die Verfassung des Menschen überhaupt als unverzichtbares Element des humanen Selbstverständnisses. Denn wir müssen immer erst aus uns heraus, um zu uns selbst kommen zu können. So bitter es vielleicht auch klingt: Wir brauchen das Fremde, um allererst das erfahren zu können, was uns als Eigenes wichtig ist. Und dazu gehört nicht nur der Fremde, der in den vertrauten Kreis der Familie vordringt, auch nicht nur die fremde Kultur, die unsere Neugierde weckt und uns zugleich in unseren Gewohnheiten sicherer macht: Es gehört auch das Fremdwerden eines geliebten Menschen und die Enttäuschung über das eigene, sich notwendig verselbständigende Werk hinzu.

Ohne solche Entfremdungserfahrung dürfte sich das menschliche Bewußtsein kaum zu der bekannten und gerade auch von Marx in Anspruch genommenen Subtilität entwickelt haben. Georg Simmel hat die Entfremdung sogar zum Motor der menschlichen Kultur erklärt, hat darin freilich auch die unumgängliche »Tragik der Kultur« namhaft machen wollen. Bis zu diesem Punkt ist ihm dann auch sein langjähriger Berliner Kollege Ernst Cassirer gefolgt, der aber nicht von einer »Tragödie«, sondern lediglich von der permanenten »Krise« der Kultur sprechen wollte. Denn Cassirer war der Ansicht, daß wir diese »Krise« produktiv nutzen können, indem wir das notwendig verselbständigte Werk in die Lebendigkeit des sozialen Lebens zurückholen und es tätig als »Durchgangspunkt«, als »Vermittler zwischen Ich und Du« begreifen.[27]

Hier wirkt eine Dialektik, die anders als die materialisierte Dialektik von Karl Marx ihren Bezug zur eigenständigen Geistigkeit der Individuen noch nicht preisgegeben hat: »Denn am Ende dieses Weges steht nicht das Werk, in dessen

---

26 Karl Marx, Ökonomisch-philosophische Manuskripte, S. 508.

27 Ernst Cassirer, Zur Logik der Kulturwissenschaften (1942), Darmstadt 1994, 110f.

beharrender Existenz der schöpferische Prozeß erstarrt, sondern das ›Du‹, das andere Subjekt, das dieses Werk empfängt, um es in sein eigenes Leben einzubeziehen«.[28]

Man sieht: Immer wieder kommt man auf das in meinen Augen größte Versäumnis von Karl Marx zurück: auf die *Mißachtung der Individualität.*[29] Der Mensch, selbst wenn wir ihn nur als Gattungswesen betrachten, hat sein Spezifikum in der an ihm selbst erfahrenen Lebendigkeit. Auch die Vernunft, in der man mit guten Gründen das Wesensmerkmal des Menschen ausmachen kann, hat für ihn nur Bedeutung, sofern sie seine *eigene, individuelle Vernunft* sein kann. Und *mit* ihr wie *in* ihr hat man den Lebensanspruch eines jeden einzelnen Menschen zu achten. Dafür aber hatte Marx in seinem Anspruch, stets auf das Ganze der Geschichte auszugehen, nicht den geringsten Sinn. Ein singulärer Vorgang kommt nur dann in Betracht, wenn er unmittelbar zur Weltgeschichte ist. Der einzige praktische Effekt kann heute doch nur die Gänsehaut sein, die einen beim Lesen der brachialen Phrasen des jungen Marx überläuft. Denn über die *jetzt* unter *konkreten* Bedingungen lebenden *Individuen* geht er ungerührt hinweg: »In Deutschland kann *keine* Art der Knechtschaft gebrochen werden, ohne *jede* Art der Knechtschaft zu brechen. Das *gründliche* Deutschland kann nicht revolutionieren, ohne *von Grund aus* zu revolutionieren. Die *Emanzipation des Deutschen* ist die *Emanzipation des Menschen.*«[30]

Auch wenn man weiß, daß hier theoretische Ansichten Hegels in praktische Absichten umgebogen werden, möchte man solche Aussagen am liebsten für ironisch halten. Ist hier nicht bloß eine Karikatur des gründlichen Deutschen vorweggenommen, die in Lenins Spott über den Bahnsteigkarten-Legalismus der Deutschen wiederkehrt? Leider nein! Wir können in allen späteren Äußerungen von Marx und Engels sehen, daß ihnen die Revolution über alles ging - den *jetzt* Lebenden mochte es ergehen wie es wolle.

Ja, diese Formulierung ist noch viel zu milde. Man muß aus der unentwegten Kritik an den zahlreichen Reformbestrebungen, von denen das 19. Jahrhundert so reich ist, schließen, daß Marx und Engels sich wünschten, es möge den

---

[28] Ebd. – Siehe dazu: Birgit Recki, Ethos und Kultur. Ernst Cassirers ungeschriebene Ethik, 1996 (Vortrag i. d. Universität Hamburg am 24. 10. 1996; unveröffentlichtes Manuskript).

[29] Sie liegt auch der Gleichgültigkeit gegenüber der (kommunikativen) Praxis zugrunde, die Udo Tietz (in der Nachfolge einer älteren Kritik von Jürgen Habermas) zu Recht beklagt. Tietz kommt zu dem Ergebnis, daß die »Erstarrung des Marxismus zu einer dogmatischen Metaphysik« kein »bloßer Betriebsunfall« ist: Diese Erstarrung resultiert unmittelbar aus der praxisphilosophischen Deutung des Geschichtsprozesses und der damit verbundenen heilsgeschichtlichen Überhöhung des Proletariats durch dessen geschichtsphilosophische Logifizierung, insofern Marx und Engels die proletarische Revolution schlicht und ergreifend als den letzten Akt des zu sich selbst kommenden Geistes verstanden. Udo Tietz, Die Entfaltung des Produktionsparadigmas. Ein blinder Fleck in der Feuerbach-Kritik von Marx, in: Berliner Debatte INITIAL 8 (1997) 1/2, S. 61.

[30] Karl Marx, Zur Kritik der Hegelschen Rechtsphilosophie. Einleitung (1844), in: MEW 1, 378-391, 391.

proletarischen Massen so schlecht wie irgend möglich gehen. Denn sie glaubten, erst darin werde ihre theoretische Vorhersage über die auslösenden Bedingungen einer Revolution erfüllt. Der rechthaberische Egoismus der Theoretiker steht hier offen gegen das Gebot der Humanität, die augenblicklich verlorengeht, wenn man sie vertagt. Ein erschütterndes Beispiel dafür sind Friedrich Engels Abhandlungen *Zur Wohnungsfrage*, in denen er mit scharfer Polemik alles abwehrt, was die Lebensbedingungen der städtischen Arbeiter verbessern könnte, nur weil er glaubt, das in den Mietkasernen zusammengepferchte Proletariat werde eher dazu taugen, die Prognosen der Marxschen Theorie zu erfüllen.[31]

IX. Ökonomie aus Wunsch und Wahn

Der Mangel, für den die Marxisten besonders empfindlich sein müßten, ist der ihrer Ökonomie. Wer letztlich alles durch eine bestimmte Theorie des Wirtschaftens erklären und steuern möchte, müßte bestürzt sein, wenn sie nicht funktioniert. Doch sogar über diesen für ihr Selbstverständnis entscheidenden Punkt haben die Marxisten ungerührt hinweggesehen. Ihre Wünsche zählen offenbar stärker als die Realität. So ging schon in ihr erstes Erfolgsversprechen eine Illusion ein, die unter den etablierten sozialistischen Machtverhältnissen notwendig zur Lüge werden mußte.

Natürlich liegt es nicht in der Kompetenz der Philosophie, über den analytischen Sachgehalt der ökonomischen Analysen von Karl Marx zu befinden. Hier haben allein die Ökonomen zu urteilen. Doch wenn man sieht, welchen Ertrag Marx selbst für wesentlich hielt, sind auch aus philosophischer Perspektive Zweifel angebracht. Der »letzte Endzweck« seiner Analysen, so sagt Marx in der Vorrede zum *Kapital*, bestehe darin, »das ökonomische Bewegungsgesetz der modernen Gesellschaft zu enthüllen«.[32] Wenn wir diese These in ihrer allgemeinsten Bedeutung nehmen, nämlich daß die Ökonomie unabdingbar ist, dann kann man ihm zugestehen, daß er sein Ziel erreicht – und dabei auf eine große Tradition zurückblicken kann. Schon Platon gründet den Staat auf den Bedürfniszusammenhang der Menschen; Aristoteles verfügt bereits über den Begriff

---

[31] Friedrich Engels, Zur Wohnungsfrage. Separatdruck aus dem *Volksstaat*, Leipzig 1872, in: MEW 18, 211-287. – Zur kritischen Bewertung dieser Schrift mit Blick auf die Entwicklung des Wohnungsproblems der Arbeiter bis in die Gegenwart siehe: Hartmut Häußermann, Walter Siebel: Soziologie des Wohnens. Eine Einführung in Wandel und Ausdifferenzierung des Wohnens, Weinheim/München 1996. Auf gelegentliche mildere Äußerungen des älteren Marx über konkrete politische Bestrebungen der Arbeiterbewegung habe ich oben im Zusammenhang mit der Arbeit von Jon Elster aufmerksam gemacht. Die dominante Haltung von Marx, Engels und den Marxisten blieb aber ihre Verachtung des Reformismus.

[32] Karl Marx, Das Kapital. Kritik der politischen Ökonomie, Vorrede (1867), in: in: MEW 23, 15 f.

der »Ökonomie« für die Darstellung dieses elementaren Zusammenhangs, ohne den es keine Politik geben kann; Hobbes konstruiert sein ganzes Staatsmodell von der auf Bedürfnisse gegründeten »Selbsterhaltung« her; und bei Hegel schließlich liegt die Gesellschaft als das »System der Bedürfnisse« allen individuellen und institutionellen Leistungen zugrunde.

Die Bedeutung der Ökonomie war also seit langem anerkannt. Daher liegt auch nichts Verwunderliches darin, daß auch die Nationalökonomie eine philosophische Gründungsgeschichte hat; Adam Smith war ein produktiver philosophischer Kopf. Und sein wissenschaftlicher Erfolg wäre gar nicht möglich gewesen, wenn nicht die grundlegende Funktion von Geschichte und Gesellschaft längst erkannt und anerkannt gewesen wären. Es ist deshalb auch keineswegs so, daß erst Marx das *Thema der Gesellschaft* entdecken mußte. Schon um die Jahrhundertwende haben es die französischen *Ideologues*, Destutt de Tracy, Garat, Cabanis, Chenier, Lancelin oder Say, popularisiert; über Maine de Biran und Stendhal wurde es zum bevorzugten Gegenstand der Belletristik, so daß es bei Balzac bereits selbstverständlich war; Auguste Comte legte es seinem Drei-Stadien-Modell zugrunde. Die fundierende Funktion der Gesellschaft war überdies nicht nur die epistemische Bedingung für die längst vor Marx erfolgte Begründung der Soziologie durch Saint-Simon, Comte, Lorenz von Stein und Herbert Spencer; sie bildete zugleich die anerkannte Voraussetzung für die breite sozialreformerische Bewegung des 19. Jahrhunderts.

Hier gab es also keine Tabus zu brechen und keine Paradigmen durchzusetzen: Es war vielmehr längst ein wissenschaftlicher Gemeinplatz, daß Menschen gesellschaftlichen Bedingungen unterworfen sind, die ökonomischen Notwendigkeiten gehorchen. Die fragwürdige Leistung des Marxismus bestand lediglich darin, diese Kondition zu dogmatisieren und in eine verquere Opposition zur *Natur* zu bringen, so als stehe die Gesellschaft in einem ontologischen Gegensatz zur Natur. Tatsächlich aber ist *Gesellschaft* nichts anderes als die *Form, in der Naturwesen leben*; sie ist also selbst nichts anderes als – *Natur*. Karl Marx konnte noch unbefangen vom »Naturgesetz« der »modernen Gesellschaft« reden.[33] Seine Anhänger aber perhorreszierten die Natur zum konservativen Bestand schlechthin und setzten alles auf die Gesellschaft, die sie prinzipiell dem von ihnen gewünschten Einfluß unterstellten. So hatte auch der Streit zwischen (»naturwüchsiger«) Begabung und (»politischer«) Erziehung gar nichts mit dem kategorialen Verhältnis von Natur und Gesellschaft, sondern allein mit einem omnipotenten Verfügungswahn zu tun. Schon weil man alles steuern woll-

[33] Ebd.

te, durfte es keine angeborene Intelligenz, keinen Instinkt und keine Universalgrammatik geben.[34]

Natürlich geht die Erkenntnisabsicht des *Kapital* über den Aufweis der Unverzichtbarkeit von Gesellschaft und Wirtschaft hinaus. Marx glaubt ja, das »ökonomische Bewegungsgesetz der modernen Gesellschaft« enthüllt zu haben. Doch bei genauerem Zusehen bleibt von dieser Leistung kaum mehr als die Einsicht in die *Eigenständigkeit ökonomischer Mechanismen*. Hier ist vor allen die *Funktion* des Kapitals zu nennen, deren Bedeutung Marx erkennt. Aber verspielt er diese Einsicht nicht sogleich, indem er sie verabsolutiert? Die mit der Verselbständigung der Eigengesetzlichkeit des Kapitals verbundene *Universalisierung* erscheint manchen heute, nachdem die Kapitalströme tatsächlich *global* verlaufen, wie eine weise Voraussicht des alten Marx.

Doch der theoretische Gewinn, der mit der Einsicht in die *Internationalisierung* verbunden ist, wird durch die Aufblähung des Kapitals zur einzigen Größe verspielt. Gerade eine sich so nachdrücklich »politisch« nennende Ökonomie hätte mit den anderen Einflußgrößen rechnen müssen, denen Ansammlung und Verwertung des Kapitals in komplexen Gesellschaften unterworfen ist. So hätte Marx wissen können, daß sich ein Axiom seiner Ökonomie durch die gewerkschaftliche Organisation der Arbeiterschaft verändern ließ: Der Arbeitslohn konnte über dem Minimum liegen, das zur Reproduktion der Arbeitskraft nötig war[35] – ohne dadurch Akkumulation und Zirkulation des Kapitals zu gefährden.

Aber diese kleine unscheinbare Korrektur in den Prämissen seiner ökonomischen Doktrin hätte die revolutionäre Konsequenz seines Denkens beseitigt. An der lag ihm jedoch mehr als an der wissenschaftlichen Erschließung der Realität. Das Verlangen nach Wirksamkeit war mächtiger als der Wille zur Erkenntnis. In einem solchen Fall vom »Scheitern« einer Theorie zu sprechen, erscheint mir nicht unangemessen. Wer die Krise herbeiredet, um von ihr zu profitieren, dabei aber vergißt, daß Krisen auch die vorher gemachten Pläne zu erfassen pflegen, der ist gescheitert, bevor sich überhaupt die Chance zur praktischen Bewährung ergibt.

Schließlich hat die Dominanz von Wunsch und Wahn alles in Mitleidenschaft gezogen, was dem gesellschaftlichen Zusammenleben der Menschen Wert und

---

[34] Ich behaupte hier nicht, *daß* es die genannten Phänomene gibt. Aber ich beanspruche, daß man über sie vorbehaltlos forschen und sprechen darf, ohne sich gleich einem weltanschaulichen Schuldvorwurf auszusetzen.

[35] Die Größen, die mit der menschlichen Bedürfnisbefriedigung zusammenhängen, lassen sich nur schwer objektiv messen. Aber man kann davon ausgehen, daß ein Arbeiter in den modernen (kapitalistischen) Industrieländern zwischen 30 und 50% seines Lohnes nicht unmittelbar zur Reproduktion seiner Arbeitskraft benötigt. Dafür sprechen die konsumtiven Ausgaben für Kleidung, Wohnung, Freizeit und Reisen, aber auch das Barvermögen sowie die Eigentumsbildung bei Arbeitnehmern. Etwa 30% der Arbeitnehmer im Westen Deutschlands wohnen in Eigenheimen. Siehe dazu: H. Häußermann.

Würde gibt. Das zutiefst gestörte Realitätsverhältnis des zur Macht gelangten Marxismus hat vor allem auch die sozialen und moralischen Antriebe verzerrt, die der Humanismus zur Pflicht macht, die sich aber gleichwohl nicht politisch verordnen lassen. Durch seinen diktatorischen Anspruch hat der Marxismus gerade die Ziele verraten, die ihn in den Augen vieler junger Leute immer wieder attraktiv machen, nämlich: *Moralität und Mitmenschlichkeit.*

Doch selbst wer meint, die Moral komme erst lange nach der Ökonomie, wird durch die Tatsache des bloßen Überlebens nicht gerechtfertigt. Er kann nur überzeugen, wenn er auch für einen materiellen Überschuß sorgt. Marx hatte ihn versprochen; aber der in seinem Namen betriebene Planungsbürokratismus hat ihn nicht erwirtschaftet. Im Gegenteil: Der Marxismus hat den vorhandenen Reichtum an Bodenschätzen und Arbeitskräften verschleudert, hat sich in den Phantasmagorien fiktiver Gegnerschaften zu Tode gerüstet und eine von der Weltwirtschaft abgeschnittene Scheinökonomie errichtet, die eine schleichende Entwertung aller wirtschaftlichen, kulturellen und individuellen Leistungen zur Folge hatte. So hat der Marxismus auf der ganzen Linie versagt – ökonomisch, politisch und philosophisch.

X. Marxismus - ein radikaler Journalismus

In diesem Versagen wiederholt sich das Scheitern des Gründers, der wissenschaftlich weder als Philosoph noch als Ökonom zum Ziel gekommen ist. Vielleicht wäre es anders gewesen, wenn der junge Marx die Chance zu einer Universitätskarriere gehabt hätte; doch der Mangel an Rechtsstaatlichkeit in den deutschen Ländern ließ dies damals nicht zu. Nachdem ihm in Preußen auch die Arbeit als Redakteur verboten worden war, blieb ihm nach der Flucht nur die Existenz als Korrespondent und Privatgelehrter.

Aber auch in seinen politisch-organisatorischen Ansprüchen als Parteigründer und -führer ist Marx gründlich gescheitert. Das Gefühl für einen kompromißfähigen Umgang mit der Realität ging ihm ab. Und so blieb er in allen seinen Leistungen ein radikaler Publizist, der jederzeit mit einem schneidigen Wort Eindruck machen konnte. Sein für die Zeitung und das Flugblatt berechneter Stil besticht durch seine Präsenz und fasziniert die Intellektuellen offenbar noch heute durch seinen unverhohlenen Willen zur Macht. Jungen Leuten wird es vermutlich auch immer wieder Vergnügen machen, wie sich Marx durch literarische Kraftausdrücke gegenüber anderen schadlos hält. Ist man etwas älter, findet man die »breimäuligen Faselhänse« oder den »Prototyp eines Seichbeutels« nicht mehr ganz so lustig – von der staatsfromm-professoralen Prostitution des »Berlin-Halleschen Buddhisten«, »der gläubig die Exkremente seines Dalai Lama hinunterschluckt«, ganz zu schweigen.

Als *Zeitkritik* hatte die vielseitige Journalistik von Marx und Engels gewiß ihre Bedeutung. Sie hat, neben Heine, Börne, Bauer und Ruge, auch ihre Größe. Die Tragik aber nahm damit ihren Lauf, daß man die Texte, in denen keine praktische Erfahrung und auch keine gesicherte Theorie zum Ausdruck kam, nunmehr als die alle vorhergehende Philosophie überwindende *Großtheorie* ansah, nach der sich die weltgeschichtliche Praxis endgültig richten sollte. Wenn diese publizistische Maßlosigkeit nicht so unheilvoll Geschichte gemacht hätte, müßte man sie für eine Parodie auf das damals erstmals auftrumpfende Selbstbewußtsein des Journalismus halten.

Allerdings, wenn wir die stilistische Brillanz eines Schopenhauer oder Nietzsche bewundern, dürfen wir auch Marx die Anerkennung als Schriftsteller nicht versagen. Da gibt es schöne, ausdrucksstarke Passagen über unser tragisches Verhältnis zur Geschichte, zur Kunst oder auch zur Religion: »[...] ist Achilles möglich mit Pulver und Blei? Oder überhaupt die Iliade mit der Druckpresse, und gar Druckmaschine? Hört das Singen und Sagen und die Muse mit dem Preßbengel nicht notwendig auf, also verschwinden nicht notwendige Bedingungen der epischen Poesie?«[36]

Das ließe sich gut mit Nietzsches Vision von einer Wiedergeburt der Antike parallelisieren. Auch in der Kritik der Universitätsphilosophie steht er hinter Nietzsche und Schopenhauer nicht zurück: »Wenn der Engländer die Menschen in Hüte verwandelt, so verwandelt der Deutsche die Hüte in Ideen. Der Engländer ist Ricardo, der reiche Bankier und ausgezeichnete Ökonom. Der Deutsche ist Hegel, simpler Professor der Philosophie an der Universität zu Berlin.«[37]

Aber die Kritik beschränkt sich nicht auf die Berliner Philosophie:

> »Der Christ kennt nur eine Fleischwerdung des *Logos*, trotz der Logik; der Philosoph kommt mit der Fleischwerdung gar nicht zu Ende. Daß alles, was existiert, daß alles, was auf der Erde und im Wasser lebt, durch Abstraktion auf eine logische Kategorie zurückgeführt werden kann, daß man auf diese Art die gesamte wirkliche Welt ersäufen kann in der Welt der Abstraktionen [...] – wen wundert das?«[38]

Doch so spitz das auch formuliert sein mag: Es täuscht nicht darüber hinweg, daß Marx hier auch nur abstrakte Forderungen erhebt. Am Ende ergeht es ihm ganz ähnlich wie den Philosophen, über die er sich lustig macht. Da ich freilich nicht weiß, wie man in Abstraktionen »ersaufen« können soll, will ich im Bild bleiben, und lieber vom Tod durch Ersticken sprechen: In der verselbständigten Logik seiner Metaphysik der Ökonomie hat Karl Marx keine Luft zum Atmen mehr: »Mehrwert und Rate des Mehrwerts sind, relativ, das Unsichtbare und das

---

36 Karl Marx, Grundrisse der politischen Ökonomie. Einleitung, S. 31.

37 Karl Marx, Das Elend der Philosophie, S. 125.

38 Ebd., 127 f.

zu erforschende Wesentliche, während Profitrate und daher die Form des Mehrwerts als Profit sich auf der Oberfläche der Erscheinungen zeigen.«[39]

XI. Das Scheitern eines Projekts

Wie aber konnte der Marxismus eine solche Aufmerksamkeit auf sich ziehen? Wie ist seine exzessive Wirkung über einen Zeitraum von mehr als hundert Jahren zu erklären? Gesetzt, schon das Versagen seines Gründers ist so durchschlagend, wie hier behauptet: Wie konnte es dann zum weltgeschichtlichen Zwischenspiel des Marxismus kommen?[40] Dieser Frage haben wir uns zu stellen, und sie ist für die neuzeitliche Rolle von Theorie, Philosophie und Publizistik von solchem Gewicht, daß sie eine gründliche Behandlung verdient. Es ist also nicht nur der knappe Raum, der jetzt lediglich eine *Andeutung* zuläßt:

Die unerhörte Revolutionierung der neuzeitlichen Lebenswelt kann zu einem nicht geringen Teil als eine Folge der neuzeitlichen Entdeckungen und Erkenntnisse begriffen werden. Mathematische Verfahren, logische Analyse, experimentelle Untersuchungen und theoretische Konstruktion hatten zu so weitreichenden Einsichten in den Wirkungszusammenhang der Natur geführt, daß der Mensch sich als ihr »Herr und Besitzer« fühlen konnte. Die Leistungen von Wissenschaft und Technik konnten in der Tat als ursächlich, wenn nicht für den Aufbau, so doch wenigstens für die *Umgestaltung* der modernen Welt angesehen werden. Nie zuvor hatte das menschliche Wissen eine solche Macht entfaltet. Was lag näher als eine Übertragung des auf die Natur bezogenen Machtanspruchs auf die menschliche Gesellschaft?

Bereits für Francis Bacon (und wenig später für Thomas Hobbes) war eine solche Ausweitung der wissenschaftlich gestützten Handlungskompetenz des Menschen eine Selbstverständlichkeit. Unter dem Bann des im 18. Jahrhundert gewachsenen historischen Bewußtseins lag es daher um so näher, den Menschen zum »Subjekt seiner Geschichte« zu erklären. Dabei war klar, daß dies ein Subjekt mit ausgebildetem wissenschaftlichem Bewußtsein zu sein hatte, denn es war letztlich ja die *Theorie*, die Eingriff und Steuerung der Vorgänge anleitete. Diese leitende Stellung der Theorie wird von Marx nirgendwo revoziert; aber er möchte sie voll und ganz auf die verändernde Praxis konzentrieren. Die Sozialisten und Kommunisten sind die »Theoretiker der Klasse des Proletariats«. Sie haben es jedoch »nicht mehr nötig, die Wissenschaft in ihrem Kopfe zu suchen;

---

[39] Karl Marx, Das Kapital, 3. Band., in: MEW 26, 53.

[40] Diese Frage hat Herbert Schnädelbach in der Diskussion meines Vortrags am 22.10.1996 gestellt. Ich referiere im folgenden die Antwort, die ich mündlich extemporiert und im sich anschließenden Gespräch ergänzt habe. Ich danke meinem Kollegen Schnädelbach für die Frage und für die Anregungen im Gespräch.

sie haben nur sich Rechenschaft abzulegen von dem, was sich vor ihren Augen abspielt, und sich zum Organ desselben zu machen.«[41]

Das auf die ganze Menschheitsgeschichte ausgreifende Handlungsverlangen des Dr. Karl Marx läßt sich also unschwer als Ausdruck des im Gang der neuzeitlichen Zivilisationsgeschichte mächtig angeschwollenen Machtbewußtseins der Wissenschaft verstehen. In seinem geschichtsphilosophischen Omnipotenzanspruch ist er nur einer von vielen. Denn es waren und blieben bis in die Weltkriegsepoche sehr, sehr viele, die auf die warnenden Stimmen, die seit der Mitte des 18. Jahrhunderts zu hören waren, nicht achteten. Kants Rehabilitierung der politischen Meinung hat zu seiner Zeit kaum jemand verstanden.

Marx ist voll und ganz ein Kind des technikgläubigen Jahrhunderts. Er unterschied sich von seinen Zeitgenossen eigentlich nur durch die *Unmittelbarkeit seines Handlungsanspruchs*. Nie zuvor war die Theorie so direkt, ja so gewaltsam auf die Praxis bezogen worden. Die 11. Feuerbach-These gilt daher nicht zu Unrecht als das programmatische Stenogramm des Kommunismus. Das die Geschichte leitende Wissen soll selbst nur »bewußtes Erzeugnis der historischen Bewegung« sein. Jede eigenständige wissenschaftliche »Lehre«, jede »Doktrin« wird abgeschafft. Alles auf den wirklichen Prozeß bezogene Wissen ist ihm unmittelbar inhärent, ist Moment eben der Bewegung, von der es hervorgebracht wird, die es zugleich aber machtbewußt vorantreibt. Das nennt Marx »revolutionär«.[42]

Damit, so glaube ich, haben wir die den Marxismus auszeichnende und ihn wohl auch einmalig machende Grundformation: Er setzt sich an die Spitze des szientifischen Fortschrittsbewußtseins und verspricht, die sich beschleunigende Entwicklung der industrialisierten Menschheit zu einem *Abschluß ohne Stillstand* zu bringen. Die Dynamik von Wissen und Produktion soll sich weiterhin steigern; nur die Gegensätze, die im Gang des Fortschritts auch soviel Elend, soviel Einseitigkeit, Trennung, Anstrengung und Armut hervorgebracht haben, sollen verschwinden; sie sollen in der Totalität eines Wissen *und* Tun versöhnenden gesellschaftlichen Geschehens »aufgehoben« werden.

Auf diese Weise wird allen alles versprochen: Der gesellschaftliche Reichtum wird unbegrenzt vermehrt; die Armen dürfen auf Wohlstand hoffen. Aber auch die Reichen haben eigentlich nichts zu befürchten. Denn aufs Ganze gesehen wird der Wohlstand unablässig vergrößert. Denen, die unter der Last ihrer monotonen Arbeit leiden, wird nicht nur Abwechslung und Vielfalt verheißen, sondern überdies die Chance, im Arbeitsprozeß selbst einem alle Gemütskräfte fordernden und zugleich bildenden Anspruch ausgesetzt zu sein. Dieser An-

---

[41] Karl Marx, Das Elend der Philosophie, S. 143. Mit »derselben« ist die »Klasse des Proletariats« gemeint.
[42] Ebd.

spruch wird aber nicht als fremd erfahren, weil er *immer auch von innen heraus* kommt. So wird allen, die unter den gegensätzlichen Anforderungen des Daseins leiden (und das sind in Wahrheit *alle*) die Versöhnung mit ihren Lebensbedingungen verheißen.

Den größten Zuschlag aber erhalten die *Wissenschaftler*, oder sagen wir allgemeiner: die *Intellektuellen*. Ihre in der neuzeitlichen Geschichtsdynamik erwiesene Macht wird komplettiert und endgültig legitimiert.[43] Denn die Verfügungsgewalt, die in der alten Ordnung einer separierten politischen Klasse (den Feudalherren oder der Bourgeoisie) überanwortet war, geht nun ganz in die *Kompetenz der Theoretiker* über. Zur Macht über die Natur kommt nun ausdrücklich auch die Macht über die Gesellschaft hinzu. Der platonische Traum von der Philosophenherrschaft ist zum Greifen nahe. Der Kommunismus, bei Marx und Engels tatsächlich noch nicht mehr als das Konstrukt zweier Intellektueller, stellt die weltgeschichtliche Selbstinthronisation der Intellektuellen in Aussicht. Demgegenüber erscheint sogar Platons Vision noch als ziemlich bescheiden. Da auch die orientalische Priesterherrschaft oder das mittelalterliche Papsttum keine angemessenen Parallelen zu dieser exorbitanten Vermessenheit bieten, muß man sich wohl mit einem Seitenblick auf die Selbstkrönung Napoleons begnügen: *Der Marxismus ist das theoretische Gegenstück des Bonapartismus.*

Doch auch die endgültig zur Macht gelangenden Theoretiker brauchen keine entfremdete Arbeit zu leisten. Sie werden zu einem integralen Moment der alles ständig umwälzenden Praxis. Ihr Leiden an der Verselbständigung der Kopfarbeit wird durch die Verschränkung von Theorie und Praxis geheilt. Sie werden, wie gesagt, zu einem von Selbständigkeit und Eigensinn befreiten »Organ« der Geschichte. Gleichwohl besteht kein Zweifel daran, daß sie das »führende Organ« sein werden – zumindest »solange das Proletariat noch nicht genügend entwickelt ist«.[44] Wer aber entscheidet, wann die Entwicklung des Proletariats zum Abschluß gekommen ist? Niemand anders als die wissenschaftlich tätige Intelligenz.

Kann es angesichts dieser angeblich wissenschaftlich begründeten Verheißung eines von Wissenschaftlern angeleiteten Übergangs in eine den Segnungen der Wissenschaft vollkommen ausgelieferte Welt noch zweifelhaft sein, warum sie von Wissenschaftlern so gern gehört und weitergegeben wurde? Vor allem jene, die sich der Wissenschaft anzunähern versuchen, die Studenten und die Bildungshungrigen, sind für diese Versprechungen offen. Aber auch jene, die das wissenschaftliche Denken primär unter dem Gesichtspunkt der Anwendung und

---

[43] Dazu: Helmut Schelsky, Die Arbeit tun die anderen. Klassenkampf und Priesterherrschaft der Intellektuellen, Opladen 1975.

[44] Karl Marx, Das Elend der Philosophie, S. 143.

Umsetzung betreiben, können den Marxismus als die Erfüllung ihrer Wünsche betrachten. Bei denen freilich, die aus der Erfahrung eigenen Suchens und Forschens stärker in den eigensinnigen, eigengesetzlichen und letztlich gar nicht steuerbaren Prozeß der Erkenntnis eingebunden sind, herrscht notwendig Skepsis vor.

Doch wie dem auch sei: Die Einzigartigkeit des Marxismus liegt in der Radikalisierung des neuzeitlichen Verlangens nach einer *wissenschaftlich-technischen Verfügung über die menschliche Welt*. Alles, auch die Theorie und die Theoretiker selbst, sollen Teil einer durch und durch einsichtigen Neuorganisation des menschlichen Lebens werden. Ausnahmslos alles wird dem Handlungsanspruch des Menschen unterworfen, der darin aber nur vollstreckt, was die in ihm endlich freigesetzte Natur von sich aus immer schon anstrebt. Das ist die vollständige Determination der Revolution. So weit ist kein Philosoph vor Marx gegangen. Niemand vor und nach ihm hat die Kühnheit besessen, die geschichtliche Dynamik der modernen Welt unter dem Anspruch eines monolithischen Realismus zu bündeln, der selbst aber auf nichts anderes gegründet ist als auf die Utopie vollständiger Machbarkeit der Verhältnisse. Durch Marx wird die Geschichte des Menschen zum »Projekt«. Und zu diesem *Projektcharakter* paßt, daß es sich letztlich nur in *ökonomischen Kategorien* beschreiben lassen soll.

Von einem »Projekt« darf man mit Fug und Recht sagen, daß es »gescheitert« ist. Jeder Nachdenkliche erkennt, daß es von vornherein zum Scheitern verurteilt war. Jeder Mitfühlende kann nur erleichtert sein, daß dies so war und ist. Also freuen wir uns, daß auch die wider besseres Wissen unternommenen und allemal gewaltsam ansetzenden *Versuche*, das Projekt des Marxismus dennoch in Angriff zu nehmen, ebenfalls gescheitert sind. Damit ist endlich auch der Blick für die Probleme frei, die wir schon längst ohne Ablenkung durch eine irreale gesellschaftliche Alternative angehen müßten. Man kann nur hoffen, daß dies nunmehr auch möglich ist.[45]

Denen aber, die der Scheinalternative des Marxismus trotz allem anhängen, sei ein letzter Hinweis gegeben, der ihrem Bewußtsein vielleicht besser als alles bisher Gesagte entspricht: Nichts hat den Kapitalismus bislang so alternativlos und unabänderlich erscheinen lassen wie der totalitäre Gegenentwurf des Marxismus.

---

[45] Siehe dazu vom Verf., Die Zukunft der Politik, in: H. Fleischer (Hg.), Der Marxismus in seinem Zeitalter, Leipzig 1994, 185-200, 196f.

XII. Verfrühter Abschied von der Philosophie

Alles in allem also ist das Scheitern des Marxismus kein Betriebsunfall der Geschichte, kein Versagen eines auf das große Experiment des Sozialismus noch unzureichend vorbereiteten Personals, sondern Folge eines von Anfang bestehenden Mißverständnisses. Denn der Marxismus hat weder ein ökonomisches Kriterium für den realen wirtschaftlichen Erfolg, noch hat er eine Systemstelle für die Eigendynamik der Kultur, noch läßt er Platz für das soziale Gewissen, ohne das es nicht zu den immer wieder erforderlich werdenden Initiativen der Gerechtigkeit kommt.

Schließlich hat Marx die in den politischen Kämpfen von drei Jahrhunderten vorbereitete und zwei Generationen vor ihm auch philosophisch begründete Trennung von Glauben und Wissen einfach beiseite geschoben, indem er den Glauben wie eine rückständige Illusion verwarf und allein schon damit das Konto einer wissenschaftlichen Theorie unentschuldbar überzog. Für Toleranz blieb daher von Anfang an kein Raum. Und die neue Orthodoxie, nunmehr im Verbund mit der effizienten Technik, war nicht weniger schrecklich als ihre Vorgänger im ausdrücklichen Zeichen des Glaubens.

Deshalb hat eine Philosophie, die am Aufbau und an der Rechtfertigung der Unterdrückungsmaschinerie des »real existierenden Sozialismus« mitwirkte, ihren geistigen Anspruch verwirkt.[46] Wenn man hinzurechnet, daß Marx das eigentliche Medium des Denkens, die »Interpretation«, verwarf, um alles auf die angeblich unmittelbar zugängliche »Veränderung« auszurichten; wenn man seine schulmäßige Orientierung an einer vielleicht für den »Geist«, aber gewiß nicht für das »Kapital« taugenden »Dialektik« in Rechnung stellt; wenn man hinzunimmt, daß diesem Denken nicht nur das historische Modell der Welterklärung, sondern auch die jeweils aktuellen Oppositionen mitsamt der eigenen Zukunftsperspektive fest vorgegeben waren und es überdies seit Engels auf das seichte Deutungsschema des Positivismus festgelegt war, dann kann es nicht wundern, daß der marxistischen Philosophie schon lange vor dem Zusammen-

---

[46] Dies ist kein moralisches Urteil, sondern es benennt den Verlust der intellektuellen Leistungsfähigkeit. Das wird u. a. auch durch die Wertung, die Klaus-Dieter Eichler gibt, bestätigt: »Philosophie hatte im Gesellschaftssystem des real existierenden Sozialismus die offizielle Funktion einer ideologischen Leitwissenschaft, die freilich im politischen Alltag oft zu einer Karikatur ihrer selbst verkam.« (Klaus-Dieter Eichler: Tabula rasa und Kontinuität. Anmerkungen zu einer Diskussion, in: DZfPh 44 (1996) 4, 686) Entsprechend das schon einleitend erwähnte Urteil: »Die Philosophie degenerierte zur Magd der Politik und verkam zum Kürzel M.-L. Schon sehr früh wurde aufgrund des Alleinvertretungsanspruchs der M.-L. Philosophie in puncto Wahrheit und Wissenschaft jeder Gedanke an eine Pluralität unterschiedlicher divergierender [!?] philosophischer Standpunkte ausgeschlossen.« (685) Eichler widerspricht diesem Urteil wenig später leider selbst, wenn er behauptet, das »Adjektiv ›m.-l.‹« sei erst »in der Abwicklung [also erst nach 1989; V.G.] zum Substantiv mutiert« (688).

bruch der DDR die Kraft des Begreifens ausgegangen war. Der Abschied, den Marx von der Philosophie nehmen wollte, ist im Machtbereich der Marxisten gründlich gelungen. Hier haben wir einen der sonst so schwer aufweisbaren Fälle echter Dekonstruktion. Oder – wenn eine weniger technisch belastete Metapher gefällig ist: Von dem Feuer des Marxismus, das gewiß in vielen jugendlich-hochherzigen Seelen gebrannt hat, bleibt nurmehr die Asche eines verheerenden Brandes übrig.

XIII. Eine kurze Schlußbilanz

Meine Schlußbilanz fällt damit kurz und bündig aus: Der Marxismus war ein in seinen Motiven zwar verständlicher, aber in seinen Mitteln und Zielen verhängnisvoller Irrtum – wohlgemerkt, nicht erst in seinen politischen Folgen, sondern schon in seinen philosophischen Anfängen. Wir erkennen ihn heute als eine typische Theoriegestalt des 19. Jahrhunderts, als ein Gemisch aus aufgeklärtem Säkularismus, szientifisch-politischem Fortschrittsbewußtsein, Hegelscher Begriffsmetaphysik, romantischer Sehnsucht nach universeller Einheit von allem mit allem, faustischem Tatverlangen und – krudem Positivismus. Dieses Gemisch zündet heute nicht mehr. Deshalb mag auch noch so viel Glut unter der Asche sein: Ein Phönix steigt daraus nicht mehr empor.

Die Asche, um im Bild zu bleiben, ist besser verwendet, wenn die Theoretiker, vor allem aber die Philosophen, die schon wissen, daß sie gemeint sind, sich zur Selbstprüfung entschließen und den Mut haben, sie sich aufs Haupt zu streuen. Ich will und darf mich da selbst nicht ausnehmen. Denn wenn die Philosophie sich ihrem im Marxismus zur Weltgeschichte gewordenen Versagen nicht vorbehaltlos stellt, ist sie schon dabei, das nächste politische Verhängnis vorzubereiten.

Natürlich fällt es schwer, mit den eigenen Fehlern abzurechnen. Deshalb ist es menschlich verständlich, wenn man nun nachträglich zu retten versucht, was zu retten ist: Man rühmt das utopische Potential, das man, wenn auch mit anderen Inhalten, heute nach wie vor benötige; man dankt Marx, weil er die Bedeutung der Gesellschaft erkannt habe; oder man entdeckt in den bis 1989 kanonischen Werken von Marx und Engels nun den »Text«, dem man nach allen Regeln der hermeneutischen Kunst Bedeutung verleihen kann.

Doch alles dies, sofern sachlich überhaupt etwas daran ist, sind Ausweichmanöver vor den entscheidenden Fragen, nach dem Verhältnis des Menschen zu sich selbst, zu seinesgleichen und zu seinen Möglichkeiten. Daß wir diesen Fragen letztlich nicht entkommen, gehört zum Selbstverständnis der Philosophie. Aber daß sie immer auch einen konkreten, geschichtlich bestimmten und politisch verbindlichen, mit dem Leiden und Hoffen der einzelnen verknüpften

Anspruch haben, das kann man im ehemaligen Herrschaftsbereich des Marxismus mit besonderer Eindringlichkeit erfahren. Hier kann man nicht länger so tun, als sei der Kommunismus nur ein Projekt von Salon- oder Seminarmarxisten gewesen. Deshalb hat sich die Philosophie vor allem an der Humboldt-Universität und im Ostteil Deutschlands[47] einer historischen Realität zu stellen, an der die Philosophie einen Anteil hatte, hat und haben wird. Und dabei genügt es nicht, Marx in seiner Kritik der Philosophie als einer bloßen *Interpretation* zu widersprechen. Wir haben so zu philosophieren, daß unsere Interpretation auch die *Veränderung* reflektiert, die sie immer schon ist.

Summary

The Ashes of Marxism

With the collapse of the communist states in Europe, political systems that relied on the thought of Marx have failed. Marx, however, conceived of himself, if not as a philosopher, rather than as an executor of philosophy. It is, therefore, important to examine the balance sheet of Marxism. The examination yields a negative result: Karl Marx lacks already a theoretically convincing solution for the salient problems of the 19th century. In addition, through his positivistic sociology, he had an essential share in the lack of conception of the communist movement. Marxism has done a lot of damage to the ideas of law and morality, and thus to the ideals of individuality and humanity. In the final analysis, it is also responsible for the fact that so few productive alternatives have developed within the capitalist world. Hence, after the demise of communism, there is no political reason to seek advice from its founder. And one has little cause for regarding the work of Karl Marx as an essential contribution to the history of political thought.

---

[47] Der Text basiert auf einem Vortrag, der am 22. Oktober 1996 zur Eröffnung des zweiten Teils der Ringvorlesung *Marxismus. Versuch einer Bilanz* an der Humboldt-Universität zu Berlin gehalten worden ist.

Alois Riklin

Vom Gleichgewicht in der Politik

Wegen eines Vandalenakts hat der Berner Gerechtigkeitsbrunnen vor zwölf Jahren Schlagzeilen gemacht. Inzwischen ist er wieder restauriert. Gerechtigkeitsbrunnen gab und gibt es vielerorts; allein in der Schweiz sind dreizehn erhalten. Der St. Galler Gerechtigkeitsbrunnen freilich wurde im letzten Jahrhundert unwiederbringlich zerstört. Und in St. Gallen sind für diesen Vandalenakt nicht randalierende Jugendliche verantwortlich, sondern die Stadtväter höchst persönlich. Der ungehinderte Verkehr schien ihnen wichtiger als das unbequeme Mahnmal. Quod licet Iovi...

Der Berner Gerechtigkeitsbrunnen ist indessen von besonderer, einmaliger Art. Der Bildhauer Hans Gieng hat nämlich unter der Justitiafigur die Oberhäupter von vier politischen Regimen dargestellt: den Papst für die Theokratie, den Kaiser für die Monarchie, den Sultan für die Autokratie und den Schultheiß für die Republik (Hofer, 319). Selbstbewußt nimmt der Bürgermeister der Berner Republik den gleichen Rang ein wie die gekrönten Häupter der Kirche, des Römisch-deutschen und des Osmanischen Reiches. Sie alle stehen *unter* der Gerechtigkeit, nicht über ihr. Oberste Richtschnur aller Politik ist die Gerechtigkeit. Das Tun und Lassen aller Amtsträger, ungeachtet ob christlich oder islamisch, kirchlich oder weltlich, monarchisch oder republikanisch, soll an der Gerechtigkeit gemessen werden: Ein verblüffender Vorgriff auf das »Projekt Weltethos« von Hans Küng.

Was hat das mit dem Thema »Gleichgewicht in der Politik« zu tun? Es ist die Waage, welche die Justitia in der linken Hand hält. Schon Cicero hat die Waage als Gerechtigkeitssymbol verwendet, indem er für moralisches Verhalten mehr Gewichte auflegte als für den an Macht und Reichtum gemessenen Erfolg (III/11, 231). Die Balkenwaage, und zwar in der Regel die austarierte Balkenwaage, ist das älteste und gebräuchlichste Attribut der Gerechtigkeitsdarstellungen in der abendländischen Kunst (Kissel, 92). Man findet sie tausendfach in der politischen Kunst, vor allem in der republikanischen Rathauskultur vom Spätmittelalter bis in die jüngste Zeit.

Damit sollte offenbar zum Ausdruck gebracht werden, daß Politik idealerweise mit Gerechtigkeit und politische Gerechtigkeit mit Gleichgewicht zu tun hat, d.h. der Wahrung des Gleichgewichts, dem Wiederherstellen gestörten Gleichgewichts, dem Austarieren verschiedener Interessen, der Belohnung als Ausgleich guter und der Bestrafung als Ausgleich schlechter Taten, dem korrekten Abwägen von Tauschobjekten, dem Abwägen der Alternativen politischen Handelns, der Gleichheit aller vor dem Gesetz, dem sozialen Ausgleich. Letzteres, der soziale Ausgleich, wurde in der Zeichnung des sogenannten Petrarca-Meisters um 1520 ins Bild gebannt, indem der geknebelte, arme Bauer auf der Waage mehr wiegt als der reiche Ritter (Kissel, 110). Die Gerechtigkeitsdarstellungen in der politischen Kunst ermahnten Gesetzgeber, Regierende und Richter, in ihrer Amtsführung alle Umstände abzuwägen und jedem das Seine zu geben. Zugleich wurde den Amtsträgern bewußt gemacht, daß sie letztlich am Maß der Gerechtigkeit gewogen und allenfalls für zu leicht befunden werden.

Mächtegleichgewicht

Die politische Wirklichkeit war freilich zu allen Zeiten vom Gerechtigkeitsideal weit entfernt. Vor allem die internationale Politik ist nicht erst heute überwiegend von Machtinteressen beherrscht. Die Einsicht in diese Tatsache führte zum Konzept der »balance of power«. Wenn auch nicht der Begriff, so war doch die Idee der Gleichgewichtspolitik schon den griechischen Historikern Xenophon und Thukydides wohl bekannt (Hume 1752a, 101). Aber erst der Florentiner Staatsdenker Francesco Guicciardini hat in der Einleitung zu seiner *Storia d'Italia* (1534) die Grundregeln der internationalen Gleichgewichtspolitik entdeckt (Wright, 7-12). Er entwickelte sie aus der Beobachtung des inneritalienischen Gleichgewichts in der zweiten Hälfte des 15. Jahrhunderts. Fünf Mächte waren die Hauptakteure: Venedig, Mailand, Florenz, Rom und Neapel. Alle wollten überleben und ihre Unabhängigkeit bewahren. Keiner sollte eine Vormachtstellung erringen können. Besaß einer der Akteure eine Übermacht, so schlossen sich die andern zusammen und bildeten so gemeinsam ein Gegengewicht. Diese Zweckallianz reichte aber nur zur Zurückdrängung, nicht zur Ausschaltung des Störenfrieds. Darüber hinaus war sie zu keiner gemeinsamen Aktion fähig. Nach Beseitigung der Hegemoniegefahr verfolgte jeder Akteur wieder ungebunden seine eigenen Interessen.

Bekannter noch als das italienische Vorspiel ist die Pentarchie des 19. Jahrhunderts zwischen Rußland, Preußen, Österreich-Ungarn, Frankreich und England, - bekannter wohl auch deshalb, weil sich der markanteste Gleichgewichtspolitiker der Nachkriegszeit, Henry Kissinger, in seiner Dissertation (1957) mit dieser historischen Epoche befaßt hat. Aber es gibt einen gewichtigen Unterschied. Die unheilige »Heilige Allianz« des vorigen Jahrhunderts setzte sich aus lauter Monarchien zusammen; sie war homogen. Die inneritalienische Pentarchie im Quattrocento dagegen war heterogen. Sie bestand aus den Republiken Venedig und Florenz sowie den Fürstentümern Mailand, Kirchenstaat und Neapel.

Pentarchische oder allgemeiner multipolare Gleichgewichtssysteme ermöglichen wechselnde Allianzen. England unterstützte über Jahrhunderte jeweils den schwächeren Partner, um auf dem europäischen Kontinent eine Hegemonie zu verhindern. England spielte so gleichsam das »Zünglein an der Waage«. Als dessen Macht in den Weltkriegen nicht ausreichte, sprangen die USA in die Lücke. Multipolare Gleichgewichtssysteme sind aufgrund der Möglichkeit des »renversement des alliances« relativ flexibel, aber instabil.

Bipolare Gleichgewichtssysteme dagegen sind weniger flexibel, dafür stabiler. Sie tendieren zu ständigen Feindschaften und ständigen Bündnissen. Das klassische Muster eines heterogenen Bipolarismus ist das Gleichgewicht zwischen der oligarchisch-militaristischen Landmacht Sparta und der demokratisch-weltoffenen Seemacht Athen im 5. Jahrhundert v. Chr. (Aron, 148). Als Beispiel eines homogenen Bipolarismus kann das Gleichgewicht gelten, das Spanien und Portugal durch die Aufteilung des westlichen Weltmeeres im Vertrag von Tordesillas 1494 vereinbarten.

Trotz der mehr als tausend Bedeutungen, die für den Begriff der »balance of power« gezählt worden sind (Czempiel, 130), mag dieser grobe Überblick eine definitorische Annäherung an das Konzept des internationalen Gleichgewichts erlauben. »Balance of power« umschreibt ein System nebeneinander bestehender und miteinander in Beziehung stehender Mächte, die sich wechselseitig daran hindern, die Hegemonie über das Gesamtsystem zu erringen. Die wichtigsten Ausprägungen sind das homogen-bipolare, das heterogen-bipolare, das homogen-multipolare und das heterogen-multipolare Gleichgewichtssystem (Abbildung 1).

Abbildung 1: Gleichgewichtssysteme

STRUKTUR DER AKTEURE / ZAHL DER AKTEURE	HOMOGEN	HETEROGEN
BIPOLAR	Spanien/Portugal 1494ff	Athen/Sparta 5. Jh. v. Chr.
MULTIPOLAR	Heilige Allianz 19. Jh.	Italien 15. Jh.

Mit dem Zweiten Weltkrieg ging eine über dreihundertjährige »multipolare Ära« zu Ende (Waltz, 44). Im Kalten Krieg überwog der heterogene Bipolarismus. Die gegenwärtige internationale Lage scheint in Richtung einer heterogenen Multipolarität zu tendieren. Die Trendwende von der Bipolarität zur Multipolarität setzte indessen schon in den siebziger Jahren ein. Sie wurde vom damaligen Sicherheitsberater und Außenminister Henry Kissinger gezielt gefördert. Das Zeitalter der Supermächte nähere sich dem Ende, schrieb er kurz vor seinem Amtsantritt; die militärische Bipolarität habe eine politische Multipolarität nicht verhindern können, sondern im Gegenteil gefördert (1969, 78). Die Anerkennung Chinas durch die USA war das sichtbare Zeichen der neuen multipolaren Strategie. Kissinger versprach sich davon eine Flexibilisierung der erstarrten Fronten. Bei den Gesprächen in Peking 1972 trug der amerikanische Präsident Richard Nixon dem chinesischen Ministerpräsidenten Zhou Enlai die Idee einer neuen Weltordnung vor mit den fünf Machtzentren USA, UdSSR, China, Japan und Westeuropa. Gemäss dem Bericht Kissingers war man sich einig, das Gleichgewicht der Kräfte weltweit zu wahren und allem Streben nach Vorherrschaft zu widerstehen (1979, 1136f).

Auch Kissingers Gegenspieler in der Ära von Jimmy Carter, Zbigniew Brzezinski, skizzierte ein pentarchisches Weltbild (99). Er konstruierte innerhalb seines Pentarchie-Modells vier Dreiecksbeziehungen (Abbildung 2). Zwei davon bewertete er als machtpolitisch zweitrangig: USA/Japan/China und USA/Europa/UdSSR. Den andern zwei sprach er machtpolitisch erstrangige Bedeutung zu. Das eine qualifizierte er als kompetitiv: USA/China/UdSSR, das andere als kooperativ: USA/Japan/Europa. Vier der fünf Hauptmächte sind im Modell in je zwei Dreiecksbeziehungen involviert. Die USA sah Brzezinski selbstverständlich als Nabel der Welt im Zentrum aller vier...

Abbildung 2: Brzezinskis Gleichgewichtsmodell

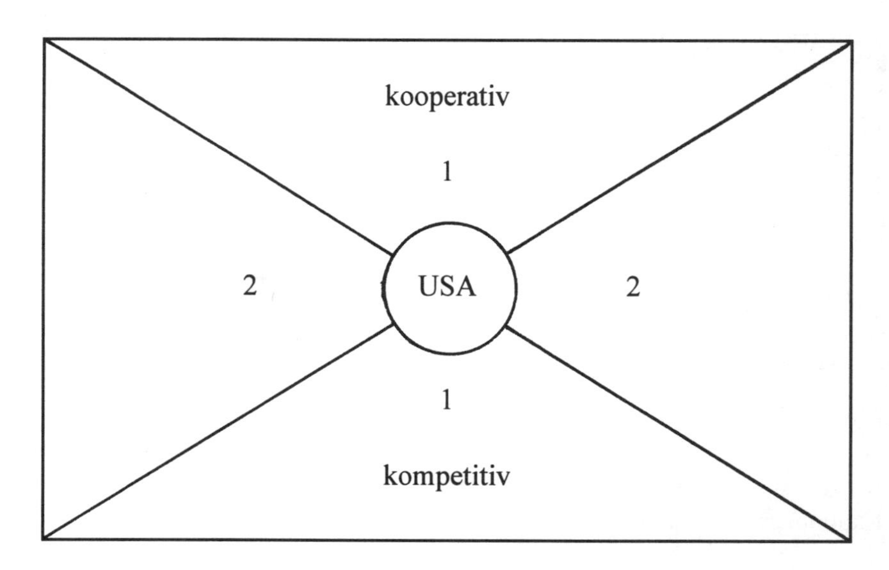

Nach der Auflösung des Warschauer Pakts und dem Auseinanderbrechen der Sowjetunion hat sich das Schwergewicht der Macht von der Triade USA/Russland/Europa zur Triade USA/Ostasien/Europäische Union verlagert. Das Sicherheitsdenken hat an Bedeutung verloren, das Wirtschaftskalkül gewonnen. Die Staaten, vor allem die Großmächte, sind zwar immer noch die wichtigsten Akteure; sie werden aber zunehmend von nichtstaatlichen gouvernementalen und nichtgouvernementalen Akteuren konkurrenziert. Die unipolaren Träume einer von den USA als einziger Weltmacht dominierten Welt, die in den Administrationen Bush und Clinton herumspukten und -spuken, dürften sich als Illusion erweisen (Layne). Sie werden Gegenkräfte mobilisieren. Die russisch-chinesische Beschwörung der Multipolarität vom April 1997 ist ein Vorbote. Der Preis der neuen Multipolarität wird größere Instabilität sein (Mearsheimer).

Brzezinski zieh Kissinger der Opferung moralischer Werte auf dem Altar der Gleichgewichtspolitik. Der »Realist« Kissinger scherte sich in der Theorie und in der Tat wenig um die Bauernopfer der Großmachtpolitik, während Brzezinski die tragische Geschichte seines Herkunftslandes Polen nicht vergessen kann. Die mehrfachen Teilungen Polens sind ein besonders markantes Beispiel hemmungsloser Gleichgewichtspolitik. Auch Kissinger ist zwar nicht völlig blind gegenüber dem Ungenügen der »balance of power«. In den Memoiren schreibt er: »Wenn wir etwas aus der Geschichte lernen können, dann, daß es ohne Gleichgewicht keinen Frieden und ohne Beschränkung keine Gerechtigkeit gibt.« (1979, 64) Und weiter: »Wie soll man zugleich nach Frieden und nach Gerechtigkeit streben, nach einer Beendigung des Krieges, die nicht zu Tyrannei führt, und nach einer Verpflichtung zur Gerechtigkeit, die keinen vollständigen Umsturz zur Folge hat – dieses Gleichgewicht zu finden, ist die Aufgabe des Staatsmannes...« (1979, 81) Hier hat sich der schillernde Begriff des Gleichgewichts unter der Hand des Schreibenden zum schwierigen Balanceakt zwischen Wirklichkeit und Ideal mutiert. Aber reicht die Selbstbeschränkung der nationalen Interessenpolitik, reicht Unterlassung zur Annäherung an einen gerechten Frieden aus? Sind nicht Tatbeweise internationaler Solidarität gefragt? Solidarität scheint in Kissingers Ansatz des »national interest« ein Fremdwort zu sein.

Bei der Lektüre des jüngsten dicken Wälzers von Kissinger steigen die gleichen Zweifel hoch. Die abschließende Wendung zu »Versöhnung und Abwägung widerstreitender Interessen« (1994, 805) wirkt wie ein nachträglich aufgesetztes verbales Alibi. Denn zuvor zeigt sich Kissinger auf Hunderten von Seiten fasziniert von den Leistungen imperialistischer Großmachtpolitiker. Besonders entlarvend ist seine Bewunderung für Kardinal Richelieu. Dessen »leidenschaftslose, von moralischen Imperativen befreite Außenpolitik« erstrahlt aus der Sicht Kissingers wie »ein schneebedeckter Alpengipfel in der Wüste«! (1994, 62)

Kissinger ist entgegenzuhalten: Wenn wir etwas aus der Geschichte lernen können, dann ist es die ethische Ambivalenz der Gleichgewichtspolitik; sie kann sich als Wohltat und als Fluch erweisen.

Machtteilung

Bei Polybios lesen wir:

»...wenn einer der drei Teile die ihm gezogenen Grenzen überschreitet und sich eine größere Macht anmaßt, als ihm zusteht, dann erweist sich als Vorteil, daß keiner selbstherrlich ist, sondern in den anderen sein Gegengewicht hat und von ihnen in seinen Absichten gehindert werden kann: keiner darf zu hoch hinaus, keiner alle Dämme überfluten. Dem ungestümen Machtdrang wird ein Dämpfer aufgesetzt, oder er scheut von vornherein den zu erwartenden Widerstand der anderen und wagt sich nicht erst hervor...« (VI/18, 546f).

Klingt das nicht wie die Umschreibung einer zwischenstaatlichen Tripolarität? Polybios hatte indessen die innenpolitische Struktur der Römischen Republik mit ihren drei Machtträgern Konsuln, Senat und Volk im Visier.

Daraus folgt die Einsicht: Das im Prinzip gleiche Phänomen, das wir in der internationalen Politik als »balance of power« bezeichnen, kennen wir in der Innenpolitik unter dem Begriff der Gewaltenteilung oder besser der Machtteilung. Beide Konzepte, Balance of power und Machtteilung, wollen die gesamte Macht auf mehrere, ungefähr gleichgewichtige Machtträger verteilen. Beide wollen das Machtmonopol einer einzigen Macht verhindern. Von der griechischen Antike bis ins 18. Jahrhundert wurde das Phänomen der innenpolitischen Machtteilung als »Mischverfassung« perzipiert, - von Platon, Aristoteles, Polybios und Cicero über Thomas von Aquin, Niccolò Machiavelli, Francesco Guicciardini, Gasparo Contarini und Donato Giannotti bis zu Arnisaeus, Limnaeus, James Harrington, Algernon Sidney, Jean-Jacques Burlamaqui, John Adams u.a.m. Der Begriff der Gewaltenteilung hat sich erst nach Montesquieu mit Madison, Sieyès und Kant durchgesetzt.

Mischverfassung und Gewaltenteilung sind verschiedene Perzeptionen desselben Phänomens. Beiden ist derselbe Zweck zugedacht, nämlich die Verhinderung der Konzentration aller Macht in der Hand einer Einzelperson, einer Minderheit oder der Mehrheit, um dem Machtmißbrauch vorzubeugen und die Freiheit zu sichern. Beide setzen für ihr Funktionieren ein Gleichgewicht der staatlichen Machtträger und der gesellschaftlichen Kräfte voraus. Alle Mischverfassungs- und Gewaltenteilungsautoren postulieren die Vorherrschaft des Rechts, die Unterstellung der Regierenden und der Regierten unter die Gesetze. Alle dauerhaften praktischen Anwendungsfälle der Mischverfassung bzw. der Gewaltenteilung waren oder sind Fälle funktionaler Verschränkung. Aber Wahrnehmungsschwerpunkt und logische Folgerung sind vertauscht. Der Wahrnehmungsschwerpunkt des Mischverfassungskonzepts ist die Strukturierung des Gemeinwesens gemäß der Trias »einer – wenige – viele« oder einer ihrer dualen Varianten. Die logische Folge der Mischung ist die Machtteilung. In der Perspektive des Gewaltenteilungskonzepts ist es genau umgekehrt. Aus dem logischen Prius der Teilung folgt die Mischung. Alle praktischen Anwendungsfälle der Gewaltenteilung sind Strukturvarianten des Musters »einer – wenige – viele«. Es gibt keine Mischverfassung ohne Machtteilung und umgekehrt. Mischverfassung und Gewaltenteilung sind zwei Aspekte desselben Phänomens.

Montesquieu hat die innenpolitische Machtteilung wie folgt begründet: Ihr Zweck ist die Sicherung der politischen Freiheit. Die Erfahrung lehre, daß jede Macht auf Kosten der Freiheit zum Machtmißbrauch neigt, wenn sie nicht auf Grenzen stößt. Damit die Macht nicht mißbraucht werden kann, müsse die Staatsstruktur so beschaffen sein, daß die Macht der Macht Schranken setzt: »Pour qu'on ne puisse abuser du pouvoir, il faut que, par la disposition des choses, le pouvoir arrête le pouvoir.« (XI/4) Also: Machtkonzentration führt zu Machtmißbrauch und Machtmißbrauch zu politischer Unfreiheit. Die politische Freiheit kann nur gesichert werden, indem der Machtmißbrauch verhindert wird, und dies wiederum setzt Gegenmacht, Pluralismus der Machtträger, Machtkontrolle, Machtteilung, Machtgleichgewicht voraus: »balanced constitution«, sagen die Angelsachsen.

Montesquieu wird indessen in bezug auf die konkrete Ausgestaltung der Machtteilung meist mißverstanden. Damit ist nicht jenes Mißverständnis gemeint, das einer Touristenführerin in Brasilia zur Zeit des Militärregimes einfiel. Als sie mit patriotischem Stolz der Reisegruppe den vom Stadtplaner Lúcio Costa und vom Architekten Oscar Niemeyer gestalteten »Platz der drei Gewalten« zeigte, meldete sich ein kritischer Tourist und monierte, es gebe doch in Brasilien gar keine Gewaltenteilung. »Oh doch«, entgegnete die Führerin, »auch wir haben zur Zeit drei Gewalten: Heer, Luftwaffe und Marine.«

Nicht dieses Mißverständnis ist gemeint, sondern jenes, das in den meisten Schulbüchern kolportiert und Montesquieu in die Schuhe geschoben wird und das ganze Generationen von Juristen verwirrt hat und ganze Heerscharen von Juristen bis zum heutigen Tag verwirrt: Machtteilung im Sinne der Trennung der drei Gewalten Legislative, Exekutive und Justiz. Montesquieu unterschied zwar diese drei Gewalten. Aber er verwendete niemals den Begriff »séparation des pouvoirs«. Vielmehr sprach er vorsichtig von »une certaine distribution des pouvoirs«, aber auch von »combiner« und »balancer les puissances«. Die drei Gewalten sind in seinem Modell teils getrennt, teils verbunden. Sehen wir es genauer an.

Montesquieu kombinierte drei Gewalten, drei soziale Kräfte und sieben Staatsorgane (Riklin 1989). In jedem Staat, schrieb er, gebe es die drei Gewalten der »puissance législative«, der »puissance exécutrice« und der »puissance de juger«. Als soziale Kräfte identifizierte er entsprechend dem englischen Vorbild das Volk, den Erbadel und den Erbmonarchen. Die sieben Staatsorgane sind das Wahlvolk, die Volkskammer des Parlaments, das Volksgericht, die Adelskammer des Parlaments, das Adelsgericht, der König und die Minister (Abbildung 3).

Abbildung 3: Montesquieus Machtteilungsmodell

GEWALTEN GESELL-SCHAFTLICHE KRÄFTE	GESETZGEBENDE GEWALT	AUSFÜHRENDE GEWALT	RECHT SPRECHENDE GEWALT
VOLK (WAHLVOLK)	Volkskammer des Parlaments	Volkskammer des Parlaments	Volkskammer des Parlaments Volksgericht
ADEL	Adelskammer des Parlaments	Adelskammer des Parlaments	Adelskammer des Parlaments Adelsgericht
KÖNIG	König	König Minister	--

Für das Zusammenspiel aller Teile lassen sich aus dem einfach scheinenden, tatsächlich aber höchst komplexem Kapitel 6 des XI. Buches von *De l'esprit des lois* die folgenden Hauptregeln des Modells ableiten.

Regel 1: Es dürfen nicht zwei und schon gar nicht alle drei Gewalten in der ausschließlichen Verfügung einer einzigen sozialen Kraft oder eines einzigen Staatsorgans sein.

Obwohl das Hauptgewicht der Legislativmacht bei den sozialen Kräften Volk und Adel bzw. beim Zweikammerparlament liegt, nimmt auch der König durch sein Legislativveto an der Gesetzgebung teil (»prend part à la législation«). Umgekehrt ist das Parlament an der Exekutivmacht beteiligt, insofern es die korrekte Ausführung der Gesetze durch die Regierung überwacht und die Minister zur Rechenschaft ziehen kann.

Regel 2: Es darf keine der drei Gewalten ausschließlich einer einzigen sozialen Kraft oder einem einzigen Staatsorgan anvertraut sein.

Die Gesetzgebung ist auf alle drei sozialen Kräfte und auf drei Staatsorgane verteilt, die ausführende Gewalt ebenfalls auf alle drei sozialen Kräfte und vier Staatsorgane, die judikative Gewalt auf zwei soziale Kräfte und vier Staatsorgane.

Regel 3: Jede soziale Kraft muß an jeder der drei Gewalten angemessen beteiligt sein, sofern sie ihr unterworfen ist.

Der König ist an der rechtsprechenden Gewalt nicht beteiligt; dafür ist er ihr aber auch nicht unterworfen.

Regel 4: Die Basis der Willensbildung ist nicht die Gleichheit der Individuen, sondern, ungeachtet der Zahl ihrer Mitglieder, die Gleichheit und Unabhängigkeit jeder sozialen Kraft.

Der König als Einzelperson und der Adel als Minderheit kann von der Mehrheit des Volkes und seiner Repräsentanten nicht überstimmt werden.

Dies ist es, was Montesquieu wirklich gemeint hat. Nicht die Gewaltentrennung war das Anliegen Montesquieus, sondern ein subtiles Netzwerk von Teilung und Mischung, von »checks and balances«, d.h. von Hemmnissen, Gegengewichten und Gleichgewichten.

Montesquieu ist der bekannteste Machtteilungsdenker. Es gibt aber eine fast unbekannte Gewaltenteilungslehre, die älter, wirklichkeitsnäher und praktikabler ist als die Montesquieusche. Sie stammt von Donato Giannotti, dem letzten bedeutenden Staatsdenker der Republik Florenz. Giannotti hat 1534 in der Verbannung ein Werk über die Republik Florenz geschrieben, das in der auf das Autograph abgestützten authentischen Fassung erstmals 1990 gedruckt und 1997 in deutscher Übersetzung vorgelegt worden ist. Die »Republica fiorentina« von Donato Giannotti verdient sehr viel mehr Beachtung, als ihr bisher zuteil geworden ist. Sie enthält nämlich den ersten vollständigen Verfassungsentwurf zur Reform einer Republik in der gesamten Geschichte der politischen Ideen.

Beschränken wir uns auf die höchst originelle Machtteilungslehre (Abbildung 4). Giannotti unterscheidet vier Staatsfunktionen: Wahlen, Gesetzgebung, Aussenpolitik und Rechtsprechung. Ferner unterteilt er den Entscheidungsprozeß in die drei Phasen: Consultazione (Vorberatung), Deliberazione (Entscheidung) und Esecuzione (Ausführung). Schließlich bestimmt er in jeder Funktion für jede Phase des Entscheidungsprozesses die zuständigen Organe. Dabei stellt er den Grundsatz auf, daß die Consultazione und die Esecuzione in den Händen weniger, die Deliberazione aber in den Händen vieler liegen müsse. Jedoch sei es zulässig, ja zweckmäßig, daß die Ausführung der gesetzgeberischen und außenpolitischen Entscheide den gleichen Gremien anvertraut werde, welche die Entscheide vorberaten hätten (Giannotti 1534, II/16; 1552, 453).

Abbildung 4: Giannottis Machtteilungsmodell

PHASEN / FUNKTIONEN	CONSULTAZIONE	DELIBERAZIONE	ESECUZIONE
WAHLEN	Nominatoren	**Großer Rat** Senat	--
AUSSENPOLITIK	Collegio Dieci	**Senat** Großer Rat	Dieci
GESETZGEBUNG	Collegio Senat	Senat Großer Rat	Signoria Magistrati
RECHT-SPRECHUNG	Conservatori Proposit	Quarantia	Magistrati

Warum ist diese Machtteilungslehre Giannottis wirklichkeitsnäher und praktikabler als jene von Montesquieu? Erstens, weil sie die Außenpolitik neben der Gesetzgebung als eigenständige Funktion postuliert. Montesquieu hat demgegenüber die Außenpolitik blauäugig als »Ausführung des Völkerrechts« verstanden und allein der Regierung anvertraut. Ein Aphorismus von Montesquieu ist mitverantwortlich, daß in den meisten Verfassungen seit der amerikanischen von 1789 die außenpolitische Kompetenzverteilung zwischen Regierung und Parlament unklar oder ungleichgewichtig, nämlich auf Kosten des Parlaments, geregelt ist.

Zweitens ist Giannottis Machtteilungslehre wirklichkeitsnäher und praktikabler als die Montesquieu'sche, weil sie die zugleich führende und ausführende Rolle der Regierung klar zum Ausdruck bringt. Montesquieu schwieg sich darüber aus, wer denn eigentlich Gesetze und andere Entscheide vorbereitet. Er vernachlässigte den Entscheidungsprozeß. Seine Machtteilungslehre ist strukturorientiert, diejenige Giannottis prozeßorientiert.

Von Montesquieu verführt, trauen die meisten geschriebenen Verfassungen den Parlamenten in der Gesetzgebung zu viel und in der Außenpolitik zu wenig zu. Die staatsleitende Führungsrolle der Regierung kommt in den Verfassungstexten ungenügend zum Ausdruck. Die von Montesquieu inspirierten Schulbücher und juristischen Handbücher bezeichnen in Verkennung der Verfassungswirklichkeit die Regierung als Exekutive und das Parlament als Legislative. Diese Etiketten sind irreführend. Tatsächlich sind die Regierungen in allen demokratischen Rechtsstaaten in der Gesetzgebung nicht nur ausführende Organe; vielmehr gestalten sie die Gesetze maßgeblich. In allen demokratischen Rechtsstaaten beeinflussen die Parlamente die Gesetzgebung nur in einem geringen Ausmaß, und sie haben neben der Gesetzgebung noch andere Aufgaben zu erfüllen, u.a. in den Bereichen der Wahlen, der Außenpolitik und der Kontrolle. Die Irrlehren Regierung = Exekutive, Parlament = Legislative sind mehr als nur ein terminologisches Problem. Falsche Begriffe prägen das Bewußtsein. Die Sprache verfälscht Wirklichkeiten. Falsche Zungenschläge behindern die sachgerechte Analyse. Selten führt eine Fehldiagnose durch einen glücklichen Zufall zur richtigen Therapie. Mit falschen Begriffen, mit einem falschen Vorverständnis kann man die Staatsgeschäfte nicht optimal bewältigen. Wie sagte doch Konfuzius: »Wenn die Begriffe nicht stimmen, dann ist die Sprache nicht im Einklang mit der Wahrheit der Dinge. Wenn die Sprache nicht im Einklang ist mit der Wahrheit der Dinge, kann man die Staatsgeschäfte nicht erfolgreich bewältigen.«

Politische Ethik

Die Machtteilung ist ein Teilaspekt der institutionellen politischen Ethik. Politische Ethik? Gibt es das? Karl Kraus hätte wohl gespottet: »Sie wollen über politische Ethik sprechen? Dann entscheiden Sie sich für das eine oder das andere!« In der Tat, wer in der Politik der Vergangenheit und der Gegenwart die Amoral sucht, der wird sie in Hülle und Fülle finden. Zumal wer in dieser Absicht auf unser Jahrhundert zurückblickt, wird um die Feststellung nicht herumkommen, daß es den Gipfelpunkt politischer Massenmorde in der gesamten Menschheitsgeschichte zu verantworten hat und dies unter Anleitung, Rechtfertigung und Komplizenschaft der Wissenschaft, von Naturwissenschaftlern, Ärzten, Philosophen, Juristen, Ökonomen, Managern und Pädagogen. Der Skeptiker wird vielleicht sogar resigniert Ambrose Bierce recht geben, der unsere Zivilisation wie folgt definiert hat: »Das Abendland ist jener Teil der Welt, der westlich (beziehungsweise östlich) des Morgenlandes liegt. Es wird größtenteils von Christen bewohnt, einem mächtigen Unterstamm der Hypokriten, dessen Hauptbeschäftigungen Mord und Betrug sind, von ihnen vorzugsweise als ›Krieg‹ und ›Handel‹ bezeichnet. Dies sind auch die Hauptbeschäftigungen des Morgenlandes.« Der Kritiker wird sich gern auch an die saloppe Unterscheidung von Wissenschaft, Philosophie und politischer Ethik erinnern lassen. Wissenschaft sei, wenn jemand mit verbundenen Augen in einem dunklen Zimmer eine schwarze Katze suche. Philosophie sei, wenn jemand mit verbundenen Augen in einem dunklen Zimmer eine schwarze Katze suche, die nicht drin ist. Politische Ethik aber sei, wenn jemand mit verbundenen Augen in einem dunklen Zimmer eine schwarze Katze suche, die nicht drin ist und ausruft: ich hab sie!

Jean-Jacques Rousseau schrieb indessen: Wer Politik und Ethik trennen will, der hat weder vom einen noch vom andern etwas begriffen (524). Man kann

Vergangenheit und Gegenwart auch nach moralischen Denkansätzen, moralischen Vorbildern und moralischen Verhaltensweisen absuchen, und man wird ebenfalls fündig werden. Es ist die Aufgabe wertgebundener Wissenschaft, nicht nur die politischen Heucheleien zu entlarven, sondern auch die positiven Errungenschaften wahrzunehmen. Gerade eine auch geisteswissenschaftlich verstandene Politikwissenschaft wird es für ihre vornehmste Pflicht halten, die politischen Schatzkammern der Ideen-, Verfassungs- und Kunstgeschichte zu hüten und, wenn sie genug Verstand und Glück hat, ein bißchen zu mehren. Nach dem Motto: »Lieber einäugig als blind« oder »lieber blauäugig als zynisch«.

In den Steinbrüchen der Ideen-, Verfassungs- und Kunstgeschichte finden wir drei Ansätze politischer Ethik: die personorientierte, die institutionorientierte und die resultatorientierte (Abbildung 5).

Abbildung 5: Grundriß einer politischen Ethik

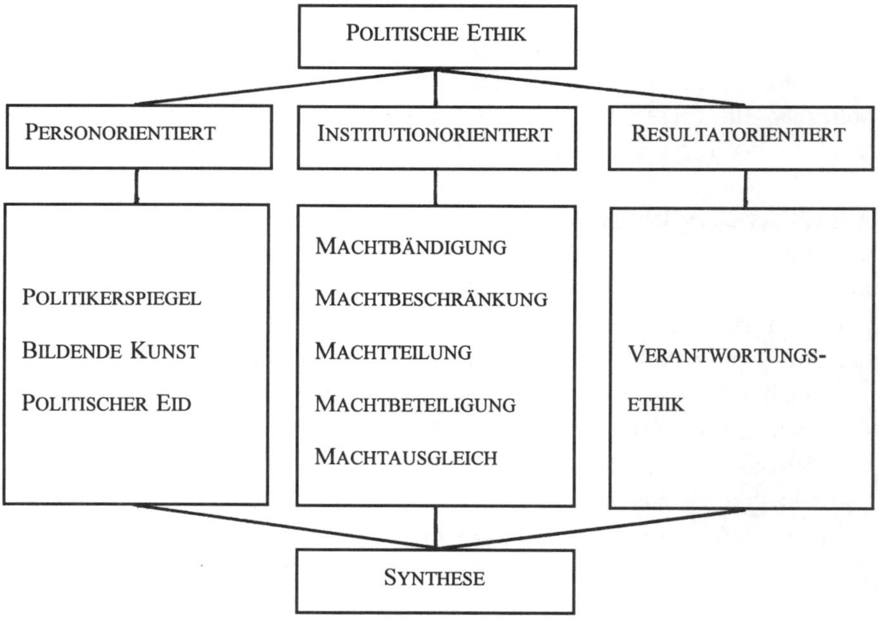

POLITISCHE ETHIK

PERSONORIENTIERT	INSTITUTIONORIENTIERT	RESULTATORIENTIERT
POLITIKERSPIEGEL BILDENDE KUNST POLITISCHER EID	MACHTBÄNDIGUNG MACHTBESCHRÄNKUNG MACHTTEILUNG MACHTBETEILIGUNG MACHTAUSGLEICH	VERANTWORTUNGS- ETHIK

SYNTHESE

Die personorientierte politische Ethik sucht die Lösung in der moralischen Qualität der Politiker. Platon hat den personalistischen Ansatz in die berühmten Worte gefasst: »Solange die Philosophen nicht Könige werden oder die Könige ...echte und gute Philosophen, solange nicht politische Macht und Weisheitsliebe in der gleichen Person vereinigt sind, solange wird es kein Ende des Malaise in den Staaten und überhaupt im Menschengeschlecht geben...« (Politeia, 473c-d).

Politikerspiegel, politische Kunst und politischer Eid sind Ausdrucksformen dieser Idee.

Politikerspiegel sind Schriften, in denen das Vorbild des Staatsmannes beschrieben wird, sei es als Biographie geschichtlicher Persönlichkeiten oder als spekulatives Modell des idealen Politikers oder als Erziehungs- und Bildungsprogramm künftiger Amtsträger. Beispiel: Die *Institutio principis christiani* des Erasmus von Rotterdam (1516).

Die Politikerspiegel wurden ab dem Spätmittelalter von der Literatur in die bildende Kunst übertragen. Es sind dies die allegorischen, legendären und historischen Veranschaulichungen politischer Tugenden und Laster, guter und schlechter Regime, guter und schlechter Politiker. Beispiel: Der Freskenzyklus von Ambrogio Lorenzetti über das gute und das schlechte Regiment im Palazzo pubblico von Siena aus dem Jahre 1340 (Riklin 1996b).

Der politische Eid ist ein feierliches, öffentliches Versprechen, sei es der Amtsträger, ihr politisches Amt in bestimmter Weise auszuüben, sei es der Soldaten, ihre Heimat unter Einsatz des eigenen Lebens zu verteidigen, sei es der Bürger, die gegebene Ordnung und deren Amtsträger zu achten. Beispiel: der seit dem 16. Jahrhundert ununterbrochen geleistete Bürgereid anläßlich der Appenzeller Landsgemeinden.

Die personorientierte Ethik ist indessen gegen Mißbräuche nicht gefeit. Politikerspiegel können in geschichtsklitternde Hagiographien entarten, wie die spätantiken und mittelalterlichen Verherrlichungen des Usurpators Augustus. Politische Kunst kann zu Personenkult verkommen, wie im Nürnberger Rathaus der Triumphzug Maximilians I., zu dem sich Albrecht Dürer hergab. Da wurden nämlich dem Kaiser des unheiligen Römischen Reiches deutscher Nation nicht nur 36 Herrschertugenden angedichtet, sondern – weit schlimmer – ein Sieg über die Helvetier; in Tat und Wahrheit haben wir Eidgenossen aber vor 500 Jahren bei Frastanz dank einer List und einem liechtensteinischen Kollaborateur unsern letzten Sieg errungen. Der politische Eid kann die totale Unterwerfung erzwingen, wie der Führereid in Hitler-Deutschland. Robespierre rechtfertigte die Terreur als Emanation der Tugend. Wie heißt es doch in Lessings *Minna von Barnhelm*? Von Tugend spricht, wer keine hat! Die personorientierte Ethik ist aber nicht nur mißbrauchsanfällig; sie greift zu kurz. Gegen die Versuchungen der Macht sind gutgemeinte berufsethische Ratschläge erfahrungsgemäß ein schwacher Schutz. Tugend ist Mangel an Gelegenheit, spottete Bernard Shaw.

Dem trägt die institutionorientierte Ethik Rechnung. Sie sucht die Lösung in guten Institutionen. »...aus so krummem Holze, als woraus der Mensch gemacht ist, kann nichts ganz Gerades gezimmert werden«, schrieb Immanuel Kant (1784, 41). Aber, fuhr er an anderer Stelle fort, eine gute Staatsorganisation vermöge selbst aus einem Volk von Teufeln zwar nicht moralisch gute Menschen, wohl aber gute Bürger zu machen; allerdings fügte er wohlweislich hinzu:

wenn sie nur Verstand haben (1795, 224). Im Lauf der abendländischen Geschichte sind eine Reihe von institutionellen Sicherungen gegen den Mißbrauch der Macht und für den rechten Gebrauch der Macht entwickelt worden. Es handelt sich um eigentliche Erfindungen, von Menschen erdachte und in der politischen Wirklichkeit erprobte Innovationen, die mindestens so bedeutsam sind wie die technischen Erfindungen des Buchdrucks, der Dampfmaschine oder des Computers. Es sind vor allem die Machtbändigung, die Machtbeschränkung, die Machtteilung, die Machtbeteiligung und der Machtausgleich.

Die erste Erfindung ist die Machtbändigung, die Bändigung der politischen Macht durch Gesetze. Nicht Menschen, sondern Gesetze sollen herrschen. Platon hat diese Idee im *Politikos* als erster auf den Begriff gebracht (291c-303b).

Die zweite Erfindung ist die Machtbeschränkung. Die durch Gesetze gebändigte Macht soll beschränkt und gesteuert werden durch jedem Menschen zukommende Grundrechte. Diese Grundrechte sind vorstaatlich, überstaatlich, in der Natur des Menschen begründet, nicht vom Staat verliehen, aber vom Staat zu gewährleisten und in ihrer Substanz unantastbar. John Locke hat diese Idee der Menschenrechte als erster kristallklar begründet und als Endzweck aller Politik postuliert (Second Treatise, XI/135).

Die dritte Erfindung ist die Machtteilung. Die durch Gesetze gebändigte sowie durch die Menschenrechte beschränkte und gesteuerte Macht soll zusätzlich geteilt werden. Davon war bereits die Rede.

Die vierte Erfindung ist die Machbeteiligung, die Teilhabe der Machtunterworfenen an der gebändigten, beschränkten und geteilten Macht. Wir nennen dieses Phänomen Demokratie. Die Athener gelten als ihre Erfinder. Perikles hat sie 430 v.Chr. in der Rede auf die im Peloponnesischen Krieg Gefallenen verherrlicht (Thukydides, II/35-46). Allerdings gelangte sie erst im 20. Jahrhundert mit dem allgemeinen Wahlrecht aller erwachsenen Staatsbürger und Staatsbürgerinnen zur vollen Geltung.

Die fünfte Erfindung ist der Machtausgleich. Im Rahmen der gebändigten, beschränkten und geteilten Macht unter Beteiligung der Machtunterworfenen soll zudem Sorge getragen werden, daß das Machtgefälle zwischen starken und schwachen Individuen und Gruppen, zwischen Reichen und Armen, Gesunden und Kranken, Arbeitenden und Arbeitslosen usw. in angemessener Weise gemildert wird. John Rawls hat diese Sozialstaatsidee in seiner Theorie der Gerechtigkeit am tiefgründigsten ausgelotet und sowohl gegen einen kruden Egalitarismus als auch gegen einen sozialdarwinistischen Utilitarismus abgegrenzt.

So großartig diese politischen Erfindungen sein mögen, auch sie sind gegen Mißbräuche nicht gefeit. Was Paracelsus für die Medizin erkannt hat, gilt genauso für die Politik: Es kommt immer auf die Dosis an. Übertriebener Machtausgleich kann zur Ausbeutung aller durch alle bis hin zum Staatsbankrott führen. Übertriebene Machtbeteiligung in der direkten Demokratie und übertriebene

Machtteilung können ein überbremstes oder gar handlungsunfähiges politisches System bewirken (sic Schweiz!). Übertriebenes Grundrechtsdenken kann im lähmenden Rekursstaat enden. Übertriebener Gesetzgebungsaktivismus kann in der Normenflut versinken.

Aber selbst ungeachtet der Mißbräuche sind die personalistischen und institutionalistischen Ansätze politischer Ethik unzureichend. Sie sind einseitig inputorientiert. Was nützen Tugendkataloge und institutionelle Konstrukte, wenn sie dennoch moralisch fragwürdige Ergebnisse zeitigen? Hier setzt die resultatorientierte polititsche Ethik ein. Sie legt das Augenmerk auf die Outputs der Politik. Der Politiker ist für die voraussehbaren Folgen seiner Handlungen und Unterlassungen verantwortlich.

Max Weber war natürlich nicht der erste Denker, der sich gegen eine reine Gesinnungsethik wandte und ihr die Verantwortungsethik entgegenstellte. Schon Thomas von Aquin, Francesco Guicciardini und Michelangelo haben beispielsweise in der Tyrannenmorddebatte gemahnt, die Folgen zu bedenken (Riklin 1996c, 79-88). Auch wird Max Weber oft verkürzt wiedergegeben, so als ob er die Gesinnungsethik von sich gewiesen hätte. Tatsächlich hielt er indessen Gesinnungs- und Verantwortungsethik nicht für absolute Gegensätze, vielmehr verstand er sie als wechselseitige Ergänzungen, die zusammen erst den berufenen Politiker ausmachen (Weber, 57-67).

Was hat dieser Ausflug in die politische Ethik mit unserem Thema Gleichgewicht zu tun? Ich meine, daß die drei Ansätze politischer Ethik gleich gewichtig sind. Das Defizit der modernen Staatslehren besteht in der Abwertung der personorientierten Ethik. Wir halten mehr von Resultaten und Institutionen als von Tugenden. Soweit persönliche Qualitäten überhaupt Beachtung finden, setzen wir einseitig auf die Tüchtigkeit der Macher, ihre physische und psychische Robustheit, ihre Führungserfahrung, ihre Kommunikationsfähigkeit, ihre Gewähr zur Vertretung bestimmter Partikularinteressen. Die moralische Integrität der Politiker, Wahrhaftigkeit, Zivilcourage, Großmut, Visionskraft, Gemeinwohlorientierung, Gerechtigkeitssinn werden im Anforderungsprofil bestenfalls klein geschrieben.

Webers Polemik gegen die Gesinnungsethik dient den »Verantwortungsethikern« als bequeme Ausrede für moralfreies oder amoralisches Verhalten. Zwar verzichtet Max Weber nicht auf charakterliche Anforderungen an die Politiker (51). Er nennt drei »Qualitäten«: leidenschaftliche Sachlichkeit, Verantwortungsgefühl und Augenmaß. Im Vergleich zur reichen Tradition personalistischer Ethik ist dies ziemlich mickrig. Und die Pflicht des Politikers zur Wahrhaftigkeit schiebt er mit allzu leichter Hand beiseite (57). Webers Ghostwriter ist unverkennbar Machiavelli, freilich mit einem Unterschied (Riklin 1996a, 73-76). Während Machiavelli seine Ratschläge ungeschminkt und ungeschützt vorträgt, ja durch möglichst schockierende historische Beispiele noch verstärkt, hüllt sich

Weber in den wohlgefälligen Mantel der »Verantwortungsethik«. Weber übersetzt Machiavelli in eine zivilisierte Sprache. Die Substanz bleibt die gleiche. Wenn Weber die Heilung amoralischer Mittel durch den guten Zweck suggeriert, setzt er »Heilung« und »guten« Zweck in Anführungsstriche und ersetzt unmoralische Mittel durch »sittlich bedenkliche oder mindestens gefährliche Mittel«. Weber schützt sich nach Strich und Faden, so daß er sich jederzeit mit der Entgegnung aus der Schlinge ziehen kann: »Das habe ich so nicht gesagt!« Ein einziges Mal zitiert er in *Politik als Beruf* seinen insgeheimen Gewährsmann mit der, wie er sie nennt, »schönen Stelle« (64), wo Machiavelli jene Florentiner Bürger preist, die das Vaterland höher schätzten als die eigene Seele.

Auch die Überbetonung der institutionorientierten Ethik geht auf Machiavelli zurück. Die Politik müsse davon ausgehen, schreibt er in den *Discorsi* (I/3), daß alle Menschen schlecht seien und stets ihren bösen Neigungen folgten, sobald sie Gelegenheit dazu hätten; freiwillig täten sie niemals Gutes; erst die Gesetze machten sie gut. Dieser Gedanke läßt sich bis in die Gegenwart verfolgen. Giannotti hatte die *Discorsi* gerade gelesen, als er in der *Republica fiorentina* Machiavellis Überlegung paraphrasierend aufnahm: Entscheidend sei die »virtù della forma«; die Menschen seien eher schlecht als gut; deshalb müßten sie zum Guten gezwungen werden (1534a, 82/130/188f/192/195/211). James Harrington, ein großer Bewunderer von Giannotti und Machiavelli, orakelte in seinem Republikentwurf *Oceana* (1656): Der Satz »Gebt uns gute Menschen, und sie werden uns gute Gesetze schaffen« sei demagogisch; die Maxime des Staatsmannes und die unfehlbarste in der Politik überhaupt laute: »Gebt uns gute Gesetze, und sie werden gute Menschen hervorbringen« (205). Auch David Hume, der den Staatsentwurf Harringtons als das einzig brauchbare Modell einer Republik lobte (1752b, 283), vertraute mehr auf gute Institutionen als auf gute Menschen; sie seien nicht von den Launen der Mächtigen abhängig und zwängen selbst schlechte Menschen, für das Gemeinwohl zu wirken (1741, 15f). Kants Erwartung, eine gute Staatsorganisation vermöge selbst aus einem Volk von Teufeln gute Bürger zu machen (1795, 224), wurde bereits erwähnt. Last but not least folgt auch Karl Popper dieser ideengeschichtlichen Linie. Nach seiner Ansicht besteht das Fundamentalproblem der Politik nicht in der Frage »Wer soll herrschen?«; die allein richtige Fragestellung laute vielmehr: »Wie können wir unsere politischen Einrichtungen so gestalten, daß auch unfähige und unredliche Machthaber keinen allzu großen Schaden anrichten?« (169f). Früher die »Republik«, heute der »demokratische Rechtsstaat« scheinen das ethische Fundamentalproblem der Politik gelöst zu haben.

Webers Pendelschlag zur »Verantwortungsethik« ist nicht so extrem wie Poppers institutionalistischer und William Penns personalistischer Exzess. Letzterer meinte im Vorwort zu seinem *Frame of Government of the Province of Pennsylvania* (1687): Wenn die Politiker gut sind, dann setzen sie sich durch, selbst wenn die Institutionen schlecht sind; sind die Politiker aber schlecht, dann taugen auch gute Institutionen nichts (Vile, 297). Es braucht die Synthese aller drei Ansätze der politischen Ethik. Hier gälte es, das Gleichgewicht wieder herzustellen, nicht in der Erwartung, den Himmel auf Erden schaffen zu können, wohl aber wenigstens die Hölle zu verhindern.

*

Kehren wir zum Ausgangspunkt zurück: dem Zusammenhang von Gerechtigkeit und Gleichgewicht. Die Waage ist ein Instrument, das Gleichgewicht ein Mittel, die Gerechtigkeit der Zweck. Mächtegleichgewicht, Machtteilung und politische Ethik sind behelfsmäßige Annäherungen an das Gerechtigkeitsideal. Die Tugendkataloge und institutionellen Konstrukte der politischen Ethik haben moralisch fragwürdige Resultate der Politik nicht verhindert, wenn sie auch noch Schlimmeres verhütet haben mögen; Ungeschehenes läßt sich nicht beweisen. Die Machtteilung mag die Mächtigen wechselseitig in Schach halten, aber sie schützt die Ohnmächtigen nicht. Die internationale Gleichgewichtspolitik hat mitunter zur Kriegsverhinderung und Konfliktmäßigung beigetragen; aber sie diente umgekehrt auch als Rechtfertigung von Kriegen, Annektionen, Teilungen sowie hegemonial-imperialen Subsystemen und sie verführt nach wie vor zur Doppelmoral in der Wahrnehmung systematischer Menschenrechteverletzungen. Die verschiedenen Konkretisierungen politischen Gleichgewichts sind unentbehrliche, aber dennoch unzureichende Mittel zum Zweck der Gerechtigkeit. Perfekte Lösungen gibt es nicht. Aber man ist nicht realistisch, wenn man keine Ideale hat.

Summary

On Balance in Politics

Parting from the symbol of the scales of justice, the author examines three phenomena of equilibrium in political theory and practice: the balance of power between nations, the separation and mixture of powers within the states, as well as the balanced synthesis of person-, institution- and resultoriented ethics in politics. All three phenomena are but attempts of drawing closer to the ideal of justice. They cannot establish heaven on earth, but they may contribute to prevent hell on earth.

Literatur

ARON, RAYMOND (1962): Paix et guerre entre les nations, Paris.

BRZEZINSKI, ZBIGNIEW (1977): Illusions dans l'équilibre des puissances, Paris.

CICERO, MARCUS TULLIUS (44 v.Chr.): De officiis/Vom pflichtgemässen Handeln, Lateinisch/Deutsch, Stuttgart 1987.

CZEMPIEL, ERNST-OTTO (1991): »Gleichgewicht oder Symmetrie?«, Jahrbuch für Politik, Bd. 1, S. 127-150.

GIANNOTTI, DONATO (1534a): Republica fiorentina, Genf 1990.

GIANNOTTI, DONATO (1534b): Die Republik Florenz, herausgegeben und eingeleitet von Alois Riklin, übersetzt und kommentiert von Daniel Höchli, München 1997.

GIANNOTTI, DONATO (1552): »Discorso sopra il riordinare la Repubblica di Siena«, Ders., Opere politiche, A cura di Furio Diaz, Bd. 1, Mailand 1974, S. 443-455.

HARRINGTON, JAMES (1656): »Oceana«, The Political Works, herausgegeben von J.G.A. Pocock, Cambridge University Press, London 1977, S. 155-359.

HOFER, PAUL (1952): Die Kunstdenkmäler des Kantons Bern, Bd. 1, Basel.

HUME, DAVID (1741): »That Politics May Be Reduced to a Science«, Ders., Essays, Moral, Political and Literary, Indianapolis 1985, S. 14-31.

HUME, DAVID (1752a): »On the Balance of Power«, Ders., Political Discourses, Edinburgh, S. 101-114.

HUME, DAVID (1752b): »Idea of a Perfect Commonwealth«, Ders., Political Discourses, Edinburgh, S. 281-304.

KANT, IMMANUEL (1784): »Idee zu einer allgemeinen Geschichte in weltbürgerlicher Absicht«, Ders., Werke, Bd. 6, Darmstadt 1964, S. 31-50.

KANT, IMMANUEL (1795): »Zum ewigen Frieden«, Ders., Werke, Bd. 6, Darmstadt 1964, S. 193-251.

KISSEL, Otto Rudolf (1984): Die Justitia, Reflexionen über ein Symbol und seine Darstellung in der bildenden Kunst, München.

KISSINGER, HENRY A. (1957): A World Restored - Castlereagh, Metternich and the Restoration of Peace 1812-1822, Boston.

KISSINGER, HENRY A. (1969): Amerikanische Außenpolitik, Düsseldorf/Wien.

KISSINGER, HENRY A. (1979): Memoiren 1968-1973, München.

KISSINGER, HENRY A. (1994): Diplomacy, New York.

KÜNG, Hans (1990): Projekt Weltethos, München/Zürich.

LAYNE, CHRISTOPHER (1993): »The Unipolar Illusion«, International Security, Vol. 17, No. 4, S. 5-51.

LOCKE, JOHN (1690): Two Treatises of Government, London 1986.

MACHIAVELLI, NICCOLÒ (1522): »Discorsi«, Ders., Tutte le Opere, Florenz 1992, S. 73-254.

MEARSHEIMER, JOHN J. (1990): »Back to the Future«, International Security, Vol. 15, No. 1, S. 141-192.

MONTESQUIEU (1748): De l'Esprit des lois, herausgegeben von Robert Derathé, Bd. 1, Paris 1973.

PLATON (um 370 v.Chr.): »Politeia«, Ders., Werke, Bd. 4, Darmstadt 1990.

PLATON (um 361 v.Chr.): »Politikos«, Ders., Werke, Bd. 6, S. 403-579.

POLYBIOS (um 150 v.Chr.): Geschichte, Bd. 1, Zürich/Stuttgart 1961.

POPPER, KARL R. (1957): Die offene Gesellschaft und ihre Feinde, Bd. 1, Bern.

RAWLS, JOHN (1975): Eine Theorie der Gerechtigkeit, Frankfurt a.M.

RIKLIN, ALOIS (1989): »Montesquieus freiheitliches Staatsmodell«, Politische Vierteljahresschrift, 30. Jg., Heft 3, S. 420-442.

RIKLIN, ALOIS (1996a): Die Führungslehre von Niccolò Machiavelli, Bern/Wien.

RIKLIN, ALOIS (1996b): Die politische Summe von Ambrogio Lorenzetti, Bern/Wien.

RIKLIN, ALOIS (1996c): Giannotti, Michelangelo und der Tyrannenmord, Bern/Wien.

ROUSSEAU, JEAN-JACQUES (1762): »Emile«, Ders., Oeuvres complètes, Bd. 4, Paris 1969.

THUKYDIDES (404 v.Chr.). Geschichte des Peloponnesischen Krieges, Reinbek 1962.

VILE, MAURICE J.C. (1967): Constitutionalism and the Separation of Powers, Oxford.

Waltz, Kenneth N. (1993): »The Emerging Structure of International Politics«, International Security, Vol. 18, No. 2, S. 44-79.

WEBER, MAX (1919): Politik als Beruf, Berlin 1964.

WRIGHT, MOORHEAD Ed. (1975): Theory and Practice of the Balance of Power 1486-1914, London.

Jörg Pannier

Platon oder Aristoteles?

Der »Politikos« im Spiegel der aristotelischen Kritik

> Aristotle was once Plato's schoolboy. Upon my word it makes my blood boil to hear anyone compare Aristotle with Plato.
>
> James Joyce, Ulysses

Die Debatte um die Grundsätze der politischen Philosophie scheint durch eine kategoriale Antithetik ihrer Ursprünge geprägt zu sein, die oft in polemischer Absicht auf eine Paradigmenrivalität zwischen Platon und Aristoteles zurückgeführt wird: »Es läßt sich in der Sphäre der fundamentalen logischen Bestimmungen wohl keine deutlichere Antithese denken als diese, die durch die Namen der beiden großen Denker des Altertums symbolisiert wird«.[1] Aristoteles steht für das Projekt des Politischen, für Freiheit und Gleichheit der Bürger, für Staatsfreundschaft und Anvertrauung[2] sowie für ein aus Pluralität abgeleitetes Konzept der Politik. Platon hingegen wird mit Elitenherrschaft, Bevormundung von wesenhaft Ungleichen und Einheitsstaatlichkeit assoziiert und damit zum Vorläufer des absolutistischen oder totalitären Leviathan erklärt.[3] Eine Bezugnahme auf Platon ist aus dieser sich häufig auf eine *aristotelische* Perspektive berufende Position nicht ratsam, zumal Aristoteles fundamentale Kritik an Platon übt und ihm explizit sein Modell des Politischen als Alternative entgegengestellt hat. Für viele Philosophen und Politologen beginnt dann auch eine Wissenschaft von der Politik erst mit Aristoteles' *Politika*.[4]

»Diejenigen jedoch, die meinen, ein leitender Staatsmann, König, Leiter eines Haushalts und Gebieter von Sklaven stellen ein und denselben (Herrschertypus) dar, vertreten eine unrichtige Auffassung«. Mit diesem Urteil eröffnet Aristoteles

---

[1] D. Sternberger, Verfassungspatriotismus, Schriften Bd. 10, hg. v. P. Haungs, K. Landfried, E. Orth (†) und B. Vogel. Frankf. a. M. 1990, S. 292.

[2] Zum Begriff der Anvertrauung vgl. D. Sternberger, Herrschaft und Vereinbarung, Schriften, Bd. 3, S. 223f.

[3] Insbesondere Sternberger beschreibt diesen Zusammenhang als Wurzel der Unpolitik (vgl. 2.1/43ff., 130ff., 10/294). Zu Sternbergers Platon- und Hobbes-Interpretation vgl. J. Pannier, Das Vexierbild des Politischen, Dolf Sternberger als politischer Aristoteliker, Berlin 1996, S. 156ff., 172ff., 181ff. S. a. H. Arendt, Vita activa, München, Zürich 1981, S. 216ff., K. R. Popper, Die offene Gesellschaft und ihre Feinde, Bd. 1, S. 126ff.

[4] Vgl. G. Bien, Die Grundlegung der politischen Philosophie bei Aristoteles, München 1980, S. 162-193; s.a. W. Oncken, Die Staatslehre des Aristoteles in historisch-politischen Umrissen, Leipzig 1870-75 (rep. v. 1964).

direkt nach seiner Eingangsbestimmung am Beginn des ersten Buches der *Politika* (vgl. 1252 a 8ff.[5]) die Kritik an Platons Dialog *Politikos* (vgl. 258 e).[6] Die Grenzen zwischen beiden Positionen sind offenbar ebenso klar wie unüberwindlich, da sie eine abgrundtiefe Differenz hinsichtlich des Politischen trennt: Platon als *politischer* Monist[7] scheint durchgängig an seiner Idee des Philosophenkönigtums festzuhalten, während Aristoteles das realistische Politikkonzept einer Pragmatie präsentiert.

Daß das Verhältnis zwischen Platon und Aristoteles anders interpretiert werden kann, zeigt Olof Gigon,[8] für den gerade der *Politikos* »im Sachlichen eine unverkennbare Nähe zum Denken des Aristoteles« bietet. In diesem platonischen Dialog ist ihm zufolge sogar die aristotelische Mesotes-Lehre teilweise vorweggenommen.[9] Die Übereinstimmungen sind, wie bei Lehrer und Schüler naheliegend, vielfältig, weshalb Gigon hinsichtlich des *Politikos* zu dem Fazit kommt: »Es findet sich kein Satz, den nicht Aristoteles hätte schreiben können«.[10] Es besteht also durchaus Klärungsbedarf hinsichtlich der Frage, wie die beiden Positionen, die platonische und die aristotelische, bezüglich des Politischen zu bewerten sind. Eine sorgfältige Interpretation der fraglichen Textstellen und ihre philologische Untersuchung[11] könnte Klarheit schaffen – doch müßte dazu weiter ausgeholt werden, als es in einem Aufsatz möglich ist.

---

[5] Die Zitate aus dem Corpus Aristotelicum stammen, wenn nicht anders vermerkt, aus der Deutschen Aristoteles Gesamtausgabe, begr. v. E. Grumbach, hg. v. H. Flashar, Berlin bzw. Darmstadt 1956ff., der griechische Text folgt der Loeb Classical Edition, Aristotle Works, gr./engl, in 23 volumes, ed. by G. P. Goold, Cambridge, London 1926ff. Berücksichtigt wurden außerdem die Übersetzungen und Kommentare von E. Rolfes, G. Bien, Hamburg 1981[4], O. Gigon, München 1984[5], F. F. Schwarz, Stuttgart 1989, F. Susemihl, W. Kullmann, Hamburg 1994. Der platonische Text folgt der Werkausgabe in acht Bänden, gr./dt., übers. v. F. Schleiermacher, hg. v. G. Eigler, Darmstadt 1990. Berücksichtigt wurden weiterhin die Übersetzungen von O. Apelt, Hamburg 1988, O. Gigon, R. Rufener, Zürich 1969, E. Loewenthal, Heidelberg, 1982[8], F. Susemihl, K. Hülser, Frankf. a. M. 1991, K. Vretska, Stuttgart 1958, A. Horneffer, K. Hildebrandt, Stuttgart 1973.

[6] Aristoteles bezieht sich nur indirekt auf Platons »Politikos«, doch ist der Zusammenhang deutlich und in der Forschung unumstritten, vgl. E. Schütrumpf, Kommentar zur »Politik« in: Deutsche Aristoteles Gesamtausgabe, Bd. 9/I, S. 176. Möglicherweise könnten auch noch andere Vorläufer, etwa Xenophon, gemeint gewesen sein.

[7] Der Zusammenhang von Platons politischem Monismus und seinem ontologischen Dualismus kann hier nicht näher ausgeführt werden, da die Opposition zum politischen Pluralismus des Aristoteles herausgearbeitet werden soll.

[8] O. Gigon, Einleitung zu: Platons Spätdialoge übers. v. R. Rufener, Zürich 1965, S. XXXIV ff.; s.a. ders., Gegenwärtigkeit und Utopie., eine Interpretation von Platons Staat, Bd. 1. Zürich, München 1976, S. 15ff.

[9] Ibd. S. XXXV, vgl. S. XLI.

[10] Ibd. S. XLIV. Daß dies nicht nur für den »Politikos« gilt, zeigt beispielsweise die Definition des zur Tugendhaftigkeit erzogenen Bürgers in den »Nomoi«, wonach jener das Geschick haben müsse, mit Gerechtigkeit zu regieren und sich regieren zu lassen (vgl. Legg. 643 e), was nahezu wörtlich der Formulierung der Tugend des Bürgers bei Aristoteles entspricht (vgl. Pol. 1277 b 12)

[11] Zur begrifflich-philologischen Entwicklung vgl. F. Schotten, Zur Bedeutungsentwicklung des Adjektivs πολιτικός, Diss. Köln 1966.

Trotz dieses Vorbehalts sollen hier einige Ergebnisse meiner Interpretation zur Diskussion gestellt werden.

Ich möchte mich weitgehend auf die Untersuchung der Positionen beschränken, die durch die aristotelische Kritik an Platons *Politikos*, insbesondere jener oben genannten Passagen, angesprochen sind.[12] Ziel ist es, eine Interpretation des *Politikos* anzuregen und die Paradigmenrivalität zwischen platonischen und aristotelischen Positionen ansatzweise zu klären. Meine These ist, daß es sich bei dem Streit um keine grundsätzliche Meinungsverschiedenheit handelt, da die aristotelische Kritik Platon kaum trifft. Dabei gehe ich davon aus, daß Aristoteles als Platons langjähriger Schüler durchaus *platonische* Züge in seinem Denken aufweist und Platon *aristotelische* Methoden zu nutzen wußte. Ich möchte die *Übereinstimmungen* betonen, da die zweifellos vorhandenen Differenzen in der Diskussion hinlänglich bekannt sind. Zuerst wird die strittige Platon-Textstelle (258 e) in ihrem Kontext analysiert und interpretiert, um dann die aristotelische Kritik (1252 a 8ff.) auf ihre innere Stringenz und sachliche Stichhaltigkeit hin zu prüfen. Abschließend werde ich eine vorläufige Bewertung des Streits versuchen.

I.

Anders als in der *Politeia*, wo Platon das Politische auf ein unbedingtes Prinzip, das Ideal, hin geordnet durchdenkt, versucht er im *Politikos* zu klären, was ein Staatsmann[13] als ein unter konkreten Bedingungen tätiger, gleichwohl am Unbedingten maßnehmender Mensch in der Politik zu können und zu leisten hat.[14]

---

[12] Die Sekundärliteratur zum »Politikos« muß, verglichen mit »Politeia«, »Siebtem Brief« und »Nomoi« als überaus dürftig, teilweise veraltet und rar bezeichnet werden. Ohne Anspruch auf Vollständigkeit zu erheben sei auf folgende Publikationen verwiesen: J. Deuschle, Der platonische Politikos, ein Beitrag zu seiner Erklärung, Magdeburg 1857; B. Diederich, Die Gedanken der platonischen Dialoge Politikos und Republik, in: Jb. klass. Philol. 151/1895; R. Hirzel, Zu Platons Politikos, in: Hermes VIII; M. Miller, The Philosopher in Plato's Statesman, Boston, London 1980; H. Zeise, Der Staatsmann. Ein Beitrag zur Interpretation des platonischen Politikos, Leipzig 1938 (Philologus Supplementband XXXI/3).

[13] Im Deutschen wird eine nicht immer eindeutige Differenz zwischen dem positiv konnotierten Staatsmann und dem eher ambivalent zu bewertenden Politiker gemacht. Der griechische Begriff πολιτικός läßt diese Differenz nicht zu. Entsprechend sind die Begriffe Staatsmann, Herrscher, Regent und Politiker von den meisten Übersetzern gleichbedeutend aufgefaßt und verwendet worden, was zu mißverständlichen Formulierungen führt, so beispielsweise, wenn die Macht des Herren (δεσποτεία) mit der Amtsführung (ἀρχὴ πολιτική) gleichgesetzt und als Herrschaft übersetzt wird. Dies führt nicht nur zur Verwechselung strikt getrennter Begriffe, sondern auch zu kuriosen Wortschöpfungen wie der »Herrenherrschaft« (δεσποτικὴ ἀρχή) vgl. Schwarz, S. 80.

[14] Zum Verhältnis der beiden platonischen Dialoge vgl. L. G. Myska, Platons Politikos im Verhältnis zur Politeia, Allenstein 1882; B. C. Stephanides, Die Stellung von Platons Politikos zu seiner Politeia und den Nomoi, Diss. Heidelberg 1913.

Bei der Bestimmung eines Könnens oder Tuns beginnt Platon in den frühen und mittleren Dialogen mit dem Urteil eines *Fachmannes*, dessen Anspruch auf Kompetenz im Verlauf des Dialogs demontiert wird, um eine neue begriffliche Konstruktion - wenn überhaupt möglich - vornehmen zu können. Ganz anders geht er im Spätwerk *Politikos* vor: Hier wird nahezu aristotelisch eine Ordnung der vorfindlich-empirischen Mannigfaltigkeit als weitgehend dichotomische Systematik entfaltet.

Platon nähert sich mit dieser Dihärese[15] auf eine für ihn neue Weise dem Politischen. Nicht mehr der optimale *Laborversuch* unter dem theoretischen Vorbehalt des »als ob« wie in der experimentalphilosophischen *Politeia*,[16] auch nicht der Versuch der direkten Einflußnahme auf Herrscher und Politik wie im *Siebten Brief* beschrieben[17], sondern die systematisch-begriffliche Untersuchung, die philosophische Reflexion des empirischen Phänomens *Politiker* stehen im Zentrum des Dialogs.[18]

Platon selbst behält gegenüber seiner eigenen im *Politikos* entfalteten Systematik eine ironische Distanz. So als wolle er nicht nur die Sophisten auf der Agora, sondern auch etwaige Empiristen im Akademos verspotten, führt er die Dihärese bis zu kuriosen Konsequenzen, um den übereifrigen Systematikern eine bescheidenere Differenzierungstätigkeit anzuraten: »Und wenn du dich davor hütest, es nicht zu ernsthaft zu nehmen mit den Worten, wirst du, wenn du älter wirst, reicher sein an Einsicht« (261 e).[19]

---

[15] Die διαίρεσις ist bei Platon und Aristoteles eine Methode der Begriffsbildung, um die empirische Mannigfaltigkeit nach bestimmten Gesichtspunkten, meist durch Zweiteilung (διχοτομέω), auf ein Allgemeines hin zu ordnen. Dabei wird eine systematische Stufenleiter der begrifflichen Unterscheidungen entwickelt. Vgl. Soph. 218 b - 231 e, Pol. 258 b - 268 d, 277 d - 287 a, Phile. 14 c - 18 d.

[16] Zum Begriff der Experimentalphilosophie vgl. V. Gerhardt, »Experimental-Philosophie«, Versuch einer Rekonstruktion, in: ders., Pathos und Distanz, Studien zur Philosophie Nietzsches, Stuttgart 1988, S. 163ff.

[17] Vgl. K. v. Fritz, Platon in Sizilien und das Problem der Philosophenherrschaft, Berlin 1968; R. Thurnher, Der Siebte Platonbrief, Versuch einer umfassenden philosophischen Interpretation, Meisenheim a. G. 1975.

[18] Die Datierung des »Politikos« läßt sich auf die Zeit zwischen der »Politeia« und den »Nomoi«, wohl nach der zweiten sizilischen Reise (365 v. Chr.) und vor dem »Siebten Brief« (353 v. Chr.), eingrenzen (vgl. Apelt, Einl. Politikos, in: Platon, Sämtliche Dialoge, Hamburg 1988 (repr. v. 1928), Bd. VI, S. 1; Herrmann Gauss, Philosophischer Handkommentar zu den Dialogen Platons, Bern 1960, Bd. 3.1, S. 233ff.). Ob der »Politikos« tatsächlich das mittlere Glied einer geplanten Trilogie, zwischen »Sophistes« und dem wohl nie verfaßten »Philosophos« bilden sollte, kann hier nicht diskutiert werden - vgl. J. Klein, Plato's Trilogy, Chicago, London 1977; J. Eberz, Die Tendenzen der platonischen Dialoge Theaitetos, Sophistes, Politikos, in: Archiv für Geschichte der Philosophie 22/1909.

[19] Trotzdem sollte der ganze Dialog nicht als ein groß angelegter Scherz mißverstanden werden, auch wenn Wortspiele, Kuriositäten bei der Namengebung, die Rolle des jungen Sokrates und die Gesprächsführung durch einen eleatischen Gastfreund dies scheinbar nahelegen (vgl. Sternberger 2.2/57f.).

Im ersten der beiden etwa gleichgroßen Teile des Dialogs entfaltet Platon seine begrifflich-theoretischen Bestimmungen, denen im folgenden das Augenmerk gelten soll. Der zweite Teil (ab 287 b), der für diese Betrachtung nur noch am Rande aufgegriffen werden kann, wendet die gefundenen Ergebnisse an und bestimmt, was in idealer Perspektive den wahren und guten Staatsmann ausmacht.

Nach den einleitenden Präliminarien des Dialogs beginnt der Fremde als Gesprächsleiter, die aus dem *Sophistes* bekannte Kunst der Begriffsbestimmung auf den Begriff des *Politikos* anzuwenden, indem er fragt, ob man den Staatsmann als einen Kundigen (*τῶν ἐπιστημόνων*) bezeichnen könne (vgl. 258 b). Da der Politikos zu den Wissenden gehört, ist die Frage nach der Beschaffenheit der ihn auszeichnenden Fähigkeit, also die Frage nach den Spezifika der Staatskunst (vgl. 258 c) zu stellen. Platon will deshalb zunächst bestimmen, welcher *Art* dieses Wissen (*ἐπιστήμη*), diese Kunst (*τέχνη*) ist.[20] Dabei geht es ihm nicht primär um eine Systematisierung der Formen des Wissens; dies war Aufgabe des *Sophistes*. Vielmehr will er das für bestimmte Tätigkeiten spezifische Wissen herausarbeiten: Das Interesse der Untersuchung richtet sich darauf, ob es eine übergeordnete Erkenntnis, eine spezielle Kunst oder ein besonderes Wissen für das Handeln in der Sphäre des Öffentlichen gibt. Die Erfordernisse zur Organisation, Leitung und Förderung des Gemeinschaftslebens sind das Ziel, auf das Platons angestrebte *Namenerklärung* der Kunst des Staatsmannes ausgerichtet ist: »*τὸν λόγον τοῦ ὀνόματος τῆς τοῦ πολιτικοῦ τέχνης*« (267 a).

Zunächst werden zwei Erkenntnisarten grundsätzlich unterschieden, nämlich erkennendes und hervorbringendes Wissen. Ersterem ist etwa die Arithmetik als bar aller Handlungen zuzuordnen, da sie bloße Einsicht (*γνῶναι μόνον*) vermittelt und darin bereits ihr Ziel erreicht hat, letzterem das Handwerk, bei dem die Erkenntnis den Handlungen innewohnt und Körperliches hervorbringt (*γιγνόμενα σώματα*) (vgl. 258 d). »Auf diese Art also teile uns sämtliche Erkenntnisse (*ἐπιστήμας*), und nenne die eine handelnde (*πρακτικήν*), die andere lediglich einsehend (*μόνον γνωστικήν*)« (258 e). Die griechische Terminologie zeigt die Problematik der Analyse. Da die platonische Untersuchung hier durch ihre unklare Begrifflichkeit mehrdeutig ist, empfiehlt es sich, die durch Platons Schüler Aristoteles durchgeführte Systematisierung der Begriffe Theorie, Praxis und Poiesis aufzunehmen.[21] Unser Verständnis Platons wird im folgenden vor dem Hintergrund der aristotelischen Begrifflichkeit erschlossen: Die praktische

---

20 Wissen und Kunst werden hier von Platon weitgehend synonym verwendet. Vgl. W. Wieland, Platon und die Formen des Wissens, Göttingen 1982.

21 Heidegger hat zurecht darauf hingewiesen, daß Platons Terminologie der Wissensformen von Aristoteles im platonischen Sinne systematisiert wurde und nunmehr leichter erschlossen werden kann; vgl. M. Heidegger, Platon: Sophistes, Gesamtausgabe, II. Abt.: Vorlesungen 1919-1944, hg. v. I. Schüßler, Frankf. a. M. 1992, S. 13 ff.

Episteme Platons entspricht weitgehend der aristotelischen ποιητικὴ ἕξις, ohne jedoch in gleicher Weise von der πρακτικὴ ἕξις unterschieden zu werden (vgl. NE 1140 a 2ff).[22] Das Zusammenfallen des (aristotelisch verstandenen) Begriffs der Praxis mit dem bloßen Einsehen bei Platon erklärt sich dadurch, daß die Theorie als höchste Form der Praxis, also die kontemplative Einsicht als Tätigkeit, die man allein um ihrer selbst willen betreibt, verstanden werden kann.[23] Die Kuriosität der Formulierung, daß das Handeln des Staatsmannes eine bloß einsehende Leistung sei, löst sich auf, wenn man die Form der Praxis näher untersucht. Platon fragt danach, was das Spezifische am *politischen Handeln* ist: Was muß ein Politiker wissen und können, damit er überhaupt politisch handeln kann - und was zeichnet die Handlungssituation, die Handlungssubjekte und deren Objekte aus? Der Politiker steht nach Platon zwischen der reinen Einsicht des Theoretikers und dem körperlichen Hervorbringen des Poietikers. Anders als der Arithmetiker ist der Politiker mit der reinen Einsicht nicht am Ziel seiner Kunst angekommen, da er noch für die *Umsetzung* des Eingesehenen sorgen muß, ohne dabei selbst etwas Körperliches hervorzubringen. Der Politikos steht damit vermittelnd zwischen der rein theoretischen Einsicht und der bloß praktisch-poietischen Ausführung. Schon hier zeichnet sich die Tätigkeit des *Anordnens* – im Sinne des Anweisens – als mögliches Kriterium der politischen Handlung ab, wobei als weitere Differenzierung dem Staatsmann das *selbstbefehlende* Handeln zukommt. Diese Bestimmung kommt auf der nun erreichten Stufe der Systematik auch anderen Handlungsträgern zu, beispielsweise dem Hirten. Im Unterschied zu diesem geht jedoch der Staatsmann mit den ihm wesensgleichen Subjekten als Objekten seiner Praxis um, indem er Anordnungen, Befehle und Aufforderungen an vernunftbegabte Wesen erteilt, die diese wiederum in poietische Handlungen umsetzen. Aber auch das hat der Staatsmann mit einer Vielzahl anderer Akteure, zum Beispiel den Baumeistern (hier im Sinne von Bauführern), gemeinsam. Betrachtet man den Politikos als einen bestimmten Typus innerhalb der Gruppe von Handlungsträgern, die für Andere gemäß der Praxis handeln, indem sie deren poietisches Handeln bestimmen, dann fallen an dieser systematisch grundlegenden Stelle unter der Form des anordnenden Wissens Staatsmann (πολιτικός), König (βασιλεὺς), Herr (δεσπότης) und Hausvater (οἰκονόμος) unter dem Oberbegriff des Anordnenden zusammen, »oder sollen wir sagen, dies wären soviel Künste, als wir Namen genannt haben?« (258 e). Doch der Dialogpartner hat gar nicht die Chance, auf diesen

---

[22] Ich folge hier weitgehend der Interpretation von Apelt, Platons sämtliche Dialoge, Bd. VI, S. 121ff.

[23] Zum Verhältnis von Theorie und Praxis bei Platon vgl. C. Kauffmann, Ontologie und Handlung, Untersuchungen zu Platons Handlungsbegriff, München 1993. S.a. G. Zenkert, Das praktische Wissen und das theoretische Leben: Zum aristotelischen Handlungsbegriff, in: Allg. Ztsch. Philos. 20/1995, S. 85ff.

Leo Strauss
Gesammelte Schriften

Leo Strauss
Gesammelte Schriften

Herausgegeben
von Heinrich Meier

Mit der Edition der »Gesammelten Schriften« von Leo Strauss wird das Œuvre eines der großen politischen Philosophen am Ausgang des Jahrtausends neu zugänglich gemacht. Den deutschsprachigen Leser setzt die Ausgabe erstmals in den Stand, einen Eindruck von der philosophischen Reichweite und der thematischen Bandbreite zu gewinnen, die dieses Œuvre auszeichnen. Denn im Land seiner Herkunft blieben die Schriften von Strauss bis heute größtenteils unübersetzt, und selbst die drei auf deutsch geschriebenen Bücher waren lange Zeit nicht mehr greifbar.

Die Bände 1 bis 3 der Ausgabe umfassen sämtliche Veröffentlichungen bis zu Strauss' Übersiedlung in die USA (1938) in den Originalsprachen sowie eine Reihe bisher unbekannter Manuskripte und Vorträge aus dem Nachlaß in Erstpublikation, darunter eine nicht abgeschlossene Arbeit in Buchstärke über die Religionskritik von Hobbes. Der erste Teil der Edition wird abgerundet durch eine Auswahl von Briefen aus der philosophischen Korrespondenz von Leo Strauss.

Die Bände 4 bis 6 enthalten in deutscher Übersetzung einige der Interpretationen, die Strauss' Ruhm als Meister in der Kunst des sorgfältigen Lesens und Schreibens begründeten: Bahnbrechende Studien zur antiken, mittelalterlichen und modernen Philosophie (Band 4), dann, als Musterbild der Auslegung eines klassischen Dialogs, die legendäre Deutung von Xenophons »Hieron« (Band 5) und schließlich die Auseinandersetzung mit Machiavelli, die in der Literatur über Machiavelli ohne Beispiel ist (Band 6). Band 5 dokumentiert außerdem den Dialog zwischen Strauss und Kojève über das Verhältnis von Philosophie und Politik und über das Ende der Geschichte.

Leo Strauss, geb. 1899 in Kirchhain/Hessen, gest. 1973 in Annapolis/Maryland. 1921 Promotion bei Cassirer in Hamburg, anschließend Studien bei Husserl und Heidegger in Freiburg. 1925-1932 Mitarbeiter der Akademie für die Wissenschaft des Judentums in Berlin. 1932-1934 Rockefeller Stipendiat in Paris und Cambridge. Hobbes-Forschungen in England. 1938 Übersiedlung in die USA. Lehre an der New School for Social Research in New York. 1949 Ruf als Professor für Politische Philosophie an die University of Chicago, die während der zwei Jahrzehnte seiner Lehr- und Forschungstätigkeit zum wichtigsten Ort der Neubelebung der Politischen Philosophie wird. 1959 Ernennung zum Robert M. Hutchins Distinguished Service Professor. Gastprofessuren u. a. an den Universitäten Jerusalem und Berkeley. Nach der Emeritierung bis zu seinem Tode Scott Buchanan Distinguished Scholar-in-Residence am St. John's College.

Leo Strauss
Gesammelte Schriften

Band 1
Die Religionskritik Spinozas und zugehörige Schriften

Unter Mitwirkung von Wiebke Meier herausgegeben von Heinrich Meier
1996. XIV, 434 Seiten, geb., mit Schutzumschlag
Subskriptionspreis bei Bezug des Gesamtwerks: DM 78,-/öS 570,-/sFr 75,-
Einzelpreis: DM 90,-/öS 657,-/sFr 84,-
ISBN 3-476-01211-5

»Die Religionskritik Spinozas« ist der Versuch, in Gestalt einer Interpretation des »Theologisch-politischen Traktats« und einer Genealogie der modernen Religionskritik den Streit zwischen Aufklärung und Orthodoxie einer eingehenden Überprüfung zu unterziehen. Das Buch von 1930 bildet den Auftakt zu einem Revisionsunternehmen, das die causes célèbres der Philosophiegeschichte wiederaufruft, um den Horizont zurückzugewinnen, in dem die Philosophie keine Selbstverständlichkeit ist, sondern ihr Recht gegen die politische wie die theologische Alternative begründen und behaupten muß. So kann Strauss 1964 im Rückblick auf sein Erstlingswerk feststellen: »Das theologisch-politische Problem ist seitdem *das* Thema meiner Untersuchungen geblieben.«

Der Band enthält neben der Neuedition des Spinoza-Buches und dreier Aufsätze aus den Jahren 1924-1932 die Publikation der Marginalien aus Strauss' Handexemplar sowie, in deutscher Erstübersetzung, den umfangreichen Essay, den Strauss 1965 der amerikanischen Ausgabe voranstellte. In einem Brief an Kojève schrieb er 1962 über das philosophisch äußerst komplexe »Vorwort«, es komme einer Autobiographie so nahe, wie es innerhalb der Grenzen der Schicklichkeit möglich sei.

Band 2
Philosophie und Gesetz – Frühe Schriften

Unter Mitwirkung von Wiebke Meier herausgegeben von Heinrich Meier
1997. XXXIV, 635 Seiten, geb., mit Schutzumschlag
Subskriptionspreis bei Bezug des Gesamtwerks: DM 78,-/öS 570,-/sFr 75,-
Einzelpreis: DM 90,-/öS 657,-/sFr 84,-
ISBN 3-476-01212-3

»Philosophie und Gesetz« markiert den Beginn eines umwälzenden Neuverständnisses von Maimonides und seiner arabischen »Vorläufer« im Horizont der platonischen Politischen Philosophie. Zentrales Thema von Strauss' Vergegenwärtigung des mittelalterlichen Rationalismus ist die Grundlegung der Philosophie nach dem Einbruch der Offenbarungsreligionen in die Welt der Philosophie. Das Buch, das 1935 in Berlin erschien, aufgrund der politischen Lage die Öffentlichkeit jedoch nicht erreichen konnte, wird nach mehr als sechs Jahrzehnten in einer Neuedition zugänglich gemacht. Ihr sind vier Aufsätze der Jahre 1936/37 über Farabi, Maimonides und Abravanel beigegeben, die den neuen Interpretationsansatz fortführen.

Die »Frühen Schriften« umfassen 29 Arbeiten aus der Zeit von 1921 bis 1937: Einleitungen zu den Gesammelten Schriften von M. Mendelssohn, darunter eine 70 Seiten starke Darstellung des Streites über den »Spinozismus« Lessings, Artikel zum Zionismus, über P. de Lagarde, M. Nordau, Rezensionen etc. In Erstpublikation erscheinen u. a. die Dissertation über Jacobi, »Der Konspektivismus«, »Die geistige Lage der Gegenwart«, »Eine Erinnerung an Lessing«.

An der Spitze des Bandes steht ein brillanter Essay, dessen Gegenstand die Wiederaufnahme des Streites von Orthodoxie und Aufklärung ist und der in der Auseinandersetzung mit dem »Atheismus aus Redlichkeit« Nietzsches und Heideggers kulminiert. Strauss verfaßte ihn 1935 als Einleitung zu »Philosophie und Gesetz«. Im selben Jahr schrieb er an Alexandre Kojève: »Die Einleitung ist sehr gewagt und wird Sie schon deshalb interessieren . . . Ich selbst halte sie für das Beste, das ich geschrieben habe.«

Band 3

Hobbes' politische Wissenschaft und zugehörige Schriften – Briefe

Neuausgabe des deutschen Originals des Hobbes-Buches von 1936. Erstpublikation von »Einige Anmerkungen über die politische Wissenschaft des Hobbes« und »Die Religionskritik des Hobbes«. In deutscher Erstübersetzung u. a. »Über die Grundlage von Hobbes' Politischer Philosophie«. Briefe an Jacob Klein, Gerhard Krüger, Karl Löwith u. a.
ISBN 3-476-01213-1

Band 4

Politische Philosophie Studien zum theologisch-politischen Problem

Erstpublikation von »The Living Issues of German Post-war Philosophy«. Deutsche Erstübersetzung von »Was ist Politische Philosophie?«, »Jerusalem und Athen«, »Der wechselseitige Einfluß von Theologie und Philosophie«, »Zur Interpretation der Genesis«, »Niccolò Machiavelli«, »Über die Intention von Rousseau«, »Anmerkung zum Plan von Nietzsches Jenseits von Gut und Böse«, »Existentialismus«, »Exoterische Lehre«, »Der Geist Spartas oder der Geschmack Xenophons«, »Platons Euthyphron« u. a.
ISBN 3-476-01214-X

Band 5

Über Tyrannis

Neuübersetzung des Buches von 1948 mit Alexandre Kojèves Essay »Tyrannis und Weisheit« und Strauss' Erwiderung. Erstpublikation des Briefwechsels zwischen Strauss und Kojève (1932-1965) im Originalwortlaut.
ISBN 3-476-01215-8

Band 6

Gedanken über Machiavelli

Deutsche Erstübersetzung des bahnbrechenden Buches von 1958.
ISBN 3-476-01216-6

ZUR SUBSKRIPTION
Gesammelte Schriften

Bände 1 bis 6

ISBN 3-476-01222-0

Die Ausgabe ist auf zunächst sechs Bände angelegt, die jeweils im Abstand von ein bis zwei Jahren erscheinen und einen Umfang von ca. 400 bis 550 Seiten haben werden. Alle Bände sind in Ganzleinen gebunden und mit einem Schutzumschlag ausgestattet.
Weitere Bände sind vorgesehen. Sie werden u. a. Übersetzungen von »Verfolgung und die Kunst des Schreibens«, »Die Stadt und der Mensch«, »Sokrates und Aristophanes«, »Das Argument und die Handlung von Platons Gesetzen« enthalten.
Die Preise für den Subskriptionsbezug liegen ca. 15 % unter dem gültigen Ladenpreis für den Einzelbezug. Der Subskriptionsbezug verpflichtet zur Abnahme aller 6 Bände; er gilt bis zum Erscheinen des letzten Bandes. Die Subskribenten erhalten mit dem ersten Band Heinrich Meiers Essay »Die Denkbewegung von Leo Strauss« kostenlos.

Heinrich Meier

Die Denkbewegung von Leo Strauss

Die Geschichte der Philosophie
und die Intention des Philosophen

1996. 66 Seiten, engl. brosch., DM 16,80/öS 123,-/sFr 16,80
ISBN 3-476-01504-1

Leo Strauss nimmt in der Geschichte der Philosophie eine Ausnahmestellung ein. Kein Philosoph vor ihm hat die Geschichte der Philosophie mit ähnlicher Eindringlichkeit, um nicht zu sagen Ausschließlichkeit zum Gegenstand seiner Lehre gemacht, und keiner von denen, die in der Auseinandersetzung mit dem Denken anderer Philosophen eine vergleichbare Kraft entfalteten, hat diese Auseinandersetzung wie er in ständiger Rücksicht auf die Politische Philosophie geführt. Die Frage, auf die Strauss mit seinen geschichtlichen Interpretationen eine Antwort zu geben sucht, lautet: »Was ist Politische Philosophie?« Sie schließt die Fragen ein: »Was ist das rechte Leben?« »Was ist das Gute?« »Quid sit deus?« Die Sache, die mit ihr in Rede steht, ist die rationale Begründung und die politische Verteidigung des philosophischen Lebens. Weshalb aber tritt Strauss in ein weit ausgreifendes geschichtliches Forschungsunternehmen ein, das sich von Heidegger über Machiavelli und Alfarabi bis zu den Vorsokratikern erstreckt, um eine Frage zu beantworten, die an ihr selbst keineswegs eine geschichtliche Frage ist? Für eine ernsthafte Beschäftigung mit seinem Œuvre rückt die Intention in den Mittelpunkt, die der Philosoph Strauss verfolgt, wenn er der Geschichte der Philosophie seine, wie es scheint, ungeteilte Aufmerksamkeit zuwendet.

Heinrich Meiers Essay ist das Ergebnis einer langen, intensiven Auseinandersetzung mit Strauss' Philosophie. »Die Denkbewegung von Leo Strauss« enthält den Abschlußvortrag einer vielbeachteten Reihe, die die University of Chicago zwei Jahrzehnte nach dem Tod des Philosophen veranstaltete. Der Band wird ergänzt durch die umfassendste Bibliographie der Schriften von Strauss, die bisher vorgelegt wurde.

Heinrich Meier

Carl Schmitt, Leo Strauss und »Der Begriff des Politischen«

Zu einem Dialog unter Abwesenden.
Mit Leo Strauss' Aufsatz über den »Begriff des Politischen« und drei unveröffentlichten Briefen an Carl Schmitt aus den Jahren 1932/33

1988. 144 Seiten, engl. brosch., DM 32,-/öS 234,-/sFr 32,-
ISBN 3-476-00634-4

»Meier's commentary is a remarkably measured and detailed elaboration of Strauss's argument, and of the textual modifications by which Schmitt responded. It is, in its way, a *tour de force.*« *The Times Literary Supplement*

Heinrich Meier

Die Lehre Carl Schmitts

Vier Kapitel zur Unterscheidung Politischer Theologie und Politischer Philosophie

1994. 268 Seiten, engl. brosch., DM 39,80/öS 291,-/sFr 39,80
ISBN 3-476-01229-8

»Das eigentliche Anliegen und die eigentliche Leistung von Meiers Buch besteht darin, den Abstand, der uns von Schmitts Lehre trennt, nicht (ideen-)geschichtlich aufzufassen und zu neutralisieren. Denn dieser Abstand ist die ›Unterscheidung Politischer Theologie und Politischer Philosophie‹, die Meiers Buch den Untertitel gibt und die eine Begründung des Politischen im Glauben von der Idee des Politischen als Selbstbestimmung trennt. Dieser Abstand aber ist uns nicht äußerlich; er konstituiert uns und bestimmt, *wer* wir sind.« *Frankfurter Rundschau*

»Standing far above the rest is Heinrich Meier's new study, Die Lehre Carl Schmitts, which covers all of Schmitt's writings, including his Glossarium. It shows Meier to be a theologically ›musical‹ reader of Schmitt (Walter Benjamin was another) who hears the deep religious chords sounding beneath the surface of his seductive prose. Meier's work has forced everyone to take a second look at the assumptions underlying Schmitt's better-known writings and reconsider some that have been ignored.« *The New York Review of Books*

Der Autor

Heinrich Meier, geb. 1953; leitet die Carl Friedrich von Siemens Stiftung in München; seine Arbeiten zur Politischen Philosophie umfassen u. a. eine Kritische Edition des »Discours sur l'inégalité« von Jean-Jacques Rousseau mit umfangreichem Kommentar (4. Aufl. 1997) sowie das 1988 bei J. B. Metzler erschienene Buch »Carl Schmitt, Leo Strauss und ›Der Begriff des Politischen‹«, das inzwischen auch in französischer, japanischer und amerikanischer Übersetzung vorliegt. 1994 veröffentlichte J. B. Metzler seine Kritik der Politischen Theologie: »Die Lehre Carl Schmitts. Vier Kapitel zur Unterscheidung Politischer Theologie und Politischer Philosophie.« Eine amerikanische Ausgabe wird von der University of Chicago Press vorbereitet.

Bestellschein

mit Subskriptionseinladung

Hiermit bestelle ich die Gesamtausgabe

Leo Strauss
Gesammelte Schriften in sechs Bänden

zum **Subskriptionspreis,** der bis zum Erscheinen des letzten Bandes gilt. Der Subskriptionspreis für Band 1 und Band 2 beträgt jeweils DM 78,-/öS 570,-/sFr 75,-.
Die Preise für die folgenden Bände liegen noch nicht fest.

Ihr Preisvorteil: Gegenüber den späteren Ladenpreisen bei Einzelbezug sparen Sie ca. 15%.
Die Lieferung des Werkes und die Begleichung der Rechnung wünsche ich wie folgt:

1. ☐ Band 1 und 2 sofort, die Folgebände bei Erscheinen.
   Die Rechnungen begleiche ich sofort / jeweils innerhalb von 30 Tagen.

2. Ich bestelle zum Einzelpreis:
   ☐ Bd. 1: DM 90,-/öS 657,-/sFr 84,-
   ☐ Bd. 2: DM 90,-/öS 657,-/sFr 84,-
   ☐ die Bände:

____

____

____

____

____

____

____

____

(Gewünschtes bitte ankreuzen bzw. eintragen)

Widerrufsrecht: Mir ist bekannt, daß ich die vorstehende Bestellung innerhalb einer Woche vom heutigen Tage an bei der angegebenen Firma widerrufen kann. Zur Wahrung der Frist genügt die rechtzeitige Absendung des Widerrufs.

____

Datum/Unterschrift

Eigentumsvorbehalt der Lieferfirma für übergebene Bände bis zur völligen Bezahlung wird anerkannt. Erfüllungsort ist der Sitz der Lieferfirma. Preise inkl. 7% MWSt; bei Lieferung des Werkes auf dem Postweg zuzüglich Versandkosten.

Bitte vergessen Sie Ihren Absender auf der Rückseite nicht.

Bestellschein

Absender

Name/Vorname

Institution

Straße/Nr.

PLZ/Ort

Datum/Unterschrift

Verlag J.B. Metzler • Postfach 10 32 41 • D-70028 Stuttgart

Irrtümer und Änderungen vorbehalten. Stand: 9/97. 15/G/DHM
Prospekt Nr. 9-3-99-97-561-4

berechtigten Selbsteinwand einzugehen, denn der Fremde aus Elea fährt unbeirrt fort, eine neue Argumentation einzuführen: »Doch folge mir lieber hierher« (258 e), nämlich zur Unterscheidung von öffentlichem und privatem Handeln. Eine mögliche Interpretation für den rasanten Wechsel der Argumentation ist, daß Platon im Bewußtsein der Schwäche seiner Position mögliche Einwände über die Stichhaltigkeit seiner Bestimmung unterbinden oder gar nicht erst aufkommen lassen will. Insofern provoziert diese Passage geradezu kritische Einwände des Lesers Aristoteles. Andererseits muß sich Platon dieser Provokation bewußt gewesen sein. Ein stillschweigendes Übergehen des Problems wäre, unterstellt man Verschleierungsabsicht, sicher geschickter gewesen. Doch Platon scheint etwas anderes zu bezwecken, denn der Umweg könnte sich als ein nützlicher Neuansatz zur Lösung des hier in Frage Gestellten erweisen, zumal der Exkurs wieder zur Ausgangsfrage zurückführt (vgl. 259 c).

Kehren wir noch einmal zur Unterscheidung der vier »Künstler« des Anweisens, dem Staatsmann (*πολιτικός*), dem König (*βασιλεῦς*), dem Hausvater (*οἰκονόμος*) und dem Herren (*δεσπότης*) zurück, um die von Platon zurückgestellte Frage aufzugreifen. Es fällt auf, daß er anders als Aristoteles die Leitung nicht nach ihrer Tugend (*ἀρετή*) und ihrem Ziel (*τέλος*), sondern nach der Art der Gemeinschaft benennt, ohne das Wesen der Gemeinschaft zu thematisieren.[24] Trotz Platons Hypothese, daß das Regiment in Polis und Oikos auf eine einzige Form des anordnenden Wissens zurückführbar ist (vgl. 259 c), lassen sich zwei Gruppen ausmachen: einerseits die häuslichen Leiter (*οἰκονόμοι* und *δεσπόται*) und andererseits die politischen Führer (*πολιτικοί* und *βασιλεῖς*). Häufig wird in diesem Zusammenhang gegen Platon eingewandt, daß er später im Text den Bereich des Politischen noch weiter differenziert habe, um seinen Irrtum der Vermischung von Herrschaft und Politik zu korrigieren, nicht jedoch den Bereich des Hauses. Gerade hier hätte er aber den *qualitativen* Unterschied von Regierung und Herrschaft entdecken können.[25] So wie Tyrann, Staatsmann und König qualitativ zu differenzieren seien, müßten auch Ökonom, Despot und Politiker getrennt werden.

Tatsächlich interessiert sich Platon hier nicht weiter für das Haus, da sein Thema die Bestimmung des Politikers aus sich selbst und nicht in Abgrenzung zu anderen Begriffen oder Phänomenen ist. Die angesprochene *Korrektur* erfolgt in 276 d f., wo hinsichtlich der Differenzierung von König und Tyrann die vorsorgende Kunst (*ἐπιμελητὴ τέχνη*) in gewaltsame (*βιαίῳ*) und freiwillige

---

24 Nach Aristoteles regiert der König aufgrund seiner überragenden Tugend zum allgemeinen Nutzen, der Staatsmann aufgrund seiner politischen Legitimität. Der Hausvater wacht in Analogie zum König über ihm Ungleiche (Frauen und Kinder), der Herr jedoch beherrscht die ihm Nicht-Gleichen (Sklaven), indem er deren ontologische Minderwertigkeit zum Nutzen der Gemeinschaft lenkt.

25 Vgl. E. Schütrumpf, in: Deutsche Aristoteles Gesamtausgabe, Bd. 9/I, S.177.

(ἑκουσίῳ) unterschieden wird. Gewaltsam ist hier im Sinne von gesetzwidrig erzwingend, rauh, rücksichtslos und damit tyrannisch zu verstehen, freiwillig hingegen als auf freier Entscheidung, Willentlichkeit basierend, durch eigenes Vermögen, Bewirken oder Schuld herbeigeführt. Die aus aristotelischer Sicht geübte Kritik an Platon ist damit problematisch, weil das häusliche Verhältnis nicht in dem gleichen Maße auf Freiwilligkeit beruht, wie das Konzept der freien Lebensführung in der Sphäre des Öffentlichen, der Polis. *Gewaltsam* ist aber selbst das Verhältnis des Despoten gegen den Sklaven nicht, geschieht diesem doch (übrigens auch nach Aristoteles) kein *Unrecht*. Während Politiker und Tyrann an einer späteren Stelle der Dihärese qualitativ-wesensmäßig voneinander geschieden werden können, werden offenbar die Formen der auf Willentlichkeit beruhenden Vorsorgekunst nur quantitativ-graduell differenziert. Es kommt also darauf an, wie der Begriff τέχνη zu verstehen ist, wenn die in 258 e von Platon zurückgestellte Frage, ob es so viele Künste wie Namen bei der Menschenführung gäbe, richtig bewertet werden soll. Auf der Ebene der bis dahin erreichten Dihärese liegt den verschiedenen Namen offenbar nur eine gemeinsame Kunst des Anordnens zugrunde. Insofern gibt es für alle Namen nur eine gemeinsame Kunst. Betrachtet man jedoch die Spezifika der jeweiligen Art des Anordnens, so kann jeder nunmehr als eigenständig verstandenen Kunst ein Name zugeordnet werden. Es gibt also ebensoviele Künste wie genannte Namen.

Wenn Platon oben zum Ergebnis kommt, daß es nur eine Erkenntnis für die unterschiedlichen Tätigkeiten des Staatsmannes, Königs, Hausvaters und Herren gibt, so heißt dies nicht, daß sich die Tätigkeitsbereiche hinsichtlich ihrer Objekte und deren spezifischer Behandlung nicht unterscheiden. Er meint offenbar, daß sie sich auf einer genau anzugebenden systematischen Ebene einer Dihärese hinsichtlich eines bestimmten grundlegenden Kriteriums nicht unterscheiden, nämlich des anordnenden Handelns (ἐπιτακτικὴ τέχνη) im Rahmen einer auf Willentlichkeit beruhenden vorsorgenden Kunst. Zwar gehen der Herr mit seinen Sklaven und der Hausvater mit der Familie anders um als der Baumeister mit den Arbeitern oder der Politiker mit den Bürgern, doch ist das Verhältnis zwischen Anordnendem und Ausführendem stets durch die legitime Kompetenz der Anordnung und die berechtigte Erwartung der Folgsamkeit geprägt.[26] Diese *moderne* Frage nach der Legitimität, die von Platon nicht explizit erörtert wird, müßte heute aus der an Max Weber geschulten Sicht gestellt werden, wenn das Verhältnis zwischen Anordnendem und Ausführendem problematisiert wird. Hier könnte sich erweisen, daß dem Politiker, auch bei Platon, eine weitere spezi-

---

[26] Max Weber, der nach dem Beruf der Politik fragt, nennt diese Kompetenz Macht und ihre Erscheinungsform Herrschaft; vgl. Politik als Beruf, in: Gesammelte Politische Schriften, Tübingen 1922ff., Neuaufl. hg. v. J. Winckelmann, Tübingen 1988, S. 506f., 545ff., s.a. ders., Wirtschaft und Gesellschaft, hg. v. Marianne Weber, Tübingen 1921f., rev. Neuausg. v. J. Winckelmann, Tübingen 1972^5, Nachdr. Tübingen, 1990, S. 122ff.

fische – eben *politische* – Kompetenz zukommen muß: nämlich für Andere zu handeln, und zwar im Sinne einer sowohl delegierenden als auch repräsentierenden Anvertrauung eines öffentlichen Amtes. Offenbar tritt hier bei Platon neben die Referenz auf die Idee des Guten als Kriterium der *Legitimität* der rationalen Herrschaft des Politikos erstmals die Akzeptanz durch die Untergebenen (vgl. 259 a ff.).

Versteht man dieses Führungsverhältnis, das Platon mit den Begriffen des Anordnens (ἐπιτακτική), des »Amtens« (ἀρχή) und der Macht (δύναμις) umschreibt (vgl. 261 d), als vorläufigen Ordnungsversuch, so wird deutlich, daß der so unvermittelt begonnene Exkurs systematisch und inhaltlich notwendig war, um eine weitere Besonderheit des Politikos herauszuarbeiten. Platon versucht hier die weiter einzugrenzende Frage nach dem Objekt der Anordnung, dem Bürger (πολίτης), zu thematisieren. Dabei muß er klären, welchen legitimen Einfluß das Wissen aus der Privatsphäre (hier im Sinne der individuellen Angelegenheiten) auf den Bereich des öffentlichen Handelns (im Sinne der kollektiven Angelegenheiten) haben kann. Es geht dabei nicht, wie man zunächst annehmen könnte, um die Stellung des beratenden Philosophen, sondern viel grundsätzlicher um die generelle Möglichkeit der Mitbestimmung bei dem Geschäft der Regierung. Platon untersucht, was es in systematischer Hinsicht bedeutet, wenn ein Handlungsträger, dessen Kompetenz durch die Anordnung definiert ist, seinerseits beratungsbedürftig ist. Wenn also ein Privatmann (ἰδιώτης) zum Beispiel einem königlichen Regenten nützliche Ratschläge darüber zu geben vermag, was der Regierende selbst wissen sollte, dann liegt es nahe, daß der Privatmann derjenige ist, der wirklich die öffentliche Kunst ausübt (vgl. 259 a). Man kann dies weder als Paradoxie (der Private ist der Öffentliche), noch – jenseits der Summationstheorie[27] – als verdeckte Anerkennung der Bürgermacht (der Regierte ist der Regierende) interpretieren: Platon stellt nur fest, daß, wer das fragliche Vermögen besitzt, mag er nun faktisch in der Rolle des Regenten oder des Privatmannes sein, seiner Kunst (hier: τέχνη) nach, zu Recht Regent genannt werden soll (vgl. 259 b).

Nun kommt Platon wieder von dem Beispiel des königlichen Regenten auf das allgemeinere Verhältnis des anordnenden Handelns zurück - nämlich für andere zu handeln (hier: πρᾶξις), indem bestimmte Handlungen (jetzt: ποίησις) angeordnet werden. Unter dieser Perspektive ist der Unterschied von Oikos und Polis ein bloß quantitativ-gradueller, da ja die qualitative Differenz zunächst bewußt zurückgestellt wurde. »Und wie? sollten wohl ein Hauswesen von weitläufigem Umfang und eine Stadt von geringem Belang sich bedeutend von

---

[27] Die Summationstheorie, derzufolge sich die Tugend der weniger Tugendhaften so summiert, daß sie schließlich die Tugend der Besten überragt, wird von Aristoteles in 1281 b 1ff. ausführlich erörtert.

einander unterscheiden, was die Regierung (ἀρχήν) derselben betrifft?« (259 b).[28] Platon interessiert sich hier nur dafür, was man zum Handeln für und mit Anderen, genauer: zum anordnenden Handeln, wissen und können muß. Polis und Oikos unterscheiden sich zwar, was die Regierung (ἀρχὴ πολιτικὴ und ἀρχὴ δεσποτική) anbelangt, doch ist diese Differenz aus der Perspektive der erreichten Stufe der Dihärese nicht bedeutend. Platons Beispiele greifen zwar weiter aus, was an seinem Erkenntnisziel, dem Wissen des Politikos, liegt, aber seine dichotomische Unterscheidungskunst ist bislang (vgl. 259 b) erst bis zur Klasse der selbstbefehlenden Handlungsträger – d.h. in eigener Verantwortlichkeit Handelnder - fortgeschritten. Das Spezifikum des Politischen selbst, für das sich Aristoteles interessiert und das er in der Regierung von Freien über Freie sieht, steht für Platon *hier* noch nicht zur Debatte. Er fragt bislang nur allgemein nach der Erkenntnis und der Kunst des eigenverantwortlich anordnenden Handelns.

Formuliert man Platons Dihärese aristotelisch, so kommt man zu dem Ergebnis, daß es bei dieser Kunst um das umfänglich an der Theorie geschulte praktische Handlungswissen geht. Dies kommt allen aufgrund eigener Kompetenz und Verantwortung befehlenden Subjekten zu, deren Anordnungen sich auf lebende, verständige und gesellige Wesen beziehen. Dabei reicht die Skala der Akteure vom bloß privaten Hausvater bis zum öffentlich handelnden Staatsmann. Wie von *dieser* Stufe der Dihärese aus die jeweils betriebenen Künste auch weiter differenziert werden mögen, hinsichtlich der oben bestimmten Erkenntnis (γνωστική) – also der Praxis – bilden sie zunächst eine Einheit (vgl. 259 c).

Platon schließt daraus, daß die Tätigkeit des Politikos bloß einsichtige Erkenntnis ist (vgl. 260 a). Die hiermit verbundene Problematik der weiteren Differenzierung wird zumeist durch die deutsche Übersetzung verdeckt, da Staatsmann, König und Despot gleichermaßen mit *Herrscher* wiedergegeben wird: »Wohlan denn, in welche von diesen beiden Künsten sollen wir den Herrscher (βασιλικόν) stellen? Etwa in die beurteilende (κριτική) wie einen Zuschauer (θεατήν)? Oder sollen wir lieber sagen, daß er zu der gebietenden Kunst (ἐπιτακτικῆς τέχνης) gehöre, da er ja doch Herr (δεσπόζοντα) ist?« (260 c). Da für Platon, wie oben gesehen, Erkenntnis immer die Voraussetzung für das Tun ist, versteht sich die Antwort auf diese Frage von selbst. Die Pointe der platonischen Frage liegt zwar in der Notwendigkeit einer weiteren Differenzierung der gebietenden, oder besser: anordnenden Kunst, doch ist die ungenaue Begrifflichkeit problematisch. Zwar ist im folgenden nur noch von König und

[28] Platon kann hier durchaus auf Konsens hoffen: »Denn die Fürsorge für die eigenen Angelegenheiten unterscheidet sich nur dem Umfange nach von der für das Gemeinwohl, im übrigen stehen sie einander sehr nahe«; Xenophon, Erinnerungen an Sokrates, gr./dt., hg. v. P. Jaerisch, München, Zürich 1987, S. 175 (Mem. III,4,12). Aber auch Xenophon übersieht bei aller Ähnlichkeit nicht die Unterschiede, stehen sich doch beide Künste eben *nur* sehr nahe.

Königskunst (Schleiermacher übersetzt mit »Herrscher« und »Herrscherkunst«) die Rede, doch kann man fragen, ob diese Stelle bei Platon, die vielleicht nur einer Parallele Ausdruck verleihen soll, die von Aristoteles geforderte Differenz von König, Politiker, Hausvorstand und Herrn doch grundsätzlich oder nur gerade hier für unwichtig hält, und ob daraus eine grundsätzliche Gleichsetzung von Amtsgewalt und Herrengewalt abgeleitet werden kann.

Die bisherige Untersuchung der platonischen *Dihärese* war an der begrifflichen Analyse orientiert. Nun soll der Aspekt der *Dichotomie* hinsichtlich ihrer Funktion, die empirische Mannigfaltigkeit zu ordnen, herausgearbeitet werden.

Platon hat, wie gesehen, die Kunst des Staatsmannes in Abgrenzung zur handarbeitenden (χειροτεχνική) eine bloß einsichtige Kunst genannt, die dem erkennenden Wissen gleichgesetzt wird. Diese einsichtige Erkenntnis (γνωστικὴ ἐπιστήμη) ist wiederum in die Kunst der Beurteilung (κριτικὴ τέχνη) und die Kunst des Anordnens und Gebietens (ἐπιτακτικὴ τέχνη) zu differenzieren. Der bloßen Beurteilung entspricht die Theorie, die nach Platons Beispiel vom Arithmetiker betrieben wird. Das hervorbringende Handeln etwa des Handarbeiters (βάναυσος) entspricht der Poiesis und das beurteilende und anordnende Handeln entspricht der *Praxis*. Diese kann sich zum einen als Gebieten über unbeseelte Dinge äußern (περὶ τὸ ἄψυχον), oder als Gebieten über Lebewesen (περὶ τὰ ζῷα ἐπιτακτικόν). Ersteres kommt den Baumeistern und Steuerleuten zu, letzteres führt zur Differenzierung zwischen den im Auftrage Anderer Gebietenden und den Selbstgebietenden (αὐτεπιτάκτης). Wer wie Herold, Offizier, Beamter oder Priester nur Befehle empfängt oder übermittelt, ist kein Politiker. Die Anordnungen des Politikers beruhen auf eigener Entscheidungsgewalt, seiner Einsicht in die gegebene Lage, seiner Urteilskraft (φρόνησις) und seiner Macht (δύναμις). Doch auch dieses Verhältnis muß noch weiter differenziert werden: Es ist nicht die Anleitung zur bloßen Poiesis gemeint, diese Anforderung erfüllt auch der Architekt. Bei dem Politischen geht es um die Anleitung zum Aufziehen und Erhalten von Lebendigem (ζωοτροφική). Diese vorsorgende Kunst (ἐπιτακτικὴ τέχνη) muß wiederum unterschieden werden in den Bereich der Viehzucht (ἀγελαιοτροφική) und den der Gemeindezucht des Menschen (κοινοτροφική, ἀνθρωπονομική). Die Tätigkeit des viehzüchtenden Hirten unterscheidet sich grundlegend von der Kunst des Politikers, da er als Mensch qualitativ von den Herdentieren zu unterscheiden ist. Dem Politiker als Gleichem unter Gleichen geht es darüber hinaus nicht nur um das Lebenswohl der Bürger, dies besorgen Ärzte und Köche bei den Menschen, sondern er sorgt für die Bedingungen der Möglichkeit des Menschseins schlechthin.

Platon unterscheidet die Staatskunst (τέχνη πολιτική) nach der Zustimmung der Regierten (ἑκουσίων) und der Gewaltsamkeit der Herrschaft (βιαίων). Die gewaltsame Herrschaft des Tyrannen wird damit nachhaltig von der politischen Regierung getrennt. Das politische Regiment zeichnet sich durch eine Verknüpfung von Gegensätzlichem, durch einen Ausgleich vermittels Scheidung und Vereinigung (διάκρισις - σύγκρισις) aus. So wird eine Zuteilung des Maßgerechten, des Angemessenen (πρέπον) vorgenommen. Dies kann als relative Bestheit, also durch Gesetzeskraft oder absolute Bestheit, nämlich durch Wissen und Können des Philosophenkönigs erreicht werden.

Damit wäre der zweite, hier nur am Rande zu interpretierende Teil des Dialogs, die Anwendung der theoretischen Ergebnisse, erreicht. Platon knüpft wieder an seiner aus der Politeia bekannten politischen Prämisse an, daß es das beste wäre, wenn der Beste uneingeschränkt regierte. Nun rückt die Exklusivität eines bestimmten Wissens, die Bildung einer politischen Elite, der Zwang des Besseren und die Abgrenzung des wahren guten Politikos von den Verführern, Parvenüs und Scharlatanen in den Mittelpunkt der Untersuchung. Es ist eine nur aus den systematischen Ansprüchen der platonischen Philosophie verstehbare Kuriosität des Dialogs, daß gerade die praktische Anwendung der theoretischen Ergebnisse in die *praxisferne* Idealität der *Politeia* zurückzuführen scheint. Doch Platons Ziel der Untersuchung war eben nicht nur die Bestimmung des Politikos, sondern die Bestimmung des Wesens des guten Politikos. Aus dieser *idealistischen* Perspektive ist es nur die *zweitbeste* – aber schon *realistischere* – Möglichkeit, daß, wenn nicht der Philosophenkönig, so doch der menschenmöglich Beste in den Unwägbarkeiten des politischen Alltags als ordnungsstiftender Gesetzgeber auftreten soll. Der Nomothet verfaßt und regelt den Staat so, daß weniger gute, aber immer noch hervorragende Menschen den Staat in seiner Abwesenheit gut regieren können. Er selbst darf nicht an die Gesetze gebunden sein, da er sie stets an die aktuellen Anforderungen anpassen muß. Nur so kann die Balance zwischen der Formalität der Gesetze und den Anforderungen der empirischen Mannigfaltigkeit, zwischen Sicherheit und Flexibilität gewahrt werden. Das Konzept des *Politikos* stellt zwar gegenüber der *Politeia* einen Zuwachs des Realitätsgehaltes dar, bedeutet aber aus platonischer Sicht einen empfindlichen Verlust an Wahrheit und Gerechtigkeit. Die Gerechtigkeit (δικαιοσύνη) des Politikos ist nur noch eine, wenn auch gelungene, Nachahmung (μίμησις) der wahren Idee der Gerechtigkeit.

Platon nähert sich damit immer mehr einer empirischen Sichtweise. Auf einem Kontinuum zwischen dem optimalen Philosophenkönigtum und der katastrophalen Tyrannis liegt die gesetzesstaatliche *Politeia* der bedingten politischen Subjekte (vgl. 300 a ff.). Im Bewußtsein der mangelnden Paßgenauigkeit und Flexibilität von festgelegten Gesetzen und dem potentiellen Unvermögen der Menschen plädiert Platon für einen Gesetzesstaat unter der Führung der jeweils Besten - Aristoteles wird dies eine gemischte Verfassung nennen. Nach Platon bleibt die Politik trotz eines guten Politikos ein schwer kalkulierbares, aber notwendiges Risikogeschäft. Erst die *Nomoi* werden eine Problemlösungsstrategie für jene Fälle entwickeln, in denen auch der Politikos nicht mehr als Bester zur Verfügung steht und man sich zur Verwirklichung guter Politik allein auf die Gesetze verlassen muß.

II.

»Diejenigen jedoch, die meinen, ein leitender Staatsmann, König, Leiter eines Haushalts und Gebieter von Sklaven stellen ein und denselben (Herrschertypus) dar, vertreten eine unrichtige Auffassung« (1252 a 8ff.) – so lautete der Ansatz von Aristoteles' Kritik an Platons *Politikos*.[29] Wie sich gezeigt hat, liegen der platonischen Argumentation ganz andere als die von Aristoteles unterstellten Prämissen und Intentionen zugrunde. Der aristotelische Vorwurf trifft Platon kaum, da dieser offenbar auf einer anderen systematischen Ebene und mit einer anderen Absicht über das Phänomen des Politischen spricht. Ob es sich hier um ein produktives Mißverständnis des Stagiriten oder um eine fundamentale Differenz in der politischen Philosophie beider Denker handelt, ist nun zu untersuchen. Hierzu gehört die Erörterung dessen, was Aristoteles mit seiner Kritik bezwecken wollte. Außerdem ist ihre argumentative Notwendigkeit, sachliche Stichhaltigkeit und innere Stringenz zu prüfen. Zuvor muß jedoch, in ständiger Rücksicht auf Platon, der systematische Ort der aristotelischen Kritik bestimmt werden.

Aristoteles differenziert die Wissenschaften in theoretische, praktische und poietische.[30] Die theoretische Wissenschaft, d.h. die auf Betrachtung beschränkte Form des Wissens vom Seienden als solchem, scheint in unserem Zusammenhang genausowenig wie die poietische, die auf die Herstellung eines Produkts zielende Handwerkskunst, zu interessieren. Einzig die praktische, auf das menschliche Handeln zielende Wissenschaft, beschäftigt sich mit dem Gebiet von Ethik und Politik. Da es sich bei ihren Gegenstandsbereichen um die durch Freiheit begründete menschliche Praxis handelt, ist bei den Ergebnissen dieser Wissenschaft immer mit Unwägbarkeiten und Unsicherheiten zu rechnen. Die praktische Wissenschaft ist nach Aristoteles keine *exakte* Wissenschaft, und man darf von ihr, wie von jeder anderen Wissenschaft, nur insoweit sichere Ergebnisse erwarten, als es der zu untersuchende Gegenstandsbereich zuläßt (vgl. NE 1094 b 11ff.). Während die theoretische Wissenschaft zu apodiktischen Schlüssen kommt, beschäftigt sich die praktische Wissenschaft mit der Verwirklichung bestimmter Ziele, die dem Menschen zwar nicht von Geburt, wohl aber von

---

[29] Nimmt man die Unterscheidung von despotischer *Herr*schaft und politischer Regierung ernst, ist der Begriff der Herrschaft nicht mehr zur Beschreibung des Politischen zu gebrauchen (vgl. J. Pannier, Das Vexierbild des Politischen, S. 109ff.).

[30] Vgl. Topik 145 a 15ff, 157 a 10ff., Metaphysik 1025 b 18ff., Nikomachische Ethik 1139 a 26ff.

Natur (φύσις) zukommen. Diese naturbedingten anthropologischen Grundkonstanten, daß der Mensch in teleologischer Perspektive ein bürgerliches (ζῷον πολιτικόν), vernünftiges (ζῷον λόγον ἔχον) und praxisfähiges Wesen ist, das nach Wissen (εἰδέναι), Glück (εὐδαιμονία) und gutem Leben (εὖ ζῆν) strebt, entwickelt Aristoteles weitgehend in den apodiktischen Wissenschaften: der Biologie und der Metaphysik.[31]

Die Bestimmung des Politischen muß sich demnach bei Aristoteles gegen zwei Wissensbereiche abgrenzen: gegen die theoretische Seite des Ideals und die poietische Seite des Oikos. Auch hier steht die politische Praxis vermittelnd zwischen Poiesis und Theorie. Entsprechend entwickelt Aristoteles (die vorliegende Reihenfolge der einzelnen Bücher der *Politika* einmal als gegeben angenommen) seine Politik von der empirischen Vorfindlichkeit der Gemeinschaften sowie über deren Katalogisierung und Systematisierung, die konkrete Politikberatung bis zur Konstruktion eines Idealstaates. Seine Unterscheidung von Politiker, König, Hausvater und Herr hat damit neben der inhaltlich-sachlichen auch eine argumentativ-systematische Bedeutung. »Aus diesen Darlegungen geht [...] klar hervor, daß despotisches Gebieten (δεσποτεία) und politische Herrschaft (πολιτική) nicht dasselbe sind, und auch, daß nicht alle Arten von Herrschaft (ἀρχαί) einander gleich sind, wie das einige behaupten« (1255 b 16f.). Aristoteles, der auch hier wieder Platon zu kritisieren scheint, muß schon am Beginn seiner Untersuchung auf der Unterscheidung von politischen und unpolitischen, bzw. antipolitischen Gemeinschaften bestehen, da er die empirische Mannigfaltigkeit zum Ausgangspunkt seiner teleologischen Untersuchung des Politischen macht.[32]

Platon ist vor Aristoteles denselben Weg gegangen, nur in umgekehrter Richtung. Er entwickelt mit der *Politeia* auf der Grundlage des Wissens vom Seienden als solchem, also von der Theorie aus, seine praktische Wissenschaft vom Menschen, die, parallel zum Höhlengleichnis in Abstufungen den *Erfahrungsgehalt* über *Politikos*, *Nomoi* und *Siebten Brief* ausbaut. Auch Platon steht vor dem Problem der aus der Freiheit der Subjekte resultierenden Unwägbarkeiten in der Politik, auch er will die Unübersichtlichkeit der menschlichen

---

[31] Vgl. Hist. An. 487 b 30ff., Met. 980 a 20ff. Es kann deshalb keine Rede davon sein, daß Aristoteles die Politik von der Metaphysik befreit habe (vgl. W. Kullmann, Einleitung zu: Aristoteles, Politik, Hamburg 1994, S. 24), auch wenn der Text der »Politika« nur selten Bezugspunkte zur »Metaphysik« herstellt. Ob dagegen die »Politika«, wie Kamp behauptet, *vornehmlich* aus der »Metaphysik« zu verstehen sei, ist fraglich; vgl. A. Kamp, Die politische Philosophie des Aristoteles und ihre metaphysischen Grundlagen, Wesenstheorie und Polisordnung, Freiburg, München 1985, s.a. Chr. Müller-Golding, Politik und Philosophie bei Aristoteles und im frühen Peripatos, in: Archiv f. Gesch. d. Philos. 73/1991, S.1ff.; Chr. Jermann, Philosophie und Politik, Untersuchungen zur Struktur und Problematik des platonischen Idealismus, Stuttgart 1986.

[32] Zur Unterscheidung von Politik, Unpolitik und Antipolitik vgl. D. Sternberger, Drei Wurzeln der Politik, Frankf. a. M., 1978, Teilbd. 1, S. 279f.

Praxis durch Erziehung und Gesetze wenigstens kanalisieren. Anders als bei Aristoteles besteht für ihn hinsichtlich der Politik jedoch keine so offensichtliche systematisch-begriffliche Notwendigkeit, die Wissensbereiche so scharf zu unterscheiden, weil sie sich aus der theoretischen Perspektive immer schon als Einheit der Vielheit präsentieren. Damit tritt auch die Unterscheidung von Politiker, König, Hausvater und Herr *vorläufig* zurück. Platon entwickelt sein Politikverständnis nicht aus einer Pragmatie, vielmehr gipfelt es in ihr. Dafür fällt es ihm schwer zu vermitteln, warum ein Philosoph die Glückseligkeit der Theorie zugunsten der Politik überhaupt aufgeben sollte, warum also der beschwerliche und oftmals gefährliche Weg von der lichten Höhe der Ideen in die dumpfe Höhle beschritten werden muß. Die Antwort liegt wohl darin, daß der Philosoph, wenn er die Wahrheit geschaut hat, und der Satz *das Gute sehen heißt das Gute tun* gilt, sofort die Einsicht in die Notwendigkeit hat. Da aber niemand wissentlich Unrecht tun kann, handelt er entsprechend. Die *Politeia* ist der experimentalphilosophische Versuch, in der Politik ein Maximum an Gerechtigkeit, nämlich die Idee der Gerechtigkeit, zu verankern. Der Philosophenkönig ist durch seine Einsicht nicht nur aufgefordert, sondern logisch gezwungen, politisch zu handeln, denn die Theorie fordert eine bestimmte Pragmatie. Dies gilt in Abstufungen auch für den Nomotheten, Politikberater und Politiker.

Aristoteles geht umgekehrt vor, weshalb seine Antwort auf die Frage, warum man Politik treiben soll, ganz einfach zu sein scheint: Erstens ist das Leben im *βίος θεωρητικός* anstrengend, d.h. man braucht Phasen der Regeneration und dafür die entsprechenden Ressourcen, für deren Bereitstellung jemand sorgen muß. Zweitens beruht die Theoriefähigkeit auf Abkömmlichkeit, d.h. man braucht einen gesellschaftlichen *Unterbau*, der die nötige Muße für einen philosophischen *Überbau* ermöglicht. Nur die Minorität der abkömmlichen Haushaltsvorstände kann die Gemeinschaft der freien und gleichen Bürger bilden, die sich zeitweilig den Luxus der Theorie leisten können. Drittens ist es nur vernünftig, daß die am besten zur Ermöglichung und Erhaltung des *βίος θεωρητικός* Geeigneten, nämlich die Philosophen, in ihrem eigenen Interesse für Polis und Oikoi als Grundlage der Muße sorgen. Wer gut leben will, muß für gute Politik sorgen. Politik ist bei Aristoteles eine notwendige Voraussetzung für das *εὖ ζῆν* und damit für die *εὐδαιμονία*. Deshalb sollen auch nur die Besten als freie und gleiche Bürger zur Politik berufen werden. Deren Bestheit ist ein von Natur gegebener Wesenszug und unterscheidet sie von ontologischen Mängelwesen wie Frauen, Sklaven und Barbaren. Um die herausragende Rolle der selbstbewußten Bürger, aber auch um die realen politischen Zustände zu legitimieren und damit sein Konzept des guten Lebens sichern zu können,[33] ist die systematische und inhaltliche Trennung von Staatsmann, König, Hausvater und Herr notwendig. Das Problem, das sich für Platon erst ganz am Schluß seiner politischen Philosophie stellt, steht am Anfang des aristotelischen Denkens. Umgekehrt erfolgt die theoretische Einlösung der teleologisch gedachten Pragmatie des Aristoteles erst am Schluß der *Politika* , während Platon aus den theoretischen Prinzipien das Politische entwickelt.

Aristoteles' zentraler Kritikpunkt an Platons *Politikos* bezieht sich darauf, daß die Unterscheidung der Herrschaftstypen keine bloß quantitative, sondern eine qualitative sei. Er fragt nach dem Wesen (εἶδος) des Politischen (vgl. 1252 a 10). Politik ist ein Begriff, dem er einer möglichst exakt bestimmten Tätigkeit zusprechen will. Der Staatsmann ist dabei jemand, der »nach den Bestimmungen eines entsprechenden Wissens im Wechsel regiert und sich regieren läßt« - eine Regierungsart, die von der des Königs (aber auch von jeder anderen) kategorial getrennt ist (vgl. 1252 a 15). Πολιτικός und πολίτης werden so weitgehend identisch. Anders als im platonischen Dialog bleibt der Staatsmann in der *Politika* weitgehend unbestimmt. Aristoteles versucht, das Politische durch eine möglichst genaue Analyse des empirischen Phänomens zu begreifen. Wie in den anderen Wissenschaftszweigen soll das Zusammengesetzte in seine kleinsten nicht mehr teilbaren Einheiten ausdifferenziert werden. Im Unterschied zu Platon sucht er aber nicht das verbindende Moment, sondern das trennende Kriterium: »[W]enn wir so den staatlichen Verband daraufhin untersuchen, aus welchen Teilen er zusammengesetzt ist, werden wir auch bei jenen (Herrschaftstypen) besser erkennen, einmal, worin sie sich voneinander unterscheiden, und zum anderen, ob es möglich ist, über jeden der genannten eine fachmännische Kenntnis zu gewinnen« (1252 a 20f.).

Aristoteles' bestimmt den staatlichen Verband (πόλις) als eine Gemeinschaft (κοινωνία) zu einem bestimmten substantiellen Zweck, nämlich dem des guten Lebens (εὖ ζῆν). Da die Polis alle anderen Formen der Gemeinschaft, wie Familie, Haus und Dorf vollendend umschließt, nimmt sie quantitativ und *qualitativ* als κοινωνία πολιτική die höchste Position ein (vgl. 1252 a 1ff.). Ihre kleinste politische Einheit ist der Bürger. Aus dieser Perspektive bestimmt Aristoteles nicht nur das Wesen der sechs in Anlehnung an Platon entwickelten Regierungsformen, sondern jede Form der *Menschenführung* . König, Politiker, Hausvater und Herr unterscheiden sich sowohl in Hinblick auf das Verhältnis zu den Objekten ihrer Anordnungen als auch durch eine spezifische Form des Agierens. Ist der Unterschied aber im Wesen begründet, gibt es eine spezifische

---

[33] So scheint Aristoteles die aussichtslose Verteidigung der Sklaverei vor allem deshalb zu führen, weil nur die sklavenhaltende Polis in der Lage war, einem »bürgerlichen« Stand die nötige Muße zu Philosophie und Politik zu verschaffen.

Fachkenntnis für jeden Kompetenzbereich. Aristoteles blickt aus systematischer Perspektive auf das Trennende, das Spezifische. Er ordnet die empirischen Fakten durch eine normative Prämisse: »Jeder staatliche Verband ist, wie wir sehen, eine Gemeinschaft von besonderer Art, und jede Gemeinschaft bildet sich, um ein Gut von besonderer Art zu verwirklichen« (1252 a 1). Wollen die Menschen ihr Gut (ἀγαθόν), ihr Ziel (τέλος) erreichen, dann muß die Gemeinschaft ein bestimmtes Profil aufweisen: Der Mensch als ζῷον πολιτικὸν φύσει und ζῷον λόγον ἔχον kommt zu seiner Vollendung – und das heißt zum Telos seiner Natur - nur in der Praxis einer politischen Gemeinschaft (1252 b 30ff.). Wer durch ein Leben außerhalb der Polis seine Möglichkeiten erschöpfend entfaltet, ist entweder Tier, also bedürfnisärmer als Menschen, oder Gott, da er aufgrund seiner Allmacht absolut autark wäre (1253 b 25ff.).

Aristoteles denkt das Politische von der Pluralität der Bürger her.[34] Aus der Bürgerschaft als teleologisch-politischer Gemeinschaft ergibt sich ein spezifischer Begriff des Politikers. Das Verhältnis der freien und gleichen Subjekte zueinander macht die Politik (πολιτικὴ ἀρχή) als besondere Gegenform der *Herr*-schaft (δεσποτικὴ ἀρχή) aus und bestimmt die gemischte, auf Vereinbarung und Anvertrauung beruhende Verfassung unter Bedingungen der Pragmatie als relativ, weil menschenmöglich beste Verfassung. Das Kriterium zur Unterscheidung der Hauswirtschaft von der Polis zeigt sich in der Bedingung der Möglichkeit von bürgerlicher Freiheit: »Denn politische Herrschaft wird über von Natur Freie (ἐλευθερῶν) ausgeübt, despotische jedoch über diejenigen, die (von Natur) Sklaven (δούλων) sind« (1255 b 17). Erst die natürliche Freiheit schafft die Möglichkeit zur bürgerlichen Freiheit und scheidet damit kategorial Polis von Oikos.

Die von Aristoteles in diesem Zusammenhang unterstellte ontologische Nichtgleichheit und politische Ungleichheit bestimmt seine Interpretation der Verfassungsformen. In der politischen Bürgerschaft sind alle Bürger wesens- und maßgleich (ὁμοῖοι und ἴσοι), nur der leitende Staatsmann hat aufgrund seines Amtes eine herausragende Stellung – er ist für die Dauer seiner Regierung in bestimmter Hinsicht nicht mehr maßgleich mit den übrigen Bürgern. Der König ist seinen Untertanen gegenüber zwar wesensgleich, aber dauerhaft maßungleich (vgl. 1287 a 1ff.). Gleiches gilt für das Verhältnis von Haushaltsvorstand und Familie, das durch die natürliche Überlegenheit des Älteren über die Jüngeren (also auf Zeit) und dem Mann gegenüber der Frau (nach Aristoteles dauerhaft von Natur) bestimmt ist. Das Verhältnis des Herren zum Sklaven ist durch eine wesensmäßige Nichtgleichheit bestimmt – dem Sklaven fehlt nicht nur, wie der

---

[34] Schütrumpf meint demgegenüber, daß Aristoteles die Unterschiede zwischen den Gemeinschaften von den Regierenden her auffasse; vgl. Deutsche Aristoteles Gesamtausgabe, a.a.O, Bd. 9/I, S.175, eine Ansicht, die die teleologische Intention der κοινωνία πολιτική unterschätzt.

Frau, die Einsicht (φρόνησις), weshalb er unselbständig ist, er ist darüber hinaus von Natur unfrei und als beseeltes Werkzeug den Freien in keiner Weise vergleichbar, obwohl er immer noch ein Mensch ist (vgl. 1254 a 15ff.).

Aristoteles überträgt nun überraschenderweise die politischen Bezeichnungen auf den häuslichen Bereich, wenn er das väterliche Regiment (πατρική) über die Kinder mit dem königlichen und die eheliche Führung (γαμική) der Gattin mit der politischen Regierung gleichsetzt (vgl. 1259 a 38ff.). Die Führung des Haushalts im ganzen wird monarchisch genannt und ausdrücklich nicht als politisch verstanden: »[J]edes Haus wird monarchisch geführt – die politische Herrschaft dagegen wird über Freie und Gleiche (ἴσων) ausgeübt« (1255 b 20).

Bemerkenswert ist, daß die Parallelisierung von Polis und Oikos einige Mängel aufweist: Die Rolle des Politikers kann zwar, vom Problem der ontologischen Mangelhaftigkeit der freien Frau einmal abgesehen, relativ problemlos dem Ehegattenverhältnis zugeordnet werden, auch die Rolle des Königs scheint der des Vaters weitgehend zu korrespondieren, zumal Aristoteles die historische Entstehung des Königtums aus der väterlichen Gewalt ableitet (1259 b 10ff.). Aber das despotische Verhältnis des Herrn zum Knecht wird nicht in die Analogie aufgenommen, wohl weil es kein Pendant auf der Ebene der Polis gibt. Die Tyrannis scheidet aus, da dem Sklaven ja kein Unrecht geschieht, wenn er als Sklave behandelt wird, dem freien Bürger, der vom Tyrannen unterdrückt wird, hingegen schon. Nachdem Aristoteles die Politiker von den Königen, Hausvätern und Despoten so nachdrücklich getrennt hat, wollen die analogischen Verknüpfungen nicht mehr so recht zusammenpassen. Trotzdem bemüht er sich, den zuvor bestrittenen Zusammenhang der Menschenführungskünste zu verdeutlichen.

Eine *vorsichtigere* Variante bietet die *Nikomachische Ethik*,[35] die das väterliche Verhältnis zu den Kindern als königlich und in seiner entarteten Form als tyrannisch, das eheliche als aristokratisch, in seiner entarteten Form der Geldheirat als oligarchisch, und das Verhältnis zwischen den Brüdern als timokratisch bzw. in der Entartung als demokratisch bezeichnet (vgl. 1160 b 23ff.).[36] Auch hier bleibt der despotische Herr wieder ausgeklammert.

Für die an Platon kritisierte direkte Parallelisierung von Staatsmann und Haushaltsvorstand lassen sich bei Aristoteles noch weitere Beispiele finden: Im

---

[35] Aristoteles spricht hier nur von Analogien (ὁμοιώματα) die sozusagen Musterfälle (παραδείγματα) sind; vgl. 1160 b 20ff.

[36] Zur Bewertung der ehelichen Führung als politische oder aristokratische Gemeinschaft vgl. E. Schütrumpf, in: Deutsche Aristoteles Gesamtausgabe, a.a.O, Bd. 9/I, S.364ff.; s.a. EE 1241 b 30, NE 1161 a 22f., 1134 b 15ff., MM 1194 b 25f. Eine Übertragung der Regierungsformen auf die Seelenlehre formuliert Aristoteles in 1254 b 4, wo von despotischer Herrschaft der Seele über den Leib und politischer bzw. königlicher Regentschaft der Vernunft über die Begierden gesprochen wird.

sechsten Buch der *Nikomachischen Ethik* bestimmt er die sittliche Einsicht (φρόνησις) als die mit dem richtigen Planen verbundene Urteilskraft, deren Telos das wertvolle Handeln ist. »Einen solchen [besonnenen] Blick schreibt man denen zu, die in der Verwaltung des Hauses (οἰκονομικούς) und des Gemeinwesens (πολιτικούς) tüchtig sind« (1140 b 7ff.).[37] Eine ähnliche Gleichsetzung des Politikos mit dem Hausvater hinsichtlich eines bestimmten Wissens findet sich im ersten Buch der *Eudemischen Ethik* (vgl. 1218 b 13ff.). Der Kontext beider Passagen zeigt, daß Aristoteles nicht etwa aus Nachlässigkeit eine später für notwendig erachtete Differenzierung übersehen hat, sondern aus einem ganz bestimmten systematischen Interesse gerade hier von einer Unterscheidung absehen will. Wenn es wie in der *Eudemischen Ethik* um die grundsätzliche Differenzierung der höchsten menschlichen Güter geht und hierzu eine bestimmte Begrifflichkeit entfaltet werden soll, die die Idee des höchsten Gutes vom Allgemeinbegriff des Guten und diesen wiederum vom Gut als Gegenstand des menschlichen Handelns trennt, kann die Klasse der auf Freiheit beruhenden Handlungen als eine geschlossene Gruppe ausgemacht werden. Sie gehören nur insofern zusammen, als sie sich auf gleiche Weise von den anderen unterscheiden.[38]

In diesem Sinne ist auch Aristoteles im *Protreptikos* zu verstehen, wenn er fordert: »Wir müssen Philosophen werden, wenn wir den Staatsangelegenheiten (πολιτεύεσθαι) richtig nachgehen und unser Privatleben (ἑαυτῶν βίον) auf eine nützliche Weise gestalten wollen« (B 8).[39] Hinsichtlich einer bestimmten Perspektive können Staatsmann, Hausvater und Privatmann (ἰδιότῄς) als Vertreter eines gemeinsamen Wissens bezeichnet werden. »[S]o soll der Herr (δεσπότης) vor seinen Knechten (οἰκτῶν) aufstehen und später als sie zu Bett gehen und so das Haus nie unbehütet (ἀφύλακτον) sein, genau wie eine Stadt« (1345 a 15f.). Das gleiche gilt auch umgekehrt, wie Aristoteles im ersten Buch der *Politika* anmerkt: »Auch für die leitenden Staatsmänner ist es von Bedeutung, solche [ökonomischen] Kenntnisse (γνωρίζειν) zu haben, denn viele Staaten sind auf Gewinnmöglichkeiten und solche Einnahmen angewiesen, genau wie ein Haushalt, nur in größerem Umfang« (1259 a 33ff.). Allerdings merkt er sofort tadelnd an: »Deswegen machen einige leitende Staatsmänner dies zum einzigen Inhalt ihrer Politik« (1259 a 36).

Gesteht man Aristoteles zu, daß aufgrund eines bestimmten systematischen Interesses vorläufig von einer Unterscheidung abgesehen werden kann, muß dies gleichfalls für Platon gelten. Platons *Politikos* wäre dann mit den genannten

---

[37] Zur platonischen Phronesis-Bestimmung vgl. Dirlmeier NE, S. 450.

[38] Vgl. Dirlmeier, EE, S. 214f.

[39] Aristoteles, Protreptikos, gr./dt., hg., eingel., übers. u. komm. v. I. Düring, Frankf. a. M. 1969, S. 28/29 (B 8).

Textstellen aus der *Nikomachischen Ethik*, der *Eudemischen Ethik* und dem *Protreptikos*, nicht jedoch mit dem ersten Buch der *Politika*, wo sich die Kritik an Platon befindet, zu vergleichen.

III.

Aristoteles beginnt die meisten Untersuchungen mit einer ausführlichen Kritik seiner Vorgänger. Das gehört zu seiner wissenschaftlichen Methode. Anders als in den exoterischen Schriften Platons geht es in den esoterischen Schriften des Stagiriten nicht um eine dramatische Komposition der Argumente zur Inszenierung des philosophischen Denkens als Dialog, sondern um kritische Sichtung und Erweiterung des bislang erreichten Forschungsstandes. Dabei steht neben der Prüfung der bisherigen Ergebnisse die Präsentation eines selbständigen und originellen Neuansatzes im Mittelpunkt.[40] Aristoteles wollte offenbar nicht nur eine Fortführung der platonischen Philosophie leisten, sondern eine andere Perspektive des menschlichen Denkens betonen. Was Platon bisher in der *Politeia* über das Politische herausgefunden hatte, war *eine* mögliche Beschreibung, ein Zugang zu Problem und Wesen der Politik – und Aristoteles war offenbar gewillt, einen anderen Zugang zu wählen. Die konkreten Handlungen in der Polis und die Beschreibung der realen politischen Phänomene zeichneten sich nur vage in Platons utopischem Denken ab. Hier bot sich ein Ansatzpunkt für Aristoteles. Ob aber die empirischen Untersuchungen zum Grundlagenstudium in der platonischen Akademie gehörten und damit die *Politika*, respektive ihre Vorstudien, als Vorlesungsmanuskripte für das platonische Denken propädeutischen Charakter hatten, können wir ebensowenig beurteilen, wie wir wissen, ob die Untersuchungen des Politischen in den exoterischen Schriften des Aristoteles denen des Platon geglichen haben. Aristoteles jedenfalls legt einen gewissen Wert auf kritische Distanz zu Platon.

Ein fundamentaler Unterschied zwischen Platon und Aristoteles ist, daß das Movens der politischen Philosophie bei Platon auf *Kritik* an den bestehenden Zuständen zielt, während Aristoteles eine möglichst exakte Politikbeschreibung und kompetente Politikberatung versucht. Platons normatives Politikkonzept mißtraut der Menge und stellt den Verfassungsrealitäten durch einen kritischen Entwurf eine *Utopie*[41] entgegen. Dies gilt nicht nur für die *Politeia* und den

---

[40] Es ist problematisch, die exoterischen Schriften Platons mit den esoterischen des Aristoteles so miteinander vergleichen zu wollen, daß jedem Ansatz, dem dramatischen wie dem essayistischen Denken, Gerechtigkeit widerfährt.

[41] Obwohl der Begriff der Utopie erst durch Morus' Wortschöpfung entsteht, kann man der Sache nach durchaus schon bei Platon von einer Utopie sprechen. Vgl. O. Gigon, Gegenwärtigkeit und Utopie; s.a. A. B. Neschke-Hentschke, Der Ort des ortlosen Denkens, in: Ztsch. philos. Forsch.

Politikos , sondern auch, im eingeschränkten Maße, für die *Nomoi* und sogar für den *Siebten Brief* . Im Gegensatz dazu versucht Aristoteles, mit seiner Pragmatie sogar noch die ihm verhaßte Tyrannis nicht nur in ihrer Realität zu beschreiben, sondern auch zu legitimieren.[42] Dabei erteilt er dem Tyrannen Ratschläge zur Erhaltung seiner Macht. Erst die letzten beiden Bücher der *Politika* entwickeln die für die Pragmatie notwendige Idealstaatskonzeption als Telos der Politeia. Hier finden sich, ähnlich wie in der *Politeia*, kritisch-utopische Ansätze.

Metaphorisch formuliert versteht sich Platon als Arzt der kranken Polis, der ausgehend von einer idealen Gesundheitsvorstellung radikale Therapievorschläge macht, während Aristoteles als der Pathologe des Politischen die Vivisektion der Polis betreibt, um herauszufinden, was politische Gesundheit ist. Damit nähern sich beide dem Phänomen und dem Begriff des Politischen von unterschiedlichen Seiten und auf höchst unterschiedliche Art.

Die Frage, ob die im ersten Buch der *Politika* an Platon geübte Kritik berechtigt ist, erfordert demnach eine komplexe Antwort. Die Kritik ist insofern berechtigt, als sie etwas thematisiert, was dem platonischen Denken, wenn nicht fremd, so doch nicht naheliegend war. Aristoteles nutzt die Kritik, um eine neue Facette des Politischen zu entdecken, zu beschreiben und zu analysieren. Hier geht er konstruktiv über Platons Utopien hinaus.

Die Kritik ist jedoch unberechtigt, insofern sie voraussetzt, daß Platon in gleicher Weise hätte vorgehen müssen, um zum richtigen (aristotelischen) Ergebnis zu kommen. Wie gesehen, trifft die Kritik Platon vielfach nicht, weil sie seinem Denken nicht folgt, die systematischen Zusammenhänge nicht berücksichtigt und die Intention der Argumentation außer acht läßt. Es hat sich auch gezeigt, daß Aristoteles in gewisser Weise sogar Platons Konzept der Gegenwärtigkeit der Utopie durch seine teleologische Pragmatie fortführt. Insofern kann der platonische *Politikos* als Vorstudie zur aristotelischen *Politika* , sowie zu *Nikomachischer* und *Eudemischer Ethik* gelesen werden.

Die im wissenschaftlichen Diskurs häufig erwartete Entscheidung für Platon und gegen Aristoteles[43] oder umgekehrt[44] scheint aus dieser Perspektive wenig

---

42/1988, S. 597ff.

[42] Den *knechtischen* Asiaten mag die Tyrannis zukommen, den freien Griechen gebührt die Politie. »Denn da die Barbaren von Natur sklavischeren Sinnes sind als die Griechen, und von ihnen wiederum die in Asien mehr als die in Europa wohnenden, so ertragen sie auch die despotische Herrschaft ohne Murren« (1285 a 20, zit. nach Susemihl); s.a. 1313 a 35ff.

[43] Besonders auffällig unter den vielen möglichen Beispielen für diese Parteinahme ist der Kommentar von Herrmann Gauss. Aber auch Alfred North Whiteheads Äußerung, daß die gesamte Philosophiegeschichte nur eine Fußnote zu Platon sei, spricht für sich (vgl. A. N. Whitehead, Adventures of Ideas, Cambridge 1933, S. 293f.).

[44] Besonders markant ist Biens These vom Beginn der politischen Philosophie mit der »Politika« des Aristoteles, vgl. G. Bien, Die Grundlegung der politischen Philosophie bei Aristoteles.

nützlich, ja sogar schädlich zu sein, da das geforderte *Entweder-Oder* eher ideologisch als philosophisch begründet sein dürfte.[45] So kann man weder dem jeweiligen Ansatz noch dem Untersuchungsgegenstand gerecht werden. Die *Politeia* wird nur dann Anleitung zum totalitären Leviathan, wenn man ihren experimentalphilosophischen und lehrhaft-paradigmatischen Charakter mißachtet, und die *Politika* verflacht nur dann zur empirischen Materialsammlung, wenn man ihren teleologisch-pragmatischenAnspruch aus dem Blick verliert. Aristoteles von platonischen Einflüssen reinigen oder Platon gegen Aristoteles ausspielen zu wollen, ist weder sinnvoll noch möglich.

Es ist zu fragen, welcher hermeneutische Zweck und welcher heuristische Wert mit einer weitgehend willkürlichen Aufgabe möglicher Perspektiven und Optionen verbunden sein sollte. Die Unterscheidung und Festlegung auf eine bestimmte Perspektive hat in einer Untersuchung ihren begründeten Zweck, solange sie dazu dient, die jeweils gewählte Perspektive klar zu umreißen. Die grundsätzliche Parteinahme für einen der beiden Denker, die die jeweilige Position des anderen grundsätzlich verwirft oder ausschließt, verzichtet freiwillig auf philosophische Optionen und steht damit im Verdacht der ideologischen Voreingenommenheit. Gleichgültig, was sich zwischen den *Personen* abgespielt haben mag - die *Werke* erhellen einander, wenn man sie entsprechend interpretiert. Deshalb plädiere ich für die Möglichkeit, beide Denkrichtungen im Blick zu behalten: Platon oder Aristoteles? Platon mit Aristoteles!

Summary

Plato or Aristotle? The ›Politikos‹ as Reflected in Aristotle's Criticism

As an example of the rivalry between the Aristotelian and Platonic paradigms, Plato's dialogue *Politicus* is analyzed in order to show that restriction analysis to one or the other position represents an arbitrary renunciation of important lines of argumentation which appears to be grounded more in ideological than philosophical considerations. The analysis of the »dihairesis« in the *Politicus* is followed by an examination of whether – in accordance with its systematic claim – Aristotle's criticism is to the point and appropriate. This analysis reveals that in spite of their differences, the works of Plato and Aristotle shed

[45] Um eine Verknüpfung von platonischen und aristotelischen Positionen bemüht sich Nussbaum in ihrer Verteidigung des aristotelischen Essentialismus: M. C. Nussbaum, Menschliches Tun und soziale Gerechtigkeit, zur Verteidigung des aristotelischen Essentialismus, in: Brumlik/Brunkhorst (Hgg.), Gemeinschaft und Gerechtigkeit, Frankf. a. M. 1993, S. 323-363.; s.a. dies., The Fragility of Goodness, Luck and Ethics in Greek Tragedy and Philosophy, Cambridge 1986; dies., The Therapy of Desire, Theory and Practice in Hellenistic Ethics, Princeton 1994.

light on one another when one examines the common ground between them in greater detail.

Gilbert Kirscher

Eric Weil (1904-1977)
Der Philosoph in seiner Zeit

I. 1933

Eric Weil wurde in Parchim (Mecklenburg) am 8. Juni 1904 geboren. 1928 hatte er seine von Cassirer betreute Dissertation beendigt: *Des Pietro Pomponazzi Lehre von dem Menschen und der Welt.*[1] In der Voraussicht dessen, was mit Hitler kommen würde, entschied sich Weil, Deutschland Ende 1932 zu verlassen. Er hatte *Mein Kampf* gelesen. Goebbels hatte ihm vorgeschlagen, mit ihm zu arbeiten. Wie Fritz Lang, dem das Gleiche vorgeschlagen wurde, nahm Weil jedoch den nächsten Zug ins Ausland.

1933 war Erich Weil in seinem 29. Lebensjahr. Er ging nach Paris, wohin ihm Anne-Lise Mendelsohn, die er 1934 heiratete, und deren Schwester, Katherina Mendelsohn, nachfolgten. Weils Familie verstand diese Abreise nicht. Später erfuhr er, daß seine Mutter und seine Schwester Ruth 1942 nach Theresienstadt und von da nach Auschwitz deportiert worden waren.

Weil lebte mit seiner Frau und seiner Schwägerin bis zum Kriegsausbruch in Paris, in einer prekären materiellen Situation, aber auch in einer brillanten intellektuellen Umgebung. Raymond Aron führte ihn mit Persönlickeiten ersten Ranges zusammen, so in das Seminar, das Alexandre Koyré und später Alexandre Kojève über Hegels *Phänomenologie des Geistes* hielten. Dort trafen sich Georges Bataille, Henry Corbin, Gaston Fessard, Jacques Lacan, Jean Hyppolite, Raymond Polin, Maurice Merleau-Ponty, Bernard Groethuysen, et alii.

II. 1935 – Geschichtliche Situation und Philosophie. Vernunft und Gewalt

1. Das Individuum und seine Situation. Entscheidung

Weil beteiligte sich an Koyré's berühmter Zeitschrift *Recherches Philosophiques*: er schrieb viele Rezensionen[2], meistens über deutsche Bücher. 1935 verfaßte er einen Aufsatz: »Versuch über das Interesse an der Geschichte«.

---

[1] Berlin, Sittenfeld, 1932 (Hamburg Phil. Diss.), 11 jan. 1932; Archiv für Geschichte der Philosophie, XLI, n°1-2, 1932, S. 127-176.

[2] Siehe die Bibliographie in E. Weil, Philosophie et Réalité, Beauchesne, Paris, 1982.

Liest man diesen Aufsatz im Lichte des späteren Werkes, so erscheint er ohne Zweifel wie ein erster Schritt von der Reflexion über Geschichte und Geschichtsschreibung hin zu einer systematischen Reflexion über das Begreifen selbst.

Es handelt sich dabei um die formale Beziehung zwischen der geschichtlichen Situation und dem Individuum, das von dieser Situation zu einer Wahl gezwungen ist, die immer in der Situation und von der Situation konkret bestimmt ist, und die gerade so dem Individuum die Situation eröffnet. Weil thematisiert das dialektische Verhältnis von Freiheit und Bedingung, von Entscheidung und Situation, und das gilt auf der Seite der Zukunft für das Handeln ebensogut wie auf der Seite der Vergangenheit für die Erzählung und Auslegung der Geschichte. Die bestimmte Haltung – *attitude* – des Individuums entspricht einem fundamentalen Interesse, das sich als »Freiheit in der Bedingung« – *liberté dans la condition* – denken läßt. Absolute, bedingungslose Freiheit hätte keinen Anwendungsbereich, also keine Wirklichkeit. Indem er das Interesse an der Geschichte als Reflexion des Menschen über sich selbst versteht, kommt Weil zu einem systematischen Begriff der verschiedenen fundamentalen und besonderen Interessen der Menschen. Jedes von diesen Interessen setzt, bewußt oder unbewußt, eine Entscheidung voraus.

2. Freiheit, Gewalt und Vernunft

Der Aufsatz von 1935 fängt mit der Unterscheidung zwischen zwei Betrachtungsweisen der Geschichte an, die eine durch die Idee der Geschichte als Verwirklichung der Vernunft geleitet, die andere auf den Begriff der Geschichtlichkeit des Menschen gegründet.

Weil geht einen dritten Weg. Die abstrakte Entgegensetzung zwischen absolutem Rationalismus und einem Denken der radikalen Endlichkeit soll und kann nun einem Philosophieren Platz lassen, das ebensosehr die Endlichkeit des Menschen als die Erfordernis der Vernunft anerkennen will. Freiheit und Vernunft sollen nicht miteinander gleichgesetzt werden, sie sollen aber auch nicht so verstanden werden, als schlösse die eine die andere aus. Die philosophische Reflexion muß also die Möglichkeit der menschlichen Freiheit, sich entweder für Vernunft oder für Gewalt zu entscheiden, thematisieren. Wenn man Hegel zurecht als den Meister der Entscheidung für Vernunft betrachten kann, da bei ihm die Freiheit mit der Vernunft in eins geht, so gibt es auch andere Meister, welche die Entscheidung gegen die Vernunft, für die Gewalt vertreten. Es ist höchst wichtig, diese Tatsache anzuerkennen, denn von ihr aus nimmt das Philosophieren seinen Ansatz. Eric Weil sagte einmal einem seiner italienischen Schüler und Freunde, Massimo Barale, in Pisa: »Es kommt in der Philosophie vor, daß man von den unfreiwilligen Meistern mehr als von denen, die es ausdrücklich sind, lernt. Mein unfreiwilliger Meister war Adolf Hitler«.[3]

3. L'oeuvre. Faktum und Sinn der bloßen Gewalt

In seinem systematischen Werk, *Logique de la Philosophie* (1950)[4] schildert Weil das Charakterbild des rein gewalttätigen Menschen, der die Vernunft absolut verweigert. *L'oeuvre*, die Tätigkeit, ist der Name der Kategorie oder der Haltung, in welcher das Leben und die implizite Rede des radikal Gewalttätigen erfaßt werden. Dieser Mensch, unfreiwilliger Meister in der Philosophie, gibt dem Philosophen zu denken, er stellt ihm gerade die Aufgabe, über das Interesse oder über den Sinn der absoluten Verweigerung der Vernunft nachzudenken, so daß die philosophische Aufgabe einen neuen Begriff der Vernunft verlangt.

Die Philosophie hat jetzt mit dem Faktum und mit dem *Sinn* der Verweigerung der Vernunft zu tun. Für den Philosophen ist gerade dasjenige Gegenstand des Denkens, was die Philosophie radikal in Frage stellt. Der Philosoph wird mit der Aussage, daß die Verweigerung der Vernunft Unvernunft sei und Unrecht hätte, nicht mehr zu befriedigen sein. Er muß jetzt annehmen, daß diese Haltung ihm etwas über sich selbst entdeckt, und zwar über seinen eigenen Entschluß zur Philosophie und seine eigene Wahl der Vernunft. Entschluß und Wahl werden gerade als Entschluß und Wahl entdeckt; d.h., daß sich die Vernunft in freier Wahl der Vernunft gründet und nicht auf oder in sich selbst. Die Vernunft ist in ihrem absoluten Recht an und für sich nicht mehr gesichert. Also ist die Begründung der Philosophie erst nach, nicht vor der Entscheidung zur Vernunft möglich. Nur wer sich schon zur Vernunft entschieden hat, kann nach dem Sinn seiner Entscheidung und einer Verweigerung fragen.

Nun stellt sich die Frage: Was will das heißen, den Sinn einer Haltung denken und begreifen? Wie es für den Menschen mannigfaltige Haltungen und mannigfaltige Interessen gibt, so kann man auch sagen, daß es verschiedene konkrete Bestimmungen oder Erfüllungen des formalen Sinnes gibt. Die Philosophie hat diese verschiedene Bestimmungen des Sinnes zu denken, und deswegen kommt sie endlich auch zur Reflexion über den Sinn überhaupt, und dieses gerade in der Reflexion der Philosophie über sich selbst, über ihren eigenen Sinn, über ihre eigene Entscheidung zur Vernunft.

Deswegen ist für Weil das Problem der radikalen Gewalt das Grundproblem der Philosophie überhaupt geworden, von dem aus alle Probleme in ein neues Licht gestellt werden. Keine konkrete Sinnerfüllung – was Weil »philosophische konkrete Kategorie« nennt – ist ausschließlich auf Vernunft gegründet. Noch die

---

[3] Teoria, II, 1982, S. 148 (Von L. Sichirollo zitiert, in Belfagor; IL, 1 (31 gennaio 1994), p.48.
[4] E. Weil, Logique de la philosophie, Paris, Vrin, 1950; 2ème édition revue, 1967.

sogenannte Kategorie des »Absoluten« – wofür Hegel, so wie ihn Kojève auslegte, das beste Beispiel gibt - stammt aus einer vorvernünftigen unbewußten Wahl der Vernunft, die sich nur *nachträglich*, im Bewußtwerden des Sich-selbst-Voraussetzens, begründen kann. Deswegen kann diese Haltung auch radikal verworfen werden. Dieses Verwerfen endeckt und offenbart die Gewalt, die jeder Wahl zugrunde liegt.

Das philosophische Werk Eric Weils ist von hier aus zu verstehen. Seine Philosophie ist im Bewußtsein ihrer eigenen vorausgesetzten Entscheidung zur Vernunft Reflexion über das Willkürliche in jeder Entscheidung, sei sie für Vernunft oder gegen die Vernunft. Als Möglichkeit des Menschen hat jede dieser entgegengesetztenEntscheidungen, ob vernünftig oder unvernünftig, einen Sinn. Die Aufgabe, diesen Sinn auszudenken, hat Weil zu einem neuen Begriff der Philosophie geführt, dem er in seinem Buch *Logique de la Philosophie* eine systematisch entwickelte Darstellung gegeben hat.

Indem der Aufsatz von 1935 von der »Dialektik der Gesichtspunkte«, also von der Verschiedenheit der menschlichen Interessen ausgeht und zur Überlegung über Begreifbarkeit und Vernünftigkeit der Geschichte führt sowie schließlich in einer Überlegung der Vernunft über sich selbst endet, könnte man ihn als eine Einleitung in die *Logique de la Philosophie* betrachten.

III. In Paris während des Weltkrieges

Kommen wir zum nach Paris ausgesiedelten Weil zurück. Er schreibt seinen Aufsatz über »Pic de la Mirandole et la critique de l'Astrologie«, den er, unter Leitung von Alexandre Koyré, 1938 als Diplôme de l'Ecole pratique des Hautes Etudes präsentiert, welches dem Baccalauréat entspricht. Im gleichen Jahr wird ihm die französische Staatsangehörigkeit zuerkannt. Als französischer Staatsbürger und Soldat erlebt er 1940 den Zusammenbruch des französischen Heeres und kommt fast fünf Jahre in deutsche Gefangenschaft. Zum Glück hatten ihm die französischen Behörden vorsorglich den Namen Henri Dubois gegeben! Im Lager hat er viel philosophiert, ist unter den Gefangenen eine moralische Autorität geworden, hat ein kleines Widerstandsnetz organisiert, das sich am Ende, als die Alliierten in der Nähe waren, des Lagers bemächtigte. Während dieser Zeit wanderten seine Frau und seine Schwägerin, Anne und Catherine, unter falschen französischklingenden Namen – Anne Dubois, Marcelle Ombinat – in Frankreich, im Süden des Massif Central, herum, wo eine lange Tradition des Widerstands gegen Unterdrückung seit Jahrhunderten lebendig geblieben war und wo sie sich verstecken konnten und versteckt wurden.

Nach dem Krieg war Weil am CNRS – »Nationales Zentrum für wissenschaftliche Forschung« – tätig. In der Ecole des Hautes Etudes leitet er damals ein Seminar über Hegels *Philosophie des Rechts*, aus dem 1950 ein Buch wurde: *Hegel et l'Etat*.[5] Die politische Philosophie Hegels wird hier befreit von der Auslegung, die in ihr eine Apologie des preußischen Staats sah. Hegels Rechtsphilosophie bleibt für unsere Zeit gültig: sie hat Natur und Zweck des modernen Staats konzipiert. Wenige Jahre später, 1956, gab Weil seine eigene *Philosophie politique*[6] heraus, die als eine kritische Fortsetzung des hegelianischen Erbes betrachtet werden kann, sozusagen eine Aufhebung der *Rechtsphilosophie* im Lichte dessen, was mehr als ein Jahrhundert Geschichte und Politik nach Hegel an den Tag gebracht hat. Man vergleiche dazu die Akten der Münstertagung von 1991 über Weils praktische Philosophie.

Zur selben Zeit erlebte Weil mit Georges Bataille die Abenteuer der Begründung und der Leitung der Zeitschrift *Critique*. Weil schrieb ungefähr 150 Rezensionen, meistens in der Form eines längeren Aufsatzes, in dem mehrere Bücher zu einem Thema analysiert und dann die wesentlichen Fragen von neuem gestellt wurden. Man wird eine gute Zahl von diesen Rezensionen im zweiten Band der *Essais et Conférences*[7] finden. Eine vollständige Ausgabe der in *Critique* veröffentlichten Texten wäre wertvoll. In italienischer Übersetzung kann man bereits eine interessante Sammlung der Aufsätze finden, welche die »Deutschen Fragen« betitelt ist.[8]

IV. E. Weil über Deutschland und über die Deutschen

1. Nach dem Krieg

Ich möchte mich einen Moment bei diesen Aufsätzen aufhalten und die Beziehung Weils zu Deutschland und den Deutschen in der Zeit nach dem Krieg bestimmen. Merkwürdigerweise sieht man hier nur den Willen, mit Vernunft zu begreifen und mit Gerechtigkeit zu handeln. Gar keine Spur von Ressentiment.[9]

---

[5] E. Weil, Hegel et l'Etat, Vrin, Paris, 1950.

[6] E. Weil, Philosophie politique, Vrin, Paris, 1956 (deutsch übersetzt: Philosophie der Politik, Neuwied, Luchterhand, 1964).

[7] E. Weil, Essais et conférences, 2 tomes, Plon, Paris, 1970/1971; Vrin, Paris, 1991: »Les origines du nationalisme« (1947),»Raison, morale et politique« (1948), »Le sens du mot liberté« (1948),»Machiavel aujourd'hui« (1951),»Jean-Jacques Rousseau et sa politique« (1952),»Le problème de l'Etat multi-national: l'Autriche-Hongrie« (1952),»Christianisme et politique« (1953),»De la loi fondamentale« (1957),»Le conflit entre violence et droit« (1961).

[8] E. Weil, Questioni tedesche, a cura di Livio Sichirollo, Presentazione di Giuseppe Bevilacqua, Quattro Venti ed. , Urbino, 1982.

[9] In einem Brief an einen Berliner Universitätsprofessor schrieb er am 28 Juni 1957 folgendes: »Ich gehöre nicht zu jenen, die grundsätzlich jeden Kontakt mit Deutschland und den Deutschen ablehnen; es scheint mir im Gegenteil, man solle, wenn dies von deutscher Seite gewünscht wird, das Seinige, so gering es sein mag, dazu beitragen, die moralischen Folgen und die moralischen

Zuerst muß man sich die Realität, wie sie tatsächlich ist, ohne Pathos, ohne Rachegeist, ansehen. »Die ganze Welt stinkt nach Leichen«, schreibt er in einem Aufsatz über Heidegger, der ihm diese Tatsache schon zu vergessen schien.[10] Man muß jetzt verstehen, was geschehen und wie es geschehen ist, man muß es allen zu sehen und zu verstehen geben, aber insbesondere der deutschen Jugend, die zu einem blinden Gehorsam geschult wurde, und die wieder erzogen, umerzogen, werden muß.

Zweitens muß man die gegenseitigen Pflichten der Sieger und der Besiegten klar erkennen.

Auf der einen Seite sollen die Sieger sich selbst zu einer vernünftigen, humanistischen, universalistischen, anti-rassistischen Haltung gegenüber den Deutschen verpflichten. Weil spricht aber von *Selbst*verpflichtung: »wir haben uns selbst zu verpflichten zu etwas, was von uns zu fordern, sie kein Recht haben«.[11] In dieser Situation der herrschenden Gewalt, – die Sieger haben durch Gewalt gesiegt –, kommt es zuerst auf den moralischen Willen der Sieger an, ein Wille, der die Machtbeziehung in eine Rechtsbeziehung umbilden soll, indem er sich selbst verpflichtet, d.h. sich zur Wahl der Vernunft bestimmt.

Auf der anderen Seite haben die Besiegten ihre Verantwortung zu übernehmen. Daß dieses möglich sei, müssen die Sieger glauben. In dem Aufsatz über ein Buch von Edmond Vermeil, *L'Allemagne. Essai d'explication*, warnt er: es wäre ein »ideologischer Sieg des Nazismus«, nicht an die Erziehbarkeit der Deutschen zu glauben. »Wir hätten Hitler bekämpft und würden als Rassisten aus dem Kampf gehen«. »Zu gleicher Zeit«, fügt Weil hinzu, »würden wir den Glauben an die Möglichkeit des europäischen Friedens verweigern«.[12] Aber während Weil urteilt, daß die Deutschen ihre Verantwortung übernehmen müssen, verwirft er den Begriff einer Kollektivschuld, die dem ganzen Volke auferlegt würde. »Man hat kein Recht, Deutschland ohne Berufung zu verurteilen«, sonst – wie es Albert Béguin sagte – »müßte man in aller Eile die für die Vernichtung notwendigen SS Truppen ausheben«. Die Aufgabe ist eine Erziehung, welche eine neue Wahl der Gewalt gegen die Vernunft, so weit wie möglich, verhindern soll.

Voraussetzungen der Katastrophe zu beseitigen. So habe ich denn, wie Sie vielleicht wissen, verschiedentlich in Deutschland Vorträge gehalten, hier für bessere Beziehungen mit Deutschland mich eingesetzt, u.s.w.«

[10] E. Weil, »Le cas Heidegger«, Les Temps Modernes, juillet, 1947.

[11] »nous nous devons ce qu'ils n'ont aucun droit d'exiger de nous«, Critique, 1946, p. 533-534.

[12] Critique, 1946, p. 283.

2. *Hitler, die Gewalt, l'oeuvre*

In der Besprechung von Vermeils Buch skizziert Weil das Portrait der Haltung der radikalen Verneinung der Vernunft.

»Die Stärke Hitlers kam gerade daher, daß er keine politische Idee hatte; mit ihm, wie es Vermeil schreibt, ›ist es nicht eine Doktrin, sondern die abscheuliche Verkoppelung von zwei Kräften, die des Geldes und die der Volkswut, die triumphiert‹. Was enstand aus diesem Triumph? Das Handeln um des Handelns willen, die reine Tätigkeit. Die Doktrin ist nur dazu da, um der Masse einen Inhalt zu geben, die Vorgesetzten sind durch sie nicht gebunden. (...) Jetzt ist es die im Führer bewußte Rasse, die auf die unbewußte im Volk verkörperte Rasse, wirkt. Die brutale Gewalt hat ihre ideologische Entschuldigung gefunden. Von daher der wilde Kampf gegen jegliche Art von Universalismus, sei sie christlich, demokratisch oder sozialistisch; von daher der Rassismus, der Biologismus, der Mythos und dessen radikale Feindlichkeit gegenüber der Vernunft. Von daher die These des unendlich ausdehnbaren Lebensraums. Von daher auch das Evangelium des Heils durch den Führer, als providentiellem Beauftragten, Besitzer des Geheimnisses der ewigen Gesetze, einzigem Propheten, einzigem Interpreten, einzigem Ursprung des Rechts, der als einziger zu befehlen, zu organisieren, zu entscheiden hat. (...) Alles steht im Dienste der bloßen Tat, das Heer, die Industrie, das Volk, der Staat«.[13]

Die Logik dieser radikalen, typischen Haltung wird, wie schon gesagt, in ihrer entwickelten Struktur und Kohärenz unter dem Namen der philosophischen Kategorie »*l'oeuvre*« (die *Tätigkeit* oder *das Tun* – als bloße Tätigkeit, bloßes Tun) in der *Logique de la Philosophie* beschrieben. Diese Kategorie der bloßen *poiesis* ist der Kategorie der absoluten *theôría* (l'*absolu*, das Absolute, zum Beispiel Hegel) radikal entgegengesetzt: jene schließt diese aus. Aber dieses Ausschließen kommt der absoluten Vernunft selbst gar nicht unter die Augen: sie erkennt es als kategoriales Faktum nicht an. Für Hegel wäre ein Hitler nicht denkbar. Für Weil aber ist gerade die kategoriale Neuigkeit der Haltung der radikalen Gewalttätigkeit dasjenige, was jetzt philosophisch zu erfragen und zu begreifen ist.

Noch eine andere neue Kategorie zeigt sich: es ist die Kategorie des *Endlichen, le fini*, welche die bloße Tätigkeit in die Dimension der Sprache erhebt und aufhebt, aber der Sprache in ihrer reinen Schöpfungskraft, in der von jedem Vernunftgesetz befreiten dichterischen Sprache. Das zu verrichtende Werk ist nun Werk in der Sprache, oder besser Werk der Sprache, *poiesis* der Sprache, vielbedeutendes Tun des denkenden Dichters, dessen schaffende Macht die tötende verschließende Vernunft ausschließt. Das existentiale Denken Heideggers, wie es in *Sein* und *Zeit* seinen philosophischen Ausdruck findet, illustriert, nach Weils Aussagen, diese typische Haltung. Die Haltung des *Endlichen* bleibt, in diesem Sinn, der Haltung des Tuns, also der Gewalt, treu; sie übersetzt sie in

---

[13] Critique, 1946, p. 281.

das Element der Sprache, also der Poesie, und gibt ihr so einen neuen unreduzierbaren kategorialen Sinn. Die Kategorie des *Endlichen* verwirft die theoretische wie die praktische Vernunft; dadurch sind die zwei Haltungen des *Tuns* und des *Endlichen* aufs engste miteinander verwandt. Aber sie sollen nicht verwechselt werden: einerseits haben wir die rohe Gewalt, die ihr absolutes Werk bis zur stummen tobenden Vernichtung führt, anderseits die schaffende, sich in künstlerischem Werk, in der dichtenden Sprache, übersetzende Gewalt. Es scheint mir, daß Weil, wenn er die Situation, und speziell die deutsche Situation nach dem Krieg, analysiert, schon mit Hilfe dieser kategorialen Unterscheidungen denkt.

3. Der Deutsche Apolitismus

Kommen wir also zu dieser Situation zurück. Erlauben Sie mir ein vielleicht zu langes Zitat aus der Besprechung von Karl Jaspers Buch *Die Schuldfrage. Ein Beitrag zur deutschen Frage.*[14] Nach einer lobenden Darstellung dieses Buches schlägt Weil eine Auslegung der deutschen Situation vor.

»Die ganze deutsche Tragödie hat vielleicht ihre tiefste Wurzel in der Tatsache, daß hier die Gesellschaft nicht den Staat erzeugt hat, daß im Gegenteil der Staat die Bildung einer Gesellschaft verhindert hat. Die deutschen Schichten sind nicht ›zivilisert‹ worden, d.h. sie sind weder am Hof noch in der Stadt gewesen (»Les couches allemandes n'ont pas été ›civilisées‹, c'est-à-dire qu'elles n'ont jamais été ni à la cour ni à la ville«): sie lebten auf ihren Landgütern oder in den Kasernen. Der Staatsbürger hat nie nach etwas anderem als einer guten Administration und Ruhe gefragt, niemals nach einen Platz am Ratstisch: der Staat war die Sache der Fachleute. Die Privatleute gruppierten sich, aber in durch Sonderinteressen konstituierten Vereinigungen; sie dachten, aber da sie gar keinen Teil am Staat hatten, dachten sie unmittelbar auf der Ebene des Allgemeinen; konkrete Problemen interessierten sie nicht: dafür gab es Staatsbeamte. Es ist merkwürdig, daß man im Absoluten nicht sagen kann, ob dieses gut sei oder nicht – wie dem auch sei, nimmt die Form der Administration in allen modernen Staaten immer mehr preußische Züge an. Aber in den anderen Ländern überlebt noch ein mehr oder weniger präzises Gedächtnis von der Verantwortung des Staatsbürgers – *citoyen* –, einer moralischen Grenze des Staats, der Notwendigkeit, die Administration durch nicht administrative Zwecke zu rechtfertigen. Freiheit des Individuum: dieses zweideutige Wort bezeugt überall, daß, wenigstens in der Idee, der Staat nicht alles ist oder nur in diesem Moment alles ist (weil eine höchste Anstrengung für seine Verteidigung oder seine Verwirklichung nötig ist). Der Konflikt zwischen Gesellschaft und Staat, offenbar oder verborgen, existiert überall; in Deutschland war er von Anfang an entschieden. Also darf man sich fragen, ob ein rein moralischer Anruf – es handelt sich um Jaspers rein moralische Haltung – genügen wird in einem Land, wo es den Individuen genügte zu denken, um das Interesse an der Politik zu verlieren«.[15]

Dasselbe Urteil über den deutschen Apolitismus kehrt etwas später wieder in einer Besprechung von Büchern des Historikers Friedrich Meinecke und des

---

[14] Critique, 1947, S. 65-80.
[15] ibid. p. 71.

Soziologen Alfred Weber: »Sie sind deutsch«, schreibt Weil, »durch dieses apolitische Denken, von dem wir vorher gesprochen haben: zwischen Individuum und Kosmos gibt es nichts. (...) Die Werte von Meinecke oder Weber erlauben keine Handlung, sie erlauben nur ein Verbot. Der Mensch aber will wissen, was er tun soll«.[16]

In seiner *Philosophie morale* finden wir dieselbe Kritik, aber ausdrücklich an Kant adressiert. Weil bemerkt[17], daß Kant sich weder mit der Tugend des Mutes (*courage*) noch mit der Tugend der Prudentia (*prudence*), der Klugheit, beschäftigt. Das kantische Denken der reinen Moral zieht sich zurück in die innere formale Kohärenz mit sich selbst unter der Regel der formalen Universalität, also in die Verweigerung, das formale Verbot zu überschreiten. Es lehrt nicht, was man positiv tun soll in der Handlung, die immer schon mit Anderen zu tun hat, die immer schon Handlung in der Gemeinschaft und Wirkung auf die Gemeinschaft ist. »Irrig ist der Ausgangspunkt, der darin besteht, das vorauszusetzen, was keinem begegnet ist und sich niemand überhaupt vorstellen kann: ein menschliches Wesen, das nicht Mitglied einer Gemeinschaft wäre«.[18] Die moralische Handlung, und noch mehr die politische Handlung, sind abstrakt gedacht, wenn man sie vom Individuum aus und von dessen unmittelbarem Verhältnis zur Universalität betrachtet. Diese Abstraktion ist ein Kurzschluß, der die Vermittlung durch die Besonderheit ausschließt.

Weil stellt 1947 die Frage: »Wird der denkende Teil Deutschlands, was die Geschäfte der diesseitigen niedrigen Welt anbelangt, sich wieder auf Berufspolitiker verlassen?«.

V. Heidegger

1. Eine Reflexionphilosophie des Individuums

Derselbe Gedanke von der Unmittelbarkeit, in die das Individuum geworfen ist, ohne daß es in einer konkreten besonderen Gemeinschaft verwurzelt sei, kehrt wieder in dem Aufsatz, den Weil 1947 dem »Fall Heidegger« gewidmet hat. Weil unterscheidet den Philosophen Heidegger und seine Philosophie von dem, was den »citoyen Heidegger«, den Staatsbürger, betrifft.

Er charakterisiert Heideggers Philosophie (er redet nur vom Werk vor 1933) als »Reflexionsphilosophie, die wie jede Reflexionsphilosophie, vom Individuum

---

16 ibid. p. 75.
17 E. Weil, Philosophie morale, § 17, p. 114-115.
18 ibid.. § 17, p. 120.

aus nach dem Sein strebt«.[19] Eine solche Philosophie kommt nicht auf einen Begriff der Wirklichkeit als konkreter Totalität und erlaubt deshalb dem Individuum nicht Platz und Sinn in ihr zu finden.

Solche konkrete Totalität ist zuerst als politische Gemeinschaft zu denken, wie sie zum Beispiel von Hegel begriffen ist. Dies kann nur vom Standpunkt der Vernunft geschehen, die die Vermittlung der Momente in ihrer Totalität ergreift. Aber ein Denken, das vom Standpunkt des Individuums ausgeht, verfehlt notwendigerweise diese konkrete Artikulation und kann nur auf Grundabstraktionen, auf transzendentale Möglichkeiten, stoßen. Von der Wirklicheit ergreift sie immer nur die Form der Möglichkeit und preist mehr diese als jene – »Höher als die Wirklichkeit steht die Möglichkeit«.[20] »Reflexionsphilosophie wird notwendigerweise zur Transzendentalphilosophie, ein Suchen der Bedingungen der Möglichkeit der Erfahrung«. Von daraus stammt die Zweideutigkeit dieses Suchens und dessen Zirkel. Die Wirklichkeit soll von den Bedingungen ihrer Möglichkeit aus verstanden werden, aber diese beruhen auf der Wirklichkeit, die, ohne Begründung, den Ausgang gibt.[21]

Aber die transzendentale Reflexion des Individuums kann nichts Bestimmtes vorziehen, kann nichts Reales als Wesentliches für seinen Ausgang auswählen. »Man ist gezwungen, von der Realität zur Idee aller Realität (= Sein) überzugehen, um sicher zu sein, daß man nicht durch eine Wahl des Unwesentlichen, die notwendigerweise willkürlich wäre, geirrt hat«.

Das Individuum ist nicht in einer konkreten Totalität begriffen, in welcher es sich erkennen könnte: weder in einer Natur, die es leitete und in welcher es sich orientieren könnte, noch in einer durch ihr Ethos strukturierten und also sinnvollen geschichtlichen Gemeinschaft. Im Gegenteil, das Individuum, wie es von Heidegger verstanden ist, lebt in einer uneigenen, immer schon verfallenen durchschnittlichen Alltäglichkeit, in einer Beziehung von Niemandem zu Niemandem, von der die Reflexion das Individuum nur befreien kann, indem sie

---

[19] E. Weil, »Le cas Heidegger«, Les Tremps Modernes, 1947, p. 134.

[20] Sein und Zeit, § 7, S. 38.

[21] Wir können bemerken, daß dieselbe Kritik auch für Kant gilt. Aber Kant ist sich dieser Schwierigkeit bewußt gewesen. In seiner kurzen Rezension von Gerhard Krügers Kantbuch (Kant-Studien 1933, 38, Heft 1-2, S. 442-444) sowie in seinen späteren Schriften, speziell in *Problèmes Kantiens* (Vrin, Paris, 1963; 2è édit. augmentée 1970), deutet Weil die *Kritik der Urteilskraft* als eine zweite philosophische Revolution, die die reflexive Transzendentalphilosophie in eine Philosophie der konkreten Vernunft umkehrt. Nachdem er versucht hat, die Realität von der Möglichkeit aus zu denken und zu begründen, denkt jetzt Kant die Möglichkeit von der Wirklichkeit aus, indem er die Wirklichkeit als eine konkret erlebte und begriffene Totalität konzipiert. Die Möglichkeit von Naturwissenschaft sowie die Möglichkeit von Handeln und von Geschichte ist jetzt für Kant, so wie ihn Weil versteht, aus der sinnvollen Natur, aus dem *cosmos* – Krüger sagt: aus der Schöpfung – her zu denken.

ihm den Abgrund seines Seins, des reinen Seins, des Nichts eröffnet. Das Individuum kann sich nur auf eigentliche Weise zu diesem Nichts entschließen.

2. Dezisionismus und National-Sozialismus

Was kann ein solcher Entschluß konkret bedeuten? 1933 hat das Individuum Martin Heidegger »seinen Helden (ge)wählt« (S.Z. § 74, S.385). Weil bemerkt aber, daß »er ebensogut sich zum Anarchisten, zum Liberalen, zum Konservativen, zum Kommunisten stellen konnte«. Jede Wahl war möglich, keine ist aus dem Transzendentalen deduzierbar. »Das Individuum als Individuum ist dem Totum der Möglichkeiten nicht gewachsen. (..) Es kann über das Sein reden, aber nur in formaler Weise«. Entschließt es sich in konkreter Weise in einer konkreten Situation, so kann es nur auf grundlose und philosophisch willkürliche Weise geschehen.

»Philosophisch kann der Transzendentalphilosoph seinen politischen Entschluß nicht begründen. Höchstens kann er feststellen, daß ihm gewisse Entschlüsse verboten sind, soll er mit sich selbst konsequent bleiben; zum Beispiel, er kann einer politischen Theorie nicht zusagen, die den Menschen, Quelle der Wahrheit, als ein Ding in der Welt betrachtet. Aber er besitzt auf diese Weise keine positive Regel für sein Benehmen - und dieses aus einem sehr einfachen Grund, nämlich weil es die geschichtliche (...) Gemeinschaft ist, und niemals das Individuum, das Subjekt der Politik ist, also weil es dem Transzendentalphilosophen gar nicht möglich ist zu entscheiden, welche Gemeinschaft – Volk, Staat, Rasse, Menschheit, Zivilisation – auf der Ebene der Geschichte die entscheidende Gemeinschaft ist.«

Die transzendentale Rede kennt nur die Abstraktion der Form »Gemeinschaft«, ohne sie erfüllen zu können; sie kann nur über Geschichtlichkeit und Zeitlichkeit reden, aber die konkrete Zeit und die konkrete Geschichte begreift sie nicht.

Von daher stammt der »Dezisionismus« und »die Behauptung der formalen Freiheit, des formalen Entschlusses, der formalen Zusage zu einem formalen Schicksal«. Von daher stammt auch, daß der Transzendentalphilosoph durch die Gewalt wie bezaubert scheint und daß er ihr so leicht zustimmt. Der Denker des Totums der Möglichkeit besitzt kein Mittel, um zwischen Gut und Böse, zwischen Vernunft und Gewalt zu entscheiden.

Im Aufsatz von 1947 ist diese Bedeutung von Heideggers Philosophie noch auf geschichtlicher Seite zu fassen: »sie drückt einen Teil der deutschen Wirklichkeit aus; sie rechtfertigt den National-Sozialismus nicht, sie drückt diese deutsche Wirklichkeit aus, die ihn ermöglichte, ohne ihn unentbehrlich zu machen. Diese Philosophie zeigt die Realität des Individuums, das keine Tradition mehr oder noch keine wieder hat«.[22]

Diese Philosophie ist also sehr bedeutsam, weil sie die Aporie eines Denkens, das im Individuum den Anfang der Philosophie findet, zu fassen gibt. In Weils Augen ist aber das Individuum das Problem, nicht der Anfang der Philosophie.

> »Eine Philosophie, die vom konkreten Individuum ausgeht und die den Terminus ›konkret‹ naiv als ein Irreduzierbares versteht (..), endet in der leeren Entschlossenheit, im Entschluß zum Entschluß, oder in dem transzendenten Glauben (in Beziehung zur Philosophie); wie könnte sie dies vermeiden, da sie sich ebensogut die griechische Theoria wie die *moderne vernünftige Handlung* verbietet? Es wäre aber verfehlt, wenn man in diesem Resultat eine Widerlegung des heideggerianischen Existentialismus sehen wollte; er konstituiert die wahre Dialektik des Individuums, das in seinem Sein, wie es von ihm unmittelbar gefaßt wird, beharren will und das sich am Ende, es weiß nicht wovon, es weiß nicht in was, geworfen findet«.

VI. Frankreich nach 1950

1950 hat Eric Weil an der Sorbonne, vor einer Jury, in der Jean Wahl, Henri Gouhier, Jean Hyppolite, Maurice Merleau-Ponty und Edmond Vermeil saßen, seine doppelte These des sogenannten Staatsdoktorats : *Logique de la Philosophie* und *Hegel et l'Etat* öffentlich verteidigt. Fünf Jahre später wurde er zum Professor auf der Universität in Lille ernannt, wo er bis 1968 lehrte und lebte, wo er neben vielen anderen Aufsätzen seine *Philosophie Morale* (1961) und seine *Problèmes kantiens* (1963) schrieb. 1968 wechselt Weil nach Nizza, wo er das Philosophische Institut bis zu seinem Rücktritt leitete. Nizza, das war fast Italien, wo Weil Leser und Freunde gefunden hatte, die ihn gerne an einer Universität in Italien gesehen hätten. Er hat oft auf der Universität Urbino und in der Scuola Normale Superiore in Pisa Seminar gehalten. Er starb am 1. Februar 1977 in Nizza.

Weil hat nur dann Bücher geschrieben, wenn innere Notwendigkeit ihn dazu trieb: so die drei systematischen Werke über Hegel und über Kant[23], drei Bände mit Vorträgen und Aufsätzen über Philosophie überhaupt[24], über Moral und Politik[25], über Geschichte und Geschichtschreibung[26], über Recht und Gewalt[27],

---

[22] E. Weil, »Le cas Heidegger«, Les Temps Modernes, 1947, p. 135-136.

[23] Siehe E. Weil, »Geschichte und Politik«, in: Kant. Zur Deutung seiner Theorie von Erkennen und Handeln, hrsg. G. Prauss, Köln, Kiepenheuer und Witsch, 1973, S. 340-374.

[24] Siehe E. Weil, »Gesunder Menschenverstand oder Philosophie«, in: Diogenes, n° 11-12, 1955, S. 309-334; E. Weil, »Sorge um die Philosophie, Sorge der Philosophie«, in: Die Zukunft der Philosophie, Walter Verlag, Olten und Freiburg, 1968, S. 222-238.

[25] Siehe E. Weil, »Die Säkularisierung der Politik und des politischen Denkens in der Neuzeit«, in: Marxismusstudien, hrsg. I. Fetscher, Mohr, Tübingen, Bd. 4, 1962, S. 144-162.

über die Ideen der Natur oder der Wirklichkeit, über Hegels Rechts- und Geschichtsphilosophie, über die Aktualität von – Hegels Philosophie –, sowie drei große Aufsätze über Aristoteles' Metaphysik, Logik und Dialektik[28], und endlich über Aristoteles' Anthropologie, die alle drei zusammen ein eigentliches Buch für sich ausmachen könnten. Es bleibt ein kleiner Nachlaß von unveröffentlichten Aufsätzen, die jetzt das *Centre Eric Weil* in Lille besitzt.

Vom systematischen Werk kann man jetzt natürlich keinen Abriß geben.[29] Die Gelegenheit einer ersten Annäherung wird in deutscher Sprache die Veröffentlichung der Münsteraner Studien-Tagung über Ethik und Politik geben. Es existiert eine deutsche Übersetzung der *Politischen Philosophie*, mit der Weil unzufrieden war. Ein französischer Kollege, Alain Deligne, der an der Universität Münster tätig ist, bereitet eine deutschsprachige Anthologie von fünf Aufsätzen Weils mit einer ausführlichen Einleitung vor.[30] Zudem gibt es Pläne zu einer deutschen Übersetzung der *Logique de la Philosophie*. Eine italienische Übersetzung hat Livio Sichirollo (Urbino) geliefert. Sie kommt jetzt in Bologna in den Druck.

---

26 Siehe E. Weil, »Wert und Würde der erzählenden Geschichtsschreibung«, in: Veröffentlichungen der Joachim Jungius Gesellschaft, Vandenhoeck und Ruprecht, Göttingen, 1976, S. 2-14.

27 Siehe E. Weil, »Propaganda und Wahrheit in der Publizistik«, in: Kontinente. Wege und Probleme der Gegenwart, 8, 1954-1955, n° 2, S. 7-12.

28 E. Weil, »Die Rolle der Logik innerhalb des aristotelischen Denkens«, in: Logik und Erkenntnislehre des Aristoteles, hrsg. F.P. Hager, Wissenschaftliche Buchgesellschaft, Darmstadt, 1972, 134-174.

29 Siehe: W. Kluback, Eric Weil. A fresh look at philosophy, New York/London, University Press of America, 1987; M. Roth, Knowing and history: appropriations of Hegel in 20th Century France, Ithaca (N.Y.), Cornell University Press, 1988; G. Kirscher, La philosophie d'Eric Weil. Systématicité et ouverture, Paris, P.U.F., 1989 (avec bibliographie); L. Sichirollo, Filosofia, storia, istituzioni. Saggi e conferenze, Milano, Guerini, 1990; M. Perine, Philosophie et violence. Sens et intention de la philosophie d'Eric Weil, P (trad. du brésilien par J.M. Buée), Beauchesne, Paris, 1991; R. Morresi, Historica. Dal pensiero del Novecento ai »Topici« di Aristotele con e oltre Eric Weil, Bologna, Il lavoro editoriale, 1991; G.Kirscher, Figures de la violence et de la modernité. Essais sur la philosophie d'Eric Weil, Lille, P.U.L., 1992; P. Canivez, Le politique et sa logique dans l'oeuvre d'Eric Weil, Kimé, Paris, 1993, P.F. Taboni, Libertà et Cittadinanza. Saggio su Eric Weil, Ed. La Città del Sole, Napoli, 1994; G. Jarczyk, P.J. Labarriere, De Kojève à Hegel, Cent cinquante ans de pensée hégélienne en France, Albin Michel, Paris, 1996; L. Sichirollo, La dialettica degli antichi e dei moderni. Studi su Eric Weil, Bibliopolis, Napoli (im Druck).

30 Im Romanistischen Verlag Jakobs Hillen, Bonn: »Versuch über das Interesse an der Geschichte« (1935), »Die Wissenschaft und die moderne Zivilisation, oder der Sinn des Sinnlosen« (1965), »Philosophie und Wirklichkeit« (1963), »Hegel und wir« (1965), »Die Aristotelische Anthropologie« (1946). In der Bibliographie wird man eine Liste der in deutscher Sprache zur Zeit veröffentlichten Schriften von Eric Weil finden. Englisch geschriebene Vorträge und Aufsätze findet man in Valuing the humanities, The Daedalus Essays, Chico, California, Historians Press, 1989 (französische Übersetzung: Essais sur la philosophie, la démocratie et l'éducation, Cahiers Eric Weil IV, coll. UL3, Presses Universitaires de Lille, 1993).

VII. Zum Schluß

Weils philosophisches Fragen wurzelt in der tiefsten Krise, die unsere Zivilisation gekannt, ernährt und überwunden hat. Weils Philosophie ist ein Versuch, seine Zeit, unsere Zeit zu begreifen. Deswegen fängt sie mit der Reflexion über Geschichte an und endet in der Reflexion der Philosophie über sich selbst, über den Sinn des Begreifens. Weil philosophiert in einer philosophischen Tradition – die Tradition von Aristoteles bis zu Kant und zu Hegel –, die auf ein ganz unerwartetes und vernunftwidriges Faktum gestoßen ist und die sich vor diesem Faktum erneuern mußte, um nicht zu Grunde zu gehen. Das ganze Werk von Eric Weil scheint mir von der Spannung zwischen dieser philosophischen Tradition und diesem anti-philosophischen Faktum bestimmt.

Einerseits will er begreifen und das bedeutet, daß er eine kohärente und sytematische Rede ausführen will, die nicht einfach Ausdruck einer Stellungnahme, einer Überlieferung oder einer Offenbarung wäre, sondern die Dialektik der verschiedenen unreduzierbaren Haltungen des Menschens und der ihnen entsprechenden philosophischen Kategorien ausführlich entwickelt. Das philosophische Begreifen gliedert die verschiedenen besonderen Arten des Begreifens in eine systematische Einheit, die sich selbst kritisch begreifen soll. Deswegen teilt Eric Weil die moderne Angst vor dem Wort und dem Begriff »Vernunft« nicht. Es scheint mir bemerkenswert, sogar als Originalität seines Denkens in unserem Jahrhundert, daß seine Philosophie sich als Philosophie der Vernunft darstellt, die auch auf die kantische und hegelsche Unterscheidung zwischen Vernunft und Verstand nicht verzichten will.

Anderseits erkennt Weil die unreduzierbare Endlichkeit des Menschen, für den die Befriedigung durch das philosophische Begreifen nicht mehr genügt. Deswegen haben die Klage, der Protest, die Empörung, die Gewalt oder sogar die Indifferenz des Individuums in Beziehung zur Vernunft, entscheidende Bedeutung für den Philosophen. Es gilt, diese Stellung entgegen der Vernunft und der Philosophie zu thematisieren. Diese Thematisierung finden wir in seiner Darstellung der zwei ideal-typischen Kategorien des Tuns (*l'oeuvre*) und des Endlichen (*le fini*) in der *Logique de la Philosophie*.

Weils Philosophie läßt diese Spannung zur Rede kommen, um sie zu denken, zu begreifen. In diesem Denken und Begreifen begreift auch die Philosophie, in welchem Sinn sie selbst aus diesen immer aktuell bleibenden Kategorien der Gewalt hervorgeht. In der geschichtlichen Wirklichkeit wird das vernünftige Begreifen und Handeln nie zu Ende sein. Auf dieser Ebene hat die Philosophie immer von neuem die Aufgabe der Erziehung zu übernehmen, und daß heißt vor allem: zu verstehen *de quoi il s'agit*, »worum es sich handelt« im Handeln, also im gemeinschaftlichen Leben und Wirken der Menschen. Deswegen müssen die Strukturen des vernünftigen Handelns herausgehoben und begriffen werden: die

Strukturen der Handlung im vernünftigen Staate, die auch die Strukturen des möglichen Erkrankens und Heilens dieses Staates sind.

Aber der Philosoph kann sich weder mit (einer zwar notwendigen) *Politischer Philosophie* noch systematischer Philosophie begnügen, welche die fundamentalen Typen des Begreifens und Handelns artikuliert. Der Philosoph, der begriffen hat, daß sogar die Gewalt einen für den Philosophen denkbaren Sinn hat, und für den also die Wirklichkeit nie ein bares Faktum ist – gerade weil er begreifen will, und durch diesen Willen grundsätzlich der Wirklichkeit Sinn gibt, und Sinn in ihr findet –, dieser Philosoph gelangt am Ende zur Idee der Weisheit. Im letzten Kapitel der *Logique de la Philosophie* erscheint das Denken der Weisheit als Ende der Philosophie. Nach dem »Entschluß zur Moral« und dem »Entschluß zur Philosophie«, die für das Individuum den Anfang der praktischen Moral der Politik und der theoretischen systematischen Philosophie bilden, endet die Philosophie in dem »Entschluß zur Weisheit«, in der die philosophische Rede zum lebendigen Individuum zurückführt, um sich in ihm zu erleben.[31]

Ich schließe mit der Bemerkung, daß es im 20. Jahrhundert eine Besonderheit ist, eine Philosophie zu finden, welche die Probleme der modernen Welt stellen und verstehen will, und die diese Problematik in systematischer Form entwikkelt; eine Philosophie, die das Problem der Gewalt denken will, die sich als eine Philosophie der Vernunft begreift und die dem alten Namen der Philosophie seinen Sinn erhält. Dies geschieht, indem sie im Denken der Weisheit endet, aber ohne die in unserer Welt sich immer wieder verwirklichende Möglichkeit der Gewalt zu vergessen, und zwar der »violence gratuite«, der »violence pour rien«, der zwecklosen Gewalt, der Gewalt ohne anderes Interesse als bloße Gewaltausübung, in der Weil die Charakteristik unserer modernen, durch Verstandesrationalität immer mehr beherrschten Welt sah.

Summary

Eric Weil (1904-1977). The Philosopher in his Times

After leaving Germany in 1933, Eric Weil reflects upon the relationship between the individual and the situation, upon an interest in history and the meaning of action, upon the choice of pure violence against reason, upon the apoliticism of German thought, and upon the decisionism of a philosophy which rejects reason

---

[31] Eine Studien-Tagung hat sich 1995 in Lille mit dem schwierigen letzten Kapitel der *Logique de la Philosophie* beschäftigt. Die *Actes* werden unter dem Titel *Philosophie et sagesse selon Eric Weil* im September 1996 in *Cahiers Eric Weil* V, Presses Universitaires de Lille, collection UL 3, herausgegeben.

(The case of Heidegger). After 1950, he develops a systematic philosophical work, grounded in his reflections on the choice of reason: *Logique de la Philosophie, Philosophie politique, Philosophie morale.* Original interpretations of Aristotle, Kant, Hegel supplement his systematic work.

Literatur

Sammlungen

FILOSOFIA E VIOLENZA, Introduzione a Eric Weil, Congedo, Galatina, 1978.

ARCHIVES DE PHILOSOPHIE. Hommage à Eric Weil, (33), 1970, n°3.

ANNALI DELLA SCUOLA NORMALE SUPERIORE, Seminario su Eric Weil, Pisa 1981, pp. 1139-1287.

SEPT ETUDES SUR ERIC WEIL, P.U.L., coll. UL3, Lille, 1982.

ACTUALITÉ D'ERIC WEIL. Actes du colloque de Chantilly, 21-22 mai 1982, 'Paris, Beauchesne, 1984.

FIGURE DELLA VIOLENZA NEL PENSIERO DI ERIC WEIL, , Il Pensiero, n° 24-25. (Wieder herausgegeben: Nuovi studi su filosofia e violenza, Roma, Ateneo, 1985).

CAHIERS ERIC WEIL I, Eric Weil: L'avenir de la philosophie, Violence et langage, Huit Etudes sur Eric Weil, P.U.L., col. UL3, Lille, 1987.

ERIC WEIL, Atti della giornata di studi presso l'Istituto Italiano per gli Studi Filosofici, Napoli, 21 novembre 1987. Urbino, Quattroventi, Differenze 13/1989.

CAHIERS ERIC WEIL II., Eric Weil et la pensée antique, P.U.L., coll. UL3, Lille, 1989.

DISCOURS, VIOLENCE ET LANGAGE: un socratisme d'Eric Weil, Le Cahier du Collège International de Philosophie, N° 9-10, Paris, Osiris, 1990 (communications et discussions des journées d'étude, 18-19 novembre 1989); Portugiesische Übersetzung: Sintese, nova fase, Belo-Horizonte, n° 46, maio/agosto 1989.

»ERIC WEIL«, émission radiophonique, France-Culture (jeudi 4. et 11 juillet 1991), Profils perdus (Jacques Munier), avec des documents sonores d'Eric Weil et la participation de: G. Kirscher, P.J. Labarrière, J. Piel, O. Revault d'Allonnes, P. Ricoeur, L. Sichirollo, J. Starobinski, P. Valadier.

ERIC WEIL. Ethik und politische Philosophie. Internationale Tagung vom 4.-6. Oktober 1991, Philosophisches Seminar, Westfälische Wilhelms – Universität Münster (im Druck).

ERIC WEIL. Bulletin de philosophie n°7, Centre régional de Documentation pédagogique, Rennes, 1992.

CAHIERS ERIC WEIL V, Philosophie et sagesse (Actes des journées d'études de Nice 1994 et de Lille 1995), Coll. UL3, Presses du Septentrion, Lille, 1996

Artikel seit 1989

(Vor 1989: siehe, G. KIRSCHER, La philosophie d'Eric Weil, P.U.F., Paris, 1989, S. 402-410)

BOUCHINDHOMME, C., »Eric Weil: une philosophie face à la modernité«, Critique, n° 515, avril 1990, p. 302-317.

BREUVART, J.M., »E.Weil et le stoïcisme dans la Logique de la Philosophie«, in: Valeurs dans le stoïcisme, Du portique à nos jours, Mélanges en l'honneur de M. le Doyen Spanneut, Presses. Univ. Lille, 1994, p. 271-298.

BURGIO, A., »La violenza e la ragione, le ragioni della violenza. Weil lettore di Hegel«, in: Hermeneutica n°8, Forme dell'etica, I, Urbino, Quattroventi, 1990, p. 209-223

CANIVEZ, P., »Über die Beziehungen zwischen dem Privaten und dem Öffentlichen bei H. Arendt und E. Weil«, in: Perspektiven der Philosophie, Bd. 15, Neues Jahrbuch 1989, p. 161-189.

ETIENNE, J., »Ethique formelle et morales historiques«, in: Figures de la finitude. Etudes d'anthropologie philosophique, III, éditées par G. Florival, Paris, Vrin et Louvain-la-Neuve, Peeters, 1988, p. 142-157.

FRUCHON, P., »Truth according to Eric Weil's Logic of Philosophy«, in: Analecta Husserliana, Vol. XXII, pp. 425-433.

GUIBAL, F., »Liberté, raison, effectivité: une approche de la Philosophie morale d'Eric Weil«, in: Cahiers Philosophiques, , CNDP, juin 1995, n° 63, p. 77-94.

GUIBAL, F., »Eric Weil: le défi de la violence«, Etudes, Tme 383, n°5 (3835), novembre 1995, p. 495-504.

KIRSCHER, G., »Heidegger e E.Weil, interpreti di Kant«, Studi Urbinati, 1992, p. 163-184.

QUILLIEN, J., »Heidegger et Weil, le destructeur et le bâtisseur«, Cahiers philosophiques, n° 10, mars 1982, Centre National de Documentation Pédagogique, Paris p. 7-62.

QUILLIEN, J., »Philosophie et politique. Heidegger, le nazisme et la pensée française«, in: Germanica n°8/1990, Université Lille III, p. 103-142.

RICOEUR, P., »Eric Weil« in: Lectures 1. Autour du politique, Paris, Le Seuil, 1991, p. 93-140.

ROMAN, J., »Entre Hannah Arendt et Eric Weil«, Esprit, juillet-août 1988, n° 7-8

SICHIROLLO, Livio, »Eric Weil«, »Rittrati critici di contemporanei«, Belfagor, fascicolo 1, 31 gennaio 1994, Firenze, Casa Editrice Leo S. Olschki, p. 33-54.

VENDITTI, P., Morale e politica, »Morale e politica«, p. 11-29; »Filosofia e violenza«, p. 249-280, Urbino, ed. Quattro Venti, 1989, 290p.

Anke Thyen

Was bedeutet: Autonomie der Moral?

Das von Kant begonnene Projekt einer universalistischen Moralbegründung hat sich von Anfang an mit starken Gegnern auseinandersetzen müssen. Wenn wir einmal von der speziellen metaphysisch-funktionalistischen Moralkonzeption bei Schopenhauer und der kulturkritischen Variante bei Nietzsche absehen, dann waren es besonders Hegels Theorie der Sittlichkeit und der Aristotelismus in der Ethik, die dem moralischen Universalismus schwer zu schaffen gemacht haben.

Zu den Einwänden gehören hauptsächlich Argumente gegen den vermeintlichen Rigorismus und die vermeintliche Ferne zum wirklichen Leben, die für den Kantianismus charakteristisch seien. Die Überforderung der moralischen Subjekte, die Überformung des konkreten Anderen (Sheila Benhabib) werden befürchtet, beargwöhnt vor allem die praktische Möglichkeit einer universellen Moral aus Vernunft. Immer wieder ist gesagt worden und wird gesagt, daß die Einrichtung der Praxis nach dem, was ein kategorischer Imperativ von vernünftigen Wesen fordere, zu einer Aushöhlung des Individuellen, zu einer Nivellierung der Vielfalt des Guten Lebens führe und daß die Autonomie dieser vernünftigen Wesen ein bloßes Konstrukt, eine Idealisierung, eben Wunschdenken der Philosophie sei.

Inzwischen belehrt uns der politische Fundamentalismus der schiitischen Mullahs, der neokonservative Abschied ehemals Linker vom Prinzipiellen (Botho Strauß) und der neue Nationalismus, aber auch unsere eigene Unsicherheit, wenn es um die Frage geht, was sollen wir in Bosnien, in Ruanda, in Zaire tun, was hätten wir tun sollen, über die Gefahren, die mit der Diskreditierung universaler Ansprüche der praktischen Vernunft verbunden sind. Daß wir zu einer Berücksichtigung kultureller Vielfalt, zu einer Berücksichtigung des Individuellen, die der Universalismus rigoros übergehe, verpflichtet seien, gehört zu den Mutmaßungen, die heute selbst diejenigen verunsichern, die es besser wissen könnten. Als gäbe es eine Entscheidung zwischen ethischem Pluralismus und moralischem Universalismus. Und deshalb muß es widersinnig erscheinen, wenn heute bisweilen Universalisten zu einer Rehabilitierung des Ethischen tendieren, um für die Plausibilität ihrer Position zu werben. Das vermeintlich abstrakte und blutleere Universelle hat eine schlechte Presse angesichts der Bedürfnisse nach Überschaubarkeit und Zufriedenheit im Privaten. Abgesehen davon, daß die schlechte Presse nicht das letzte Wort behalten muß, möchte ich zeigen, daß die Alternative zwischen Pluralismus und Universalismus auf einem Mißverständnis beruht.

Der Ausdruck *Universalismus* ist, wie angedeutet, ein bemerkenswert mißverstandener Begriff. Ich will mit den folgenden Überlegungen versuchen, zur Aufklärung einiger dieser Mißverständnisse beizutragen. Dieser Beitrag versteht sich allerdings als Apologie des moralischen Universalismus. Er bekräftigt die Zumutungen an die moralische Autonomie durch die Autonomie des Moralischen.

Die These ist, daß die Rehabilitierung des Ethischen – damit meine ich die Rehabilitierung des Guten Lebens – innerhalb der Konzepte des Moralischen, die den Standpunkt egalitärer Gerechtigkeit vertreten, zu einer Schwächung des moralischen Universalismus und damit zu einer Schwächung des Pluralismus des Guten Lebens führt.

Ich möchte für diese These Argumente nennen, die ich unter den folgenden Titeln diskutiere:

I. Vorrang des Gerechten oder Vorrang des Guten?
II. Vorrang oder Koexistenz?
Im Sinne: Vorrang des Gerechten oder Koexistenz des Gerechten und des Guten?
III. Universalismus oder Pluralismus?
IV. Personaler oder sozietärer Charakter der Moral?
V. Schluß: Autonomie der Moral

I. Vorrang des Gerechten oder Vorrang des Guten?

Das Verhältnis von Aristotelismus und Kantianismus in der Moralphilosophie hat nach Kant selbst vielleicht nur Jürgen Habermas ähnlich dramatisch gesehen. Kant hatte das Ethische, die lebensgeschichtliche Gebundenheit, die Kontextualität von Fragen des Guten Lebens und den Aspekt der Selbstverständigung über die Frage, wie wir leben wollen, vollständig von einer Moralität abkoppeln wollen, die er als Prinzip der Selbstgesetzgebung vernünftiger Wesen verstand. Allerdings erkannte er in der moralischen Autonomie die Bedingung der Glückswürdigkeit.

Habermas hat im Hinblick auf ein nachmetaphysisches Moralkonzept immer wieder auf einen begründungstheoretisch notwendigen Schnitt zwischen dem Gerechten und dem Guten hingewiesen. Die Frage, was unter einer egozentrischen Perspektive gut für mich ist, könne kein Maßstab für die Beantwortung der Frage sein, was gleichermaßen gut für alle ist. Ethische Orientierungen konstituierten keine universelle Perspektive.

Die Orientierung an der moralischen Frage, was gleichermaßen gut für alle ist, kann unter Umständen selbst zu einem Konzept des Guten Lebens werden.

Es wäre dann ein moralisches Konzept des Guten Lebens. Aber dann würde sich das *Gute Leben*, wie Wittgenstein es vielleicht ausdrücken würde, herauskürzen lassen. Kein Konzept des Guten Lebens ist konstitutiv für ein ethisch neutrales Gerechtigkeitskonzept. Wohl aber kann ein Moralkonzept konstitutiv für ein Konzept des Guten Lebens sein.

Wie Kant so behauptet Habermas einen »Vorrang des Gerechten vor dem Guten«, ohne den es »kein ethisch neutrales Gerechtigkeitskonzept geben«[1] könne, wie es in einem neuen Aufsatz heißt. Er unterscheidet sich von Kant durch eine Rehabilitierung des Ethischen innerhalb des Moralischen; nämlich innerhalb von moralischen Diskursen.

Der Vorrang des Gerechten ergibt sich wie bei Kant aus dem analytischen Zusammenhang von Universalität und Gerechtigkeit: Moral hat mit der Frage zu tun, was im »gleichmäßigen Interesse aller« liegt. Und das läßt sich nicht durch inhaltliche Präferenzen angeben.

Zu einer internen Rehabilitierung des Ethischen kommt es bei Habermas, weil die Transformation der reinen praktischen Vernunft in die kommunikative Vernunft auf einem Begriff von Argumentation beruht, der das ethische Selbstverständnis der Argumentierenden nicht unberücksichtigt lassen kann.[2] Diskurse über moralische Fragen sind auf die Entfaltung von ethischen Hintergrundgewißheiten oder Vorverständnissen angewiesen.[3] Sie erschöpfen sich nicht in der einsamen Durchführung eines Maximentests durch den Kategorischen Imperativ. In Diskursen müssen sich die Argumentierenden als argumentierende Personen im Kontext ihrer Lebensentwürfe darstellen. Ansonsten blieben praktische Beratungen, in denen argumentiert wird, ›leer‹, wie Kant vielleicht sagen würde.

Das Testverfahren durch den kategorischen Imperativ bedarf dieser Selbstdarstellung von Personen nicht. Im Gegenteil, was die Pflicht gebietet, kann ich gerade absehend von meiner personalen Identität, absehend von der Kontextualiät meiner Existenz als Person, erkennen. Daß mir der Kategorische Imperativ als Prinzip der Selbstgesetzgebung zwingend erscheint, weist mich als vernünftiges Wesen aus. Urteilskraft ist gefragt, wenn es darum geht, Maximen im Lichte des Kategorischen Imperativs zu bewerten. Beim Argumentieren in Diskursen geht es um Normen, die im Lichte »irgendeine(r), kommunikative(n), durch sprachliche Verständigung geteilte(n) Lebensform«[4] die »Zustimmung aller Betroffenen

---

[1] Habermas, Jürgen, »Eine genealogische Betrachtung zum kognitiven Gehalt der Moral«, in: ders., Die Einbeziehung des Anderen. Studien zur politischen Theorie, Frankfurt am Main 1996, S. 42; vgl. S. 41 u. 43.

[2] Vgl. Habermas, S. 59: »Das fehlende ›transzendente‹ kann nur noch ›immanent‹, aufgrund einer der Beratungspraxis innewohnenden Beschaffenheit kompensiert werden.«

[3] Vgl. ebd., »Mit *D* wird nicht schon unterstellt, daß eine Begründung moralischer Normen ohne ein substantielles Hintergrundeinverständnis überhaupt möglich ist.«

[4] Habermas, S. 57.

finden könnten«.[5] Die Lebensform, ethische Hintergrundgewißheiten spielen in Diskursen demnach eine systematische Rolle; eine Rolle, die sie von der kategorischen Geltung, die das Sittengesetz beansprucht, unterscheidet. Daß aber ethische Hintergrundgewißheiten in moralischen Diskursen eine Rolle spielen, heißt nicht, daß das Ethische zur Grundlage der Moral erklärt werden könnte.

Man kann diese diskursethische Variation des Sittengesetzes als ein Zugeständnis an die verständliche Skepsis in bezug auf ein metaphysisches Faktum der reinen praktischen Vernunft verstehen. Aber dieses Zugeständnis beinhaltet eine Entschärfung der Unbedingtheit des moralischen Sollens; denn Diskurse können keine kategorische Verpflichtung erzwingen, sondern nur eine relativ auf die jeweiligen Lebensformen bezogene. Das vernünftige Wesen, das Kant vor Augen hatte, argumentiert nicht in dem Sinne, in dem es die Teilnehmer eines Diskurses tun.

Dennoch: die Rede vom »Vorrang des Gerechten vor dem Guten« ist ambivalent: entweder sie impliziert die Absolutheit des moralisch Gerechten oder sie will nur den relativen Vorrang des Gerechten vor dem ethisch Guten besagen. Wenn sie Absolutheit einschließt, dann ist nicht klar, welche Rolle der ethische Hintergrund – systematisch gesehen – spielen sollte. Wenn sie nur einen relativen Vorrang behauptet, dann führt die systematische Einbeziehung des ethischen Hintergrundes zu einer Schwächung des moralischen Sollens. Vieles spricht aber dafür, den Vorrang des Gerechten in dem speziellen Sinne einer Absolutheit des moralisch Gerechten zu verstehen. Auch bei Habermas, und auch dann, wenn das Argumentationskonzept den »absolute(n) Vorrang des Gerechten vor dem Guten, der erst den Geltungssinn moralischer Pflichten ausdrücken würde«,[6] letztlich doch nicht hergibt.

Aber was bedeutet *Absolutheit*, wenn man damit nicht auf etwas metaphysisch Transzendentes verweisen will? Habermas begründet den absoluten Vorrang des Gerechten genealogisch und räumt so dem Ethischen in der Begründung des moralischen Sollens wenigstens eine Nebenrolle ein. »Die abstrakte Frage, was im gleichmäßigen Interesse aller liegt, übersteigt die kontextgebundene ethische Frage, was das Beste für uns ist«. Fragen der Gerechtigkeit gingen aus einer »idealisierten Erweiterung der ethischen Fragestellung«[7] hervor.

Der Fortschritt durch eine idealisierte Erweiterung ist als kognitiver Fortschritt zu verstehen. Der systematische Vorrang des Gerechten vor dem Guten muß demnach auf einem höherstufigen kognitiven Niveau beruhen. – Aber *höherstufig* in bezug auf was?

---

[5] Habermas, S. 59.
[6] Habermas, S. 41.
[7] Habermas, S. 43.

Abgesehen davon, daß wir unter den Voraussetzungen einer höherstufugen Kognitivität Mühe hätten, Mitgliedern von Stammesgesellschaften, Kindern und religiös oder traditional eingebunden Menschen auch nur irgendeine Art moralischer Überzeugungen zuzusprechen, besteht die Schwierigkeit dieser Argumentation in der teleologischen Betrachtung des moralischen Bewußtseins. Allein aus der Genealogie unserer kognitiven Entwicklung ergibt sich kein Begriff des moralischen Verpflichtetseins, wie Habermas selbst sieht: »(A)us den Eigenschaften kommunikativer Lebensformen (läßt sich) allein nicht begründen, warum die Angehörigen einer bestimmten historischen Gemeinschaft ihre partikularistischen Wertorientierungen überschreiten, warum sie zu durchgängig symmetrischen und unbegrenzt inklusiven Anerkennungsbeziehungen eines egalitären Universalismus übergehen sollten«.[8]

Der teleologische Fehlschluß besteht darin, daß dem moralischen Bewußtsein kognitiv gewonnene Einsichten zugemutet werden, die uns zu durchgängig symmetrischen und unbegrenzt inklusiven Anerkennungsbeziehungen befähigten. Warum aber sollte die Frage nach dem moralischen Sollen durchgängig und unbegrenzt sein? Wenn sich die moralische Frage erhebt, ist sie zwingend, aber keine kognitive Einsicht kann als solche moralisches Verpflichtetsein erzwingen. Moralische Überzeugungen sind an Gegenstände moralischer Beurteilungen gebunden, nicht an ein durchgängiges kognitives Niveau, das wir erreichen können. Moralisches Bewußtsein gibt es bei Kindern und bei Angehörigen von Stammesgesellschaften; auch der Dekalog und die Goldene Regel haben kognitive moralische Gehalte zum Kern. Müssen wir daraus schließen, daß sich aus der genealogischen Betrachtung des kognitiven Gehalts der Moral kein Vorrang des Gerechten ableiten läßt und uns damit begnügen, daß die kognitive Entwicklung notwendige, aber nicht hinreichende Bedingung des moralischen Bewußtseins ist?

Der absolute Vorrang des Gerechten vor dem Guten beruht bei Habermas letztlich auf einer entwicklungslogischen Betrachtung transzendentaler Voraussetzungen des moralischen Bewußtseins in den Strukturen der Kommunikation. Die transzendentale Nötigung wird so aber unter der Hand zu einer entwicklungslogischen Möglichkeit.

Gibt es zur entwicklungstheoretischen Begründung des Vorrangs des Gerechten eine Alternative? Ich will dazu einen Vorschlag machen, der mit der Frage anhebt:

---

[8] Habermas, S. 57.

II. Vorrang oder Koexistenz?
(Vorrang des Gerechten oder Koexistenz des Gerechten und des Guten?)

Die Rede vom Vorrang des Gerechten ist metaphorisch. Eigentlich behauptet sie die Absolutheit des Moralischen. Wenn wir diese Absolutheit zunächst negativ bestimmen wollen, dann in der Weise, daß sie nicht relativ bezogen auf ethische Einstellungen ist. Moralische Überzeugungen »übersteigen« ethische Überzeugungen nicht. Der moralische Standpunkt ist ein gegenüber ethischen Standpunkten konkurrenzlos anderer Standpunkt; ein in diesem Sinne autonomer Standpunkt. Deshalb konkurriert der ethische auch nicht mit dem moralischen Standpunkt.

Wer sich unter gegebenen Umständen für das in seinen Augen Gute entscheidet, kann sich mit Gründen gegen den Standpunkt der Gerechtigkeit entscheiden. Aber das weiß der Betreffende dann auch. Das Gewissen ist gewöhnlich eine verläßliche Instanz. Und umgekehrt: Jemand kann unter gegebenen Umständen mit Gründen den Standpunkt des Gerechten vertreten und sehr wohl wissen, daß er damit Perspektiven des Guten Lebens blockiert oder begrenzt. Das nimmt der Betroffene dann aber auch in Kauf, vielleicht bedauernd. Die Moral belastet uns, wenn wir sie ›verraten‹, mit dem schlechten Gewissen; das Gute Leben mit dem Gefühl des Bedauerns, auch wenn wir ein gutes Gewissen haben.

Der Vorrang des Gerechten vor dem Guten ergibt sich, wenn wir dieses Phänomen betrachten, aus der Uneinschränkbarkeit des Gewissens. Adam Smith hat uns eine wunderbare Phänomenologie des moralischen Bewußtseins hinterlassen: Wir wissen sehr genau zwischen *Billigung* und *Billigungswürdigkeit* unserer Handlungen und Überzeugungen zu unterscheiden; und wo wir nicht verdrängen, ist das Gewissen ein unbestechlicher Richter. Diesen Indizien folgend können wir nicht auf einen relativen Vorrang des Gerechten vor dem Guten schließen, sondern vielmehr auf die Absolutheit des Moralischen.

In der Konsequenz dieser Auffassung liegt es, von einer Koexistenz des Gerechten und des Guten zu sprechen. Eine Koexistenz von ethischen und moralischen Einstellungen ist sowohl bei Individuen als auch innerhalb von Gemeinschaften als auch zwischen Gemeinschaften anzutreffen.

Die Koexistenz des Moralischen und des Ethischen steht dem Anspruch einer universellen Moral überhaupt nicht im Wege. Sie kann diesen Anspruch sogar forcieren.

Man kann die fundamentalistischen Mullahs in Teheran nicht von einem begründungstheoretischen Vorrang des Gerechten vor ihren religiös-partikular begründeten Morddrohungen gegen die deutsche Justiz im Zusammenhang mit dem »Mykonos«-Prozeß, vom Prinzip der Zustimmbarkeit, überzeugen. Dieser Vorrang wird nicht nur einfach bestritten, sondern aus der Perspektive des sogenannten islamischen Fundamentalismus mit Gründen als eine partikulare Perspektive abgewiesen. Das ist der Grund, warum der islamische Fundamentalist für den moralischen Universalisten ein wirklicher Gegner ist. Aus der Perspektive der Mullahs stellt sich der westliche Universalismus als ›faschistische‹ Perversion dar. Aus der Perspektive ihres Universalismus wird der begründungstheoretisch und argumentationslogisch plausible Vorrang des universell Gerechten ad absurdum geführt.

Was wir dem religiösen Führer Chamenei und seinen Gefolgsleuten wirklich vorhalten können, ist, daß sie einen politischen Fundamentalismus mit Universalismus verwechseln.[9] Darauf sind politische Reaktionen denkbar. Aus der Konkurrenz der hier aufeinanderprallenden Überzeugungen brauchen wir jedoch nicht auf eine Konkurrenz von Moralkonzepten zu schließen. Ebensowenig wie derjenige, der in unserer Gesellschaft stiehlt, lügt oder mordet, ebensowenig setzt der schiitische Fundamentalismus die universelle Moral egalitärer Gerechtigkeit außer Kraft. Im Gegenteil, er ruft sie auf den Plan. Aber gewiß steht hier nicht Moral gegen Moral. Hier steht ein partikularer religiös motivierter politischer Fundamentalismus gegen den moralischen Standpunkt universeller Gerechtigkeit.

Wir können uns daran auch klarmachen, daß die – scheinbare – Plausibilität des Relativismus[10] auf einem Mißverständnis beruht: als ginge es um verschiedene Moralsysteme, die miteinander konkurrierten. Wir vergessen dabei, daß es möglich ist, in bezug auf bestimmte Sachverhalte keinen moralischen, also einen nicht-moralischen, Standpunkt einzunehmen.

Wir gehen zwar regelmäßig davon aus, daß spezifische Verhaltensweisen und Überzeugungen, die wir unter einem moralischen Gesichtspunkt betrachten und beurteilen, auch moralische Überzeugungen Andersdenkender wiedergeben. Wir gehen davon aus, daß das, was wir einer moralischen Beurteilung unterziehen, in der Perspektive der anderen einen gerechtfertigten moralischen Standpunkt repräsentiert. Aber woher wissen wir, daß der Ritus der Witwenverbrennung, die Klitorisbeschneidung, der Infantizid, die Aussetzung von Alten und Schwachen und vor allem schließlich: der Völkermord aus der Sicht der Beteiligten immer moralisch relevante Sachverhalte sind? Wer sagt uns, daß die genannten Praktiken in der Perspektive der von ihnen Betroffenen mit moralischen Überlegungen und Überzeugungen in Zusammenhang stehen?

---

[9] Bassam Tibi spitzt die Alternative ›Fundamentalismus‹ versus ›Universalismus‹ zu: »Dagegen ist der Fundamentalismus eine politische Ideologie jüngeren Datums, nicht älter als etwa zwei Jahrzehnte. Wir können ihn ohne Einschränkung als eine neue Variante des Totalitarismus beschreiben.« Aus: »Bedroht uns der Islam?«, in: Spiegel spezial. Die Erde 2000, Hamburg, Juli 1993, S. 46.

[10] Wenn ich hier und im folgenden von ›Relativismus‹ spreche, dann im Sinne derjenigen Grundform des Relativismus, die Bernard Williams als die »krudeste(n) und vulgärste(n) Form« kritisiert hat, »weil sie die charakteristischste und einflußreichste Version des Relativismus darstellt«. Bernard Williams, Der Begriff der Moral, durchgesehene Ausgabe, Stuttgart 1986, S. 28.

Bei einer informierten Kenntnis der kulturellen Hintergründe können wir diese Praktiken erklären. Aber solche Erklärungen münden nicht in den Relativismus. Im Gegenteil: Wir können, sogar unabhängig von Erklärungen, einen Schritt weiter gehen und sagen, daß die genannten Praktiken aus der Perspektive der Betroffenen vielleicht keiner moralischen Rechtfertigung unterliegen, ja nicht einmal Gegenstände moralischer Überlegungen sind, und wenn sie es wären, gäbe es sie vielleicht nicht. Wenn die Mitglieder einer Gemeinschaft ihre traditionalen, religiösen, wenn sie also ihre genuin nicht-moralischen Überzeugungen der moralischen Betrachtung unterziehen würden, dann würden sie ihre eigenen Überzeugungen vielleicht nicht billigen können. Ich habe mit Bedacht nicht gesagt: nicht mehr billigen können, denn vorher haben die Betroffenen ihre Überzeugungen und Verhaltensweisen nicht in dem Sinne gebilligt. Der Ausdruck *billigen* gehört in die Semantik der Moral.

Daß es möglich ist, einen nicht-moralischen Standpunkt gegenüber Sachverhalten einzunehmen, heißt nicht, daß diese Sachverhalte nicht moralisch beurteilt werden dürften. Sie werden gewissermaßen ins Licht der Moral gezerrt. Auch darin besteht die Autonomie der Moral. Autonomie ist ein anderer Ausdruck für Universalität. Universell ist die Moral, weil ein moralischer Standpunkt nicht an ethische Kontexte gebunden ist.

Daß eine moralische Rechtfertigung von Sachverhalten aus der Perspektive der Betroffenen manchmal gar nicht möglich ist, heißt nicht, daß moralische Beurteilungen von außen nicht legitim wären.[11] Es heißt nur, daß die Betroffe-

[11] Daß ein Sachverhalt nicht Gegenstand moralischer Überlegungen ist, kann Gründe haben, die selbst nicht mehr unter moralischen Gesichtspunkten beurteilbar sind. Daß es kulturelle oder religiöse Besonderheiten und entsprechende Überzeugungen gibt, kann nicht moralisch bewertet werden. Wenn, um ein Beispiel heranzuziehen, Menschen ihre Existenz den Lebensbedingungen am nördlichen Polarkreise abtrotzen, dann müssen sie aus Gründen der Selbsterhaltung vermutlich so handeln, wie sie handeln. Aber daß Menschen unter polaren Bedingungen leben, kann man nicht moralisch beurteilen. Das moralische Urteil, man könne Alte und Schwache nicht dem Eis aussetzen, ist deshalb aber nicht unangemessen. Kompliziert werden die Dinge dadurch, daß es hinter eine moralische Überzeugung oder eine moralische Einstellung, wenn sie einmal bezogen worden ist, kein Zurück gibt. Stellen wir uns vor, wie geschehen, die Inuit kommen mit einer Kultur in Berührung, die ihnen nicht nur Plastik, Cola, Popmusik, Fernsehen und Drogen bringt, sondern auch eine medizinische Versorgung und entsprechende Institutionen wie Krankenhäuser und Altersheime. Sollten sie Alte und Schwache dann nicht pflegen und versorgen, anstatt sie auszusetztendes? Der Preis, den sie – unabhängig davon, was Plastik, Cola, Popmusik, Drogen und Fernsehen bewirken – dafür bezahlen, ist hoch; sie verlieren ihre kulturelle Identität. Wer darüber hinaus geltend machte, die Inuit verlören nicht ihre kulturelle, vielmehr ihre moralische Identität und verträte, Alte und Schwache auszusetzten, bezeuge die Achtung vor den Betroffenen, weil die Inuit-Kultur ihnen ein unwürdiges Leben in Krankheit und Siechtum erspare, der ist gefährlich nahe am Rande von Einstellungen, die innerhalb unserer Kultur moralisch höchst fragwürdig sind. Und wer sich dann noch wünscht, man hätte den Inuit eben fernbleiben sollen, um ihren Kulturkreis nicht zu stören, der verfällt hoffnungslos einer folkloristischen Nostalgie. Aber nicht nur das. Denn wer so argumentiert gesteht eine, vielleicht ja auch eurozentrische, Allmachtsphantasie ein: Als hätten wir es in der Hand!
Man kann bedauern, daß kulturelle Kontinuitäten auch einmal abbrechen, und wir wissen alle, daß

nen in bezug auf bestimmte Sachverhalte keinen moralischen Standpunkt einnehmen. Sie sind zunächst in einem neutralen Sinne nicht-moralisch.

Das heißt jedoch nicht, daß einem nicht-moralischen Standpunkt unter allen Umständen mit Neutralität begegnet werden müßte. Im Gegenteil: Gegen das Todesurteil, das per Fatwa gegen Salman Rushdie verhängt worden ist, ist moralischer Einspruch aus der Perspektive eines moralischen Universalismus nachgerade zwingend. Was diesen Einspruch zwingend macht, ist aber nicht, daß der schiitische Fundamentalismus ein partikulares System ist, sondern daß er verletzt, woran der moralische Standpunkt allein orientiert ist: an den Interessen von Personen als solchen.

Ich werde im übernächsten Abschnitt darauf zurückkommen. Bis hierhin will ich festhalten:

Die Frage »Vorrang oder Koexistenz?« kann mit der Doppelthese beantwortet werden, die die Koexistenz des Gerechten und des Guten und die Absolutheit des moralisch Gerechten behauptet.

Aber wie verhält sich diese These zur nächsten Frage?:

III. Universalismus oder Pluralismus?

Diese Frage beleuchtet eigentlich nur die Kehrseite der Koexistenz des Moralischen und des Ethischen. Aus der Koexistenz des Moralischen und des Ethischen läßt sich keine Konkurrenz von Moralsystemen ableiten, wie uns der Relativismus – in seiner vulgären Form – glauben machen will. Und zwar deshalb nicht, weil die moralische Perspektive mit der ethischen nicht konkurriert, wie wir gesehen haben. Der moralische Standpunkt ist ein absoluter.

Dem Geltungsanspruch der universellen Moral widerspricht keineswegs, daß wir nicht nur in fremden, sondern auch in der eigenen Kultur Verhaltensweisen, bisweilen sogar institutionalisierte Verhaltensweisen finden, die dem moralischen Standpunkt widersprechen. Diese Widersprüche lassen sich nicht damit erklären, es gäbe eben unterschiedliche Moralen, sondern nur damit, daß der moralische Standpunkt nicht immer, nicht überall, nicht unter allen Umständen und nicht von allen eingenommen und als relevanter Beurteilungsmaßstab herangezogen wird. Dann nämlich nicht, wenn andere Maßstäbe gelten, wie zum Beispiel die, die Tradition oder die Religion bereithalten.

---

man fremden Kulturen im missionarischen Eifer, im ökonomischen Wahn, dem, dem die Abholzung des Regenwaldes zu verdanken ist, auch schreckliches Unheil bringen kann. Aber die Tatsache, daß Kontinuitäten abbrechen, sollte uns nicht zu einer moralisierenden Nostalgie verleiten, sondern zur Suche nach politisch adäquaten Einflußnahmen unter dem Gesichtspunkt egalitärer Gerechtigkeit.

Das Verhältnis von universellem moralischen Standpunkt und traditionalem partikularen Standpunkt hat nicht nur eine interkulturelle Dimension, sondern auch eine intrakulturelle. Die Rede von der Koexistenz des Guten und des Gerechten beinhaltet auch, daß der Maßstab des moralisch Gerechten für die Prüfung von handlungsleitenden Normen mit der gesellschaftlichen Entwicklung bestimmter Gemeinschaften bzw. Gesellschaften und dem ihnen entsprechenden Reflexionsstand nur quantitativ korreliert. Wenn Gemeinschaften ihre soziale Integration nicht primär über moralische Orientierungen, sondern primär über traditionale Orientierungen gewährleisten, dann schließt das moralische Orientierungen nicht aus. Insofern bezeichnen das Moralische und das Ethische Idealtypen im Weberschen Sinne.

Was der schlichte Relativismus behauptet, daß nämlich jede universelle Begründung der Moral an der kulturellen Vielfalt der Moralen scheitern muß, entpuppt sich als Mißverständnis, wenn nicht als neo-romantischer Mythos. Das Nebeneinander von Kulturen führt nicht zu einer Konkurrenz oder Pluralität verschiedener Moralen, sondern zu einer Konkurrenz oder Pluralität ethischer Überzeugungen und Verhaltensweisen.[12]

Die inhaltliche Pluralität des Guten Lebens verdankt sich nicht wiederum selbst einem Konzept des Guten Lebens, sondern dem moralischen Universalismus. Gerade weil die universelle Moral in bezug auf das Ethische konkurrenzlos ist, weil sie autonom ist, kann sie den Pluralismus ethischer Konzepte zulassen. Es gibt keinen inhaltlichen Pluralismus des Guten Lebens ohne den egalitären moralischen Standpunkt.

Gäbe es nur verschiedene Konzepte des Guten Lebens, dann wäre fraglich, wie man sich die gleichberechtigte Koexistenz weltanschaulich verschiedener Gemeinschaften vorzustellen hat. Ein Begriff der Gleichberechtigung setzt ein unparteiliches Konzept egalitärer Gerechtigkeit voraus, das über die Tatsache der Pluralität des Guten Lebens nicht begründet werden kann. Ein universelles Konzept des Guten Lebens müßte Überzeugungen in Anspruch nehmen, die nicht partikular sind. Nicht-partikulare, und das heißt eben: universelle inhaltliche Konzepte des Guten Lebens, die sagen könnten, was gut für mich ist, zer-

---

[12] Was der Relativist kritisiert, nämlich die moralische Bewertung von, wie er sagt, anderen Moralsystemen, ist unter der Voraussetzung, daß es sich gar nicht um andere Moralsysteme handelt, ein Fehlschluß; aber außerdem handelt es sich bei solchen Bewertungen auch noch um ganz gewöhnliche Vorgänge. Innerhalb unserer Kultur selbst bewerten wir doch Institutionen und Sachverhalte bisweilen unter moralischen Gesichtspunkten, die selbst nicht als solche für moralische Überzeugungen stehen. Gentechnologie, Ökonomie, Ökologie, Politik, Wissenschaft, Kunst und Kultur sind keine Institutionen der Moral. Das schließt aber nicht aus, daß Einstellungen oder Handlungen in diesen Bereichen der moralischen Bewertung unterzogen werden können.

stören langfristig aber den Begriff des Guten Lebens. Sie führen, wie Habermas zu Recht betont, zu einem »unerträglichen Paternalismus«.[13]

Man darf die vermeintliche Konkurrenz von moralischen Überzeugungen nicht mit den politischen Schwierigkeiten verwechseln, in die diejenigen geraten, die den Standpunkt egalitärer Gerechtigkeit vertreten, wenn sie auf partikulare Überzeugungen stoßen. Das hatte bereits Kant gesehen. Die absolute Geltung des Sittengesetzes[14] hatte ihn in der Friedensschrift nicht davon abgehalten, aus Gründen der politischen Klugheit auf dem Weg zum Weltbürgerrecht vorläufig auch solche Gesetze zuzulassen, zu erlauben (Erlaubnisgesetze), die das Weltbürgerrecht zunächst nicht erfüllen oder ihm zunächst widersprechen.[15]

Ich wollte bis hierhin zeigen, daß die Koexistenz des Gerechten und des Guten, daß die Absolutheit, die Autonomie des Moralischen nicht auf dem Pluralismus des Guten Lebens beruht, sondern umgekehrt die Pluralität des Guten Lebens auf der Autonomie des Moralischen. Aber worauf geht die Autonomie des Moralischen zurück? Wenn wir so fragen, dann fragen wir nach einer empirisch gehaltvollen Erläuterung des Kantischen Faktums der reinen praktischen Vernunft. Ein Versuch, darauf zu antworten, hebt an mit der Frage:

IV. Personaler oder sozietärer Charakter der Moral?

Die universelle Moral ist keine eurozentrische Besonderheit. Zurecht spricht Habermas von einem »differenzempfindliche(n) Universalismus«. »Der reziprok gleichmäßige Respekt für jeden, den (er) verlangt, ist von der Art einer nicht-nivellierenden und nicht beschlagnahmenden Einbeziehung des Anderen in seiner Andersheit.«[16]

Das Argument, die universelle Moral konkurriere mit anderen Moralen, basiert auf einem moralistischen Fehlschluß: Daß nämlich alles, was unter einem moralischen Gesichtspunkt betrachtet und beurteilt werden kann, aus der Perspektive der unmittelbar Betroffenen tatsächlich auch einen moralischem Gesichtspunkt unterliegt. Dieser Fehlschluß vergleicht, was nicht zu vergleichen ist: Der moralische Standpunkt vertritt das, was für jede Person als solche im Interesse liegt bzw. was für alle Personen als solche im gleichmäßigen Interesse liegt. Der ethische Standpunkt vertritt, was für diesen oder jenen oder für Institutionen im Interesse liegt. Moralität besteht nicht in sittlicher Konformität; sie ist un-

[13] Habermas, S. 42.
[14] Kant, Immanuel, Zum ewigen Frieden, B 88, 89.
[15] Vgl. Kant, Zum ewigen Frieden, BA 15, Anm., B 79, Anm.
[16] Habermas, S. 58.

abhängig von Sitten, Gebräuchen, Gewohnheiten und Vorlieben.[17] Die Moral hat es mit der interessierten Achtung von Personen als solchen zu tun. Der Ausdruck *interessiert* soll andeuten, daß zur Moral die prinzipielle Bereitschaft gehört, für die Achtung auch praktisch einzustehen.

Der Bestand kultureller Eigenheiten ist sowenig moralisch gehaltvoll wie der Nicht-Bestand kultureller Eigenheiten. Die Moral hat es nicht mit Gemeinschaften zu tun, sondern mit den Interessen von Personen als solchen.[18] Ihr Gegenstand sind diejenigen Interessen, die allen gemeinsam sind, insofern sie Personen sind. Personsein setzt die wechselseitige Anerkennung als Personen voraus. Deshalb haben wir Personen gegenüber universelle Verpflichtungen.[19]

Die Moral richtet sich an Personen generell. Sie richtet sich nicht an Personen im allgemeinen, aber auch nicht an x, y, und z als konkrete Personen, sondern an x, y und z, sofern sie Personen sind. Was für das Personsein von Personen nicht relevant ist, bleibt den Personen überlassen. Oder anders gesagt: Was für die generelle Betrachtung von Personen, insofern sie Personen sind, nicht relevant ist, bleibt der Person als Individuum überlassen. In diesem Sinn macht der »differenzempfindliche Universalismus« der Gestaltung des Guten Lebens durch die Einzelnen oder durch Gemeinschaften Platz. Was für Personen als solche relevant ist, drücken die Menschenrechte aus.

Da wir davon ausgehen, daß Menschen Personen sind und die Moral auf Interessen von Personen bezogen ist, ist diese Moral universell. Ist die Moral dann eine Angelegenheit der Spezies Mensch? Man kann, wenn man es denn für nötig befindet, einen entsprechenden Speziezismus-Vorwurf entkräften, indem man den Kreis derjenigen Personen, die Menschen sind, um den Kreis derjenigen Personen erweitert, die nicht Menschen sind. Dann würden wir, wie Kant, alle vernünftigen Wesen als Personen betrachten. Da uns bislang keine anderen vernünftigen Wesen außer uns selbst bekannt sind, vertreten wir faktisch bis auf

---

[17] Vgl. zum Verhältnis von moralischen (morality) und genuin nicht-moralischen Orientierungen (mores) Nicholas Rescher, Moral Absolutes, New York, Bern, Frankfurt am Main, Paris: Lang, 1989, S. 3: »But what is wrong – and deeply and damagingly so – is the view that morality somehow consists in conformity to mores or in benefit-maximization (be it personal or social). In opposition to such reductionist social science approaches, it will be argued here that one cannot adequately account for morality in terms of values which, like ›custom‹ or ›utility-maximization‹, involve no characteristically moral bearing.« Und S. 9: »Valid moral principles are obligation-universal – binding (in principle at least) upon all persons alike. It lies in the very conception of an moral rule that such a rule must be universal in its potential obligatees. Adressed so sea captains and airplane pilots, the imperative ›Care for the safety of your passengers‹ is not as such a moral principle, save insofar as it can be subsumed under ›Care for the safety of those for whose well-being you have assumed responsibility‹, which clearly encapsulates a duty encumbent on eyeryone. Universality is crucial to morality. If there are no absolute moral principles of this universalistic stamp, then there is no valid morality at all.«

[18] Vgl. Rescher, S. 13: »The ›others‹ at issue in moralitiy's inherent concern for the ›of others‹ must be people in general.«

[19] Vgl. Rescher, S. 77: Moralische Regeln sind »obligatee universal and beneficiary universal«.

weiteres einen Speziezismus in bezug auf den Personenbegriff. Sollten wir auf vernünftige Wesen treffen, die nicht Menschen sind, können wir unseren Speziezismus ohne Verlust aufgeben.

Was eine Person ist, wissen wir, wenn wir wissen, was ein Satz wie der Kategorische Imperativ, beispielsweise in seiner zweiten Formulierung, bedeutet: »Handle so, daß du die Menschheit sowohl in deiner Person, als auch in der Person eines jeden andern, jederzeit zugleich als Zweck, niemals bloß als Mittel brauchest.«[20] Sätze dieser Art geben eine Vorstellung davon, was eine Person ist. Personen sind Wesen, die solche Sätze prinzipiell formulieren und prinzipiell verstehen können. Sind Personen denkbar, die solche Sätze nicht formulieren und verstehen könnten? Deshalb meinte Kant in der Religionsschrift: »Die Idee des moralischen Gesetzes allein, mit der davon unzertrennlichen Achtung, kann man nicht füglich als eine Anlage für die Persönlichkeit nennen; sie ist die Persönlichkeit selbst (die Idee der Menschheit ganz intellektuell betrachtet).«[21]

Weil es hinter die Anerkennung von Personen als Personen keinen Weg zurück gibt, sind wir gegenüber den Interessen von Personen als Personen in der Pflicht. Deshalb sind wir auch zu moralischen Beurteilungen angehalten. Ich erwähnte das bereits im Zusammenhang mit dem Todesurteil gegen Salman Rushdie. Wir verurteilen den Völkermord, Witwenverbrennungen, Klitorisbeschneidungen, Infantizid, Euthanasie, Folter, Mißhandlung und Vernachläßigung nicht, insofern das Phänomene sind, die für bestimmte Gemeinschaften charakteristisch sind, sondern insofern sie Personen in ihrem Personensein betreffen.

Wer behauptet, niemand sei zu einer moralischen Beurteilung der genannten Sachverhalte berechtigt, verwechselt sein sozialwissenschaftliches Interesse an Kulturformen mit dem moralischen Interesse an Personen als solchen. Natürlich, nichts hindert einen daran, die genannten Praktiken als funktional sinnvolle Institutionen bestimmter Gemeinschaften zu beschreiben und zu erklären. Aber das hat überhaupt nichts mit dem Vergleich von Moralen zu tun. Dieser Vergleich ist nämlich gar nicht möglich, weil es nichts zu vergleichen gibt. Die Moral ist etwas, mit dem wir zu tun haben, wenn wir Sachverhalte unter dem Gesichtspunkt wahrnehmen, was im gleichmäßigen Interesse aller Personen liegt, sofern sie Personen sind. So gesehen ist die Moral in einem bestimmten Sinne keine kulturelle Institution, nämlich keine Institution bestimmter Kulturen. Sie ist universell und gegenüber ethischen Fragen autonom.

Wer unter *Universalismus* etwas versteht, das nicht nur kulturelle Identitäten vernichte, sondern über das Fremde, Andere Unheil bringe in Form von Coca Cola, Plastik, Popmusik, Drogen und neuen Medien, der verwechselt den mora-

---

[20] Kant, Grundlegung zur Metaphysik der Sitten, BA 66f.

[21] Kant, Die Religion innerhalb der Grenzen der bloßen Vernunft, B 19f.

lischen Universalismus mit westlicher Zivilisation. Aber natürlich besteht kein Grund, das zu tun.

Der Standpunkt der universellen Moral egalitärer Gerechtigkeit bildet den Maßstab, an dem die Interessen und die Belange von Personen als solchen und unabhängig von ihrer jeweiligen Kultur gemessen werden können. Die Moral hat in dem Sinne keinen relativen Vorrang; sie hat einen Vorzug, nämlich den, daß sie den Konzepten des Guten Lebens in ihrer ganzen Vielfalt überhaupt erst Platz verschafft. Wirklicher Pluralismus ist nur unter Bedingungen des Universalismus möglich.

V. Autonomie der Moral

Die Absolutheit der Moral beruht auf der Anerkennung von Personen als solchen. In gewisser Weise ist der Kern dieser Moral ontogenetisch und phylogenetisch invariabel. Aber das heißt nicht, daß immer, zu allen Zeiten und von allen in bezug auf alle diejenigen Sachverhalte, die einer moralischen Beurteilung prinzipiell offenstehen, auch ein moralischer Standpunkt eingenommen worden wäre. Moral als Anerkennung von Personen als solchen ist gleichwohl keine moderne Errungenschaft. Das Mordverbot gab es immer, auch die Institution des Versprechens und des Lügenverbots, ebenso das Hilfegebot in Not. Der universelle Personenbegriff ist vielleicht eine moderne Erfindung, nicht aber das, was er in seinem Kern unter moralischem Gesichtpunkt besagt: daß Menschen wechselseitig diejenigen Interessen achten, die sie haben, insofern sie Menschen sind. Macht es einen Unterscheid, ob wir *Person* statt *Mensch* sagen?

In der Rede vom Vorrang des Gerechten vor dem Guten schwingt neben dem Absolutheitsanspruch des Moralischen immer der entwicklungslogisch relative Bezug auf das Ethische mit. Auch wenn diese Form der Rehabilitierung des Ethischen verlockend ist, weil sie von all den Vorwürfen entlasten könnte, mit denen der moralische Universalismus gewöhnlich konfrontiert wird, besteht die Gefahr der Schwächung des Standpunkts der universellen Moral. Der relative Vorrang verschleiert, daß die Moral gegenüber dem Ethischen autonom ist.

Wenn wir auf dem Eigensinn des Moralischen gegenüber dem Ethischen – und Pragmatischen – beharren, dann bedeutet das nicht, daß wir das Ethische abwerten. Im Gegenteil. Die Konkurrenzlosigkeit des moralischen Standpunktes ermöglicht die Pluralität des Guten Lebens. Sie ist es, die den Eigensinn auch des *Guten Lebens* garantiert.

Ich habe nach einer Alternative zur genealogischen Betrachtung des Vorrangs des Gerechten vor dem Guten gefragt und mit der Autonomie des Moralischen geantwortet. Die Autonomie der Moral beruht auf der Doppelthese, die eine Koexistenz von Moralischem und Ethischem einerseits und der Absolutheit des Moralischen andererseits behauptet.

Die Absolutheit, die Konkurrenzlosigkeit sind andere Ausdrücke für die Autonomie der Moral; und es ist ihre Autonomie, auf der sich der universelle Charakter der Moral stützt. Autonomie der Moral bedeutet, Kants Vorbild entsprechend, nicht Omnipotenz der Moral. Fast bin ich geneigt zu sagen: im Gegenteil. Wenn ich davon aber absehe, so bleibt dennoch die Einsicht, daß *Autonomie der Moral* zugleich eine Begrenzung der Moral enthält. Die so verstandene autonome Moral ist auf bestimmte Fragen des Lebens begrenzt. Sie bestimmt nicht unser ganzes Leben. Ihre Begrenzung auf das Gerechte schafft Platz für das Gute Leben. Die von Kant inspirierte Rede von einer Begrenzung des Moralischen macht gerade dann Sinn, wenn man die so begrenzte Moral als universelle versteht.

Es ist schwer zu sagen, ob die Moral, wenn ihr Gegenstand die Interessen von Personen als solchen ist, ein inhaltliches oder ein formales Konzept darstellt. Das Prinzip der wechselseitigen Achtung von Personen als solchen erfordet vielleicht ein höherstufig materiales Konzept. In jedem Fall ist dieses Konzept aber in dem Sinne formal, der uns von der Moral im Singular zu sprechen berechtigt. Die Autonomie der Moral schließt die relativistische Annahme einer Koexistenz von Moralen aus.

Die These, die die Koexistenz des Gerechten und des Guten bzw. die Absolutheit der Moral behauptet, stärkt den Vorrang des Gerechten, von dem Habermas spricht. Aber diese Stärkung hat einen Preis: er besteht in der Skepsis in bezug auf die mögliche »idealisierte Erweiterung« des ethischen zugunsten des moralischen Standpunktes in Diskursen. In jedem Fall muß man zwischen dem individuellen und dem gesellschaftlichen Aspekt der Erweiterung unterscheiden. Ich will nicht bezweifeln, daß eine Erweiterung der ethischen Perspektive im Blick auf eine moralische möglich ist; viele von uns haben irgendwann einmal entsprechende Erfahrungen gemacht. Aber das heißt nicht, daß der moralische Standpunkt immer aus einem ethischen erwächst. Der moralische Standpunkt ist ein ganz anderer Standpunkt. Was Menschen dazu motiviert, ihn einzunehmen, müssen wir vielleicht auf ihr Interesse an der Selbsterhaltung als Personen zurückführen. Dieses Interesse ist ein universelles; es ist in einem grundsätzlichen Sinne nicht spezifisch für bestimmte Kulturen.

Lediglich die Artikulation von Interessen, die Personen als solche haben, das Gewicht, das dieser Artikulation qua politischer und sozialer Öffentlichkeit zugeschrieben wird, variiert von Kultur zu Kultur. Die »idealisierte Erweiterung« bedarf, unter einem politischen Aspekt betrachtet, letztlich gewiß bestimmter gesellschaftlicher Voraussetzungen.

Die Konsequenz, die sich daraus ergibt, ist praktischer Art. Sie legt uns nahe, für die universelle Moral, für egalitäre Gerechtigkeit, mit Mitteln des Rechts und der Politik einzutreten. Die politische und rechtliche Intervention ist keine moralische Sanktion, die es dem Relativisten erlauben würde, dem moralischen Universalismus eurozentrisches Gebaren vorzuhalten.

Aus Gründen der politischen Klugkeit, die sich der Idee universeller Gerechtigkeit verpflichtet weiß, erscheint es aber auch ratsam, die systematische Rehabilitierung des Ethischen mit Vorsicht zu behandeln, weil sie zu einer Schwächung der moralischen Verpflichtung führt. Zwischen nicht-universellen ethischen Überzeugungen und universellen moralischen Überzeugungen gibt es keinen moraltheoretisch begründbaren Kompromiß. Wohl gibt es aber einen politischen Kompromiß.

Wenn wir von einer Autonomie der Moral sprechen wollen, dann dürfen wir für die Entfaltung eines entsprechenden Konzeptes keinen entwicklungstheoretischen Kontext wählen. Aber welchen dann?

Auch ich habe die Autonomie der Moral nur negativ in Abgrenzung zum Ethischen zu bestimmen versucht. Eine positive Bestimmung bin ich hier schuldig geblieben. Aber ich gehe davon aus, daß es eine solche Begründung gibt. Man wird sie im Rahmen eines Konzepts finden, das durch eine transzendentalphilosophische Anthropologie im Anschluß an die berühmte 4.5. Frage Kants »Was ist der Mensch?« und einen entsprechenden Personenbegriff[22] nahegelegt wird.

Summary

What is meant by the Autonomy of Morals?

People believe that different conceptions of the ›good‹ give rise to competing ethical beliefs. However, there are no different ›moralities‹ that could compete with each other concerning the ›right‹. Morality is autonomous and indivisible, and in this sense it enjoys no priority over the good but rather the status of an absolute. The object of morality is the interests of persons qua persons. It is the universalist claim which results from the interests of persons qua persons that ensures the autonomy of morality vis-à-vis ethics. In this way, the universality of the moral makes room for the pluralism of the ethical.

---

[22] Vgl. Thyen, Anke, »Moral und Anthropologie. Moraltheorie im Lichte der vierten Frage Kants ›Was ist der Mensch?‹«, in: Sich im Denken orientieren. Für Herbert Schnädelbach, Simone Dietz, Heiner Hastedt, Geert Keil, Anke Thyen (Hrsg.), Frankfurt am Main 1996, S. 245-262.

Diskussion

Piet Tommissen

Der Briefwechsel zwischen Carl Muth und Carl Schmitt

Es steht zu befürchten, daß Carl Muth (1867-1944) nur noch den Wenigsten ein Begriff ist. Das war allerdings weder zu seinen Lebzeiten noch kurz nach 1945 der Fall.[1] Die derzeitige Indifferenz bzw. Ignoranz ist bedauerlich, ja sogar ungerecht, angesichts der großen Verdienste dieses Mannes um eine geistige Reorientierung des katholischen Teils des deutschen Volkes sowohl vor dem Ersten Weltkrieg als in der Weimarer Republik.

Muth gelangte während seines Verbleibs im Ausland (1892-94), vor allem unter dem Einfluß des (französischen) ›renouveau catholique‹[2], zu der Überzeugung, daß die deutschen Katholiken ihr Inferioritätsgefühl abstreifen müßten, und befürwortete daher nach seiner Rückkehr in Deutschland den Anschluß der katholischen Belletristik an die moderne Literatur. Seine zwei diesbezüglichen Broschüren schlugen wie Bomben ein[3] und kurz nachher, Anno 1903, konnte er bereits die (nicht auf Literatur beschränkte!) Zeitschrift »Hochland« gründen, wobei ihm die »Revue des Deux Mondes«[4] vor Augen gestanden haben mag.

---

[1] Muth fehlt zwar nicht in den meisten Lexika, aber die erteilte Auskunft ist meistens dürftig. Während es an Literatur über seine Zeitschrift und seinen Einsatz für das HL nicht fehlt, die Erinnerungen einiger Bekannten und Mitarbeiter vorliegen und aus seinem Nachlaß in drei HL-Heften »Hinterlassene Notizen« veröffentlicht wurden (46. Jg. Nr. 1, 2 bzw. 3, Okt. und Dez. 1953 bzw. Febr. 1954, S. 10-19, 127-131 bzw. 235-240) bleibt eine tieferschürfende Biographie Muths ein Desiderat.

[2] Der ›renouveau catholique‹ ist die nach 1870 in Frankreich einsetzende Weiterentwicklung »aus dem Glauben« sowohl der Literatur und der Kunst als der Philosophie und der Theologie, sowie des Denkens über Gesellschaft und Staat. Zur literarischen Spielart, vgl. die Hamburger Dissertation (Doktorvater: Professor Walther Kühler) von Hermann Weinert, Dichtung aus dem Glauben. Einführung in die geistige Welt des Renouveau catholique in der modernen französischen Literatur, Hamburg: Hansischer Gildenverlag, (1934) 1948, 211 S., Nr. 19 in der Reihe A der ›Hamburger romanistischen Studien‹.

[3] Die erste erschien unter einem Pseudonym: Steht die katholische Belletristik auf der Höhe der Zeit? Literarische Gewissensfrage von Veremundus, Mainz: Kirchheim, 1898, 82 S. Die zweite wurde unter seinem Namen veröffentlicht: Die literarischen Aufgaben der deutschen Katholiken. Gedanken über katholische Belletristik und literarische Kritik, Mainz: Kirchheim, 1899, 104 S.

[4] Die im Februar 1830 aus der Fusion von zwei kleineren Periodika entstandene »Revue des Deux Mondes« war im 19. Jahrhundert bereits eine der wichtigsten französischen Zeitschriften und im Interbellum sogar das Sprachrohr par excellence der französischen Eliten. Sie erscheint noch immer. Vgl. zwei Artikel, die sich mit dieser Revue befassen in: La Revue des revues, Nr. 22, 1996, S. 17-44 bzw. 45-64. – Symptomatisch ist der Aufsatz von Elisabeth Frickenhaus, »Der Einfluß der ›Revue des deux Mondes‹ auf das Geistesleben in Elsaß-Lothringen«, in: Berliner Monatshefte, 19. Jahrg. Nr. 2, Februar 1941, S. 118-126.

Freilich wurde seine Initiative von manchem als literarischer Modernismus[5] mißverstanden, so daß es nicht wunder nimmt, wenn der österreichische Dichter und Literaturhistoriker von Kralik bald mit einer Art Gegenzeitschrift auf den Plan trat, die bezeichnenderweise den Titel »Der Gral« bekam[6].[7] 1909 formulierte Muth seinen Standpunkt abermals in einer Kampfschrift, worin er ›katholisch‹ und ›universal‹ als Synonyme betrachtete und sich also, gelinde gesagt, semimodernistisch gebärdete.[8]

Neuerdings hat O. Weiß daran erinnert, daß das »Hochland«, vermutlich auf Betreiben des erzkonservativen Priesters Umberto Benigni[9], 1911 auf den Index Prohibitorum gesetzt wurde. Daß indes die Publikation der Verurteilung unterblieben ist, ist vielleicht dem Münchner Nuntius, Kardinal Andreas Frühwirth O.P., zu verdanken gewesen.[10] Diese Unentschlossenheit der zuständigen vatikanischen Kreise hatte wenigstens zur Folge, daß das »Hochland« seine Aufgabe, d.h. »die Erneuerung des deutschen Bildungskatholizismus«[11] zu erfüllen, in der Lage war.

Obschon das »Hochland« vor 1933 »letztlich kein echtes Verhältnis zur parlamentarischen Demokratie gewinnen konnte«, weil »es sein eigentliches Ziel nicht in der Demokratisierung, sondern in der Verchristlichung der Gesellschaft

---

[5] Unter Modernismus versteht man die von den Päpsten Pius IX. (eig. Giovanni Mastai Ferretti, 1792-1878) und Pius X. (eig. Giuseppe Sarto, 1835-1914) verurteilten Versuche von Theologen und Philosophen, den katholischen Glauben mit dem modernen Denken, der modernen Wissenschaft und der modernen Belletristik und Kunst in Einklang zu bringen. Für die deutsche Lage, vgl. O. Weiß, op. cit. [FN 10].

[6] Richard Kralik Ritter von Meyrswalden (1852-1932) und »Der Gral« entpuppten sich als fleißige Paladine im Kreuzzug gegen den literarischen Modernismus. So hat ihre Kampagne gegen den Roman »Il Santo« (1906; die deutsche Übersetzung wurde im HL abgedruckt!) des italienischen Schriftstellers Antonio Fogazzaro (1842-1911) dazu beigetragen, daß er vom Vatikan indiziert wurde. Vgl. O. Weiß, op. cit. [FN 10], S. 104-107 und vor allem S. 467.

[7] Es kam zum sog. Literaturstreit. Vgl. dazu u.a. Ernst Hanisch, »Der katholische Literaturstreit«, in: Erika Weinzierl (Hrsg.), Der Modernismus. Beiträge zu seiner Erforschung, Graz /Wien/Köln: Styria, 1974, 409 S; dort S. 125-160.

[8] C. Muth, Die Wiedergeburt der Dichtung aus dem religiösen Erleben. Gedanken zur Psychologie des katholischen Literaturschaffens, Kempten: Kösel, 1909, 172 S.

[9] Der italienische Priester Umberto Benigni (1862-1934) gründete 1911 den integral-katholischen, d.h. anti-mondernistischen Verein ›Sodalitium Pianum‹, gemeinhin ›Sapinière‹ genannt, denn es handelte sich im Grunde um eine Art Loge, deren Mitglieder sich eines Codenamens bedienten und sich einer richtigen Ketzerjagd befleißigten. Es unterliegt keinem Zweifel mehr, daß Papst Pius X. [FN 5] über diese Vorgänge – mindestens teilweise – informiert war und sie gebilligt hat. Vgl. Emile Poulat, Intégrisme et catholicisme intégral. Un réseau secret international antimoderniste: la ›Sapière‹ (1909-1921), Paris/Tournai: Casterman, 1969, 627 S.

[10] Für Einzelheiten vgl. das wichtige Kapitel 16 in Otto Weiß (geb. 1934) , Der Modernismus in Deutschland. Ein Beitrag zur Theologiegeschichte, Regensburg: Pustet, 1995, XXI-632 S.; dort S. 457-473: »literarische Modernismus. Carl Muth und das ›Hochland‹«.

[11] O. Weiß, op. cit. [FN 10], S. 472, wo außer der Démarche Frühwirths (1845-1933) auch das mögliche Eingreifen des bayerischen Königshauses erwähnt wird.

sah«[12], hat es die sog. Konservative Revolution und erst recht den Nationalsozialismus vehement abgelehnt.[13] Nach der Machtübernahme (1933) haben Muth und seine Mitarbeiter sich auf ihre Art und Weise gegen das Dritte Reich gesträubt.[14] Im Juni 1941 kam es zum Verbot des »Hochlands«[15] und in der letzten Kriegsphase wurden Muths Wohnung in München-Solln und das Archiv der Zeitschrift durch Bomben völlig zerstört (Muths Archiv konnte gerettet werden). Nach Kriegsende erstand das »Hochland« aus der Asche (November 1946), erreichte unter der Leitung von Fr. J. Schöningh, einem Mitbegründer (1945) der »Süddeutschen Zeitung«[16], das alte Niveau[17], erlebte dann einen Rückgang, den die Anfang 1972 durchgeführte Titeländerung (»Neues Hochland«) nicht umzubiegen vermochte. Bald stellte die Zeitschrift ihr Erscheinen ein, diesmal ohne Druck von außen, aber leider definitiv.

Wie Carl Schmitt (1888-1985) und Muth sich kennen gelernt haben, entzieht sich meiner Kenntnis. Aber aus dieser Begegnung ist C.S.s Mitarbeit am »Hochland« erwachsen. Vom Gelehrten sind immerhin sechs Beiträge veröffentlicht worden und, wie aus dem Briefwechsel hervorgeht, hätten es mehr sein können, wenn er einerseits ein Paar Zusagen eingelöst und andererseits einige

---

[12] Richard van Dülmen, »Katholischer Konservatismus oder die ›soziologische‹ Neuorientierung. Das ›Hochland‹ in der Weimarer Zeit« in: Zeitschrift für bayerische Landesgeschichte, Bd 36, 1973, S. 254-301; dort S. 301.

[13] Ein geeignetes Beispiel der ersteren Kritik ist Ferdinand Muralt (Ps. von Elias Hurwicz, 1884-1973), »Die ›Ring‹-Bewegung«, in: HL, 29. Jg. Nr. 10, Juli 1932, S. 289-299; Beispiele der zweiten sind: (a) August Fischer, »Liberal und völkisch«, in: HL, 21. Jg. Nr. 12, Sept. 1924, S. 659-662; (b) Ludwig Stahl (Ps. von Eugen Rosenstock, 1888-1973; vgl. FN 86), »Das Dritte Reich und die Sturmvögel des Nationalsozialismus«, in: HL, 28. Jg. Nr. 9, Juni 1931, S. 193-211.

[14] Vgl. die Buchausgabe der Münchner Dissertation (Doktorvater: Professor Ulrich Noack [1899-1974]) von Konrad Ackermann (geb. 1935), Der Widerstand der Monatsschrift Hochland gegen den Nationalsozialismus, München: Kösel-Verlag, 1965 , 211 S. Dazu Karl Schaetzler (1900-1980), »Das ›Hochland‹ und der Nationalsozialismus. Anläßlich eines Buches«, in: HL, 57. Jg. Nr. 3, Febr. 1965, S. 221-231.

[15] a) Vgl. K. Ackermann, op. cit. [FN 14], S. 100-101. Der Vorwand war ein kurzer Artikel von J. Bernhart, in dem Friedrich Nietzsche (1844-1900) »der Mörder Gottes« genannt wurde. Das April-Heft 1941 mußte eingestampft werden, das endgültige Verbot der Zeitschrift erfolgte zwei Monate später; b) Über Joseph Bernhart (1881-1969), Theologe und Philosoph, vgl. Lorenz Wachinger (geb. 1936), Joseph Bernhart. Leben und Werk in Selbstzeugnissen, Weißenhorn: A.H. Konrad Verlag, 1981, 404 S.

[16] a) Zu Franz Josef Schöningh (1902-1960), vgl. den Nachruf von Clemens Bauer, »Franz Josef Schöningh und das ›Hochland‹«, in: HL, 53. Jg. Nr. 3, Febr. 1961, S. 198-208. – Vgl. FN 22 Punkt b; b) Clemens Bauer (1899-1984) trat 1937 die Nachfolge des Historikers Herman Hefele (1885-1936; vgl. FN 95 Punk b) an der Staatlichen Akademie Braunsberg an und hatte 1938-68 in Freiburg i.Br. den Lehrstuhl für Wirtschafts- und Sozialgeschichte inne. Unter dem Pseudonym Peter Weingärtner hat er dem italo-schweizerischen Gelehrten Vilfredo Pareto (1848-1923) eine Studie gewidmet: »Vilfredo Pareto als politischer Denker«, in: HL, 32. Jg. Nr. 1, Okt. 1934, S. 60-77.

[17] Beeindruckt von der Qualität der ersten Nachkriegsjahrgänge habe ich für eine flämische Studentenzeitschrift einen Aufsatz geschrieben: »Carl Muth en het tijdschrift ›Hochland‹«, in: St Victors Galm, 31. Jg. Nr. 2, April 1949, S. 36-38. Ein Absatz daraus wurde von der HL-Redaktion für Werbungszwecke in einem Prospekt übernommen.

Anfragen nicht höflich abgelehnt hätte. Aus der Sicht C.S.s hat seine Mitarbeit aufgehört, als ihm vom »Hochland« der sprichwörtliche Stuhl vor die Tür gesetzt wurde.[18] Was er in concreto meinte, ist schwer zu sagen. Da Muth und C.S. sich für Donoso Cortés[19] interessierten und Muth C.S. sogar bescheinigt hat, daß seine Deutung ihm zu einem besseren Verständnis des Spaniers verholfen hatte[20], könnte unter Umständen eine spätere kritische Stellungnahme eines anonymen Mitabeiters zu dieser Deutung den Ausschlag gegeben haben.[21] Auch eine negative Äußerung über den totalen Staat von Fr. Fuchs ist nicht ohne weiteres auszuschließen.[22] Aber plausibler scheint mir, daß eine Rezension seines »Begriffs des Politischen« und die Kritik des Freund-Feind-Kriteriums C.S. gekränkt haben.[23] Dennoch hielt C.S. auch weiterhin viel vom alten »Hochland«, wie sich aus diesem Satz seines Briefes vom 11. Mai 1973 an H. Viesel ergibt: »Ich beneide Sie um Ihren Großvater, der Ihnen solche Schätze wie die Jahrgänge 1924-28 des ›Hochland‹ hinterließ.«.[24] Demgegenüber konnte er sich mit dem Kurs des Nachkriegs-»Hochlands« nicht anfreunden.[25]

---

[18] In einigen Briefen C.S.s ist davon die Rede.

[19] Über den spanischen Diplomaten und Autor wichtiger Essays und Pamphlete Juan Donoso Cortés (1809-1853), vgl. neuerdings die reichhaltigen Angaben in einer nicht ohne Grund C.S. gewidmeten Übersetzung von Günter Maschke (geb. 1943), ›Essay über den Katholizismus, den Liberalismus und den Sozialismus‹ und andere Schriften aus den Jahren 1851 bis 1853, Weinheim: VCH -Acta humaniora, 1989, LI-485 S.; dort S. XIII-LI und die Chronologie S. 467-485.

[20] Vgl. Muths Aussage in Brief Nr. 5. Auch R. van Dülmen, art. cit. [FN 12], S. 275 FN 18: »Aufschlußreich ist, daß sich Muth und Schmitt in ihrem Interesse für Donoso Cortés trafen.«

[21] -h, (ohne Titel), in: HL, 27. Jg. Nr. 9, Juni 1933, S. 277 -279.

[22] a) Fr. Fuchs, »Der totale Staat und seine Grenze«, in: HL, 30. Jg. Nr. 6, März 1940, S. 558-560; dort S. 559; b) Friedrich Fuchs (1890-1948), verheiratet mit der Schriftstellerin Ruth Schaumann (1899-1975), kam 1924 zum HL und war 1933-35 Hauptschriftleiter der Zeitschrift. Über seine nicht politisch bedingte Entlassung, vgl. K. Ackermann, op. cit. [FN 14], S. 91 FN 4. Sein Nachfolger wurde F.J. Schöningh [FN 16], aber Muth zeichnete künftighin als verantwortlicher Hauptschriftleiter. – Zu Fuchs, vgl. auch die Anlage.

[23] a) E. Brock, »›Der Begriff des Politischen‹. Eine Auseinandersetzung mit Carl Schmitt«, in: HL, 29. Jg. Nr. 11, Aug. 1932, S. 394-404. Der Schweizer Erich Brock (1889-1976) war als Publizist (Schwerpunkt: Literatur) tätig; ihm verdanken wir das gewichtige Buch: Das Weltbild Ernst Jüngers. Darstellung und Deutung, Zürich: Niehaus, 1945, XII-279 S.; b) Theodor Haecker (1879-1945), »Das Chaos der Zeit«, in: HL, 30. Jg. Nr. 7, April 1933, S. 1-23; dort S. 10-12. – Über diesen langjährigen Freund C.S.s, vgl. das ihm gewidmete Heft des »Magazins«, Nr. 49, 1989, 96 S. – Vgl. auch Br 7; c) Für eine kurze Zusammenfassung der Argumente von Brock und Haecker, vgl. K. Ackermann, op. cit. [FN 14], S. 124-125.

[24] Hansjörg Viesel (geb. 1941), Jawohl, der Schmitt. Zehn Briefe aus Plettenberg, Berlin: Verlag der Supportagentur, 1988, 70 S., Nr. 5 in der Reihe ›Lager-Schaden‹; dort S. 15.

[25] a) Diese Abneigung hat m.E. schon früh angefangen, mutmaßlich auf Grund eines Satzes in einer Miszelle von Heinz Holldack (1905-1971), »Licht und Schatten der Aufklärung«, in: HL, 41. Jg. Nr. 5, Juni 1949, S. 505-508; dort. S. 505: »... Das von Hitlers Kronjuristen Carl Schmitt konstituierte Freund-Feind-Verhältnis als Grundtatsache allen politischen Geschehens endete in der totalen Negierung der gesamten geistigen Umwelt, in einem Nihilismus, der jede begriffliche Beziehung aufhob. ...« Allerdings hat C.S. diese Darstellung in seinem Brief vom 5. August 1949 an seinen Berliner Doktorand Günther Krauss (1911-1989) bagatellisiert: »Der Spritzer im Hochland (Juni-Heft, in einer Miszelle über einige Bücher wie Hazard, mit denen ich nichts zu tun habe,

Dem nachstehenden Briefwechsel (mindestens ein Schreiben ist wohl verschwunden) sind mehrere interessante Fakten über und Hinweise auf C.S.s Katholizität zu entnehmen, ein Thema, das seit einiger Zeit im Zentrum der C.S.-Forschung steht. Auch enthält er z.B. Einzelheiten in Sachen Hugo Ball und Überlegungen zum »Begriff des Politischen«. Einige Sätze aus Briefen Muths sind indes von A. Koenen, zur Erhärtung seiner Ansichten, herangezogen, zwei Briefe von B. Wacker in extenso abgedruckt worden.[26] Dennoch bin ich der Meinung, daß nur die Kenntnis der ganzen Korrespondenz zu einem Urteil über die Beziehungen C.S.s zum »Hochland« und zu seinem Gründer berechtigt. Darum bin ich dem verehrten Kollegen Joseph H. Kaiser und Herrn Dr. Wilfried Muth, dem Enkelsohn Carl Muths, für die problemlos gewährte Abdruckgenehmigung zu aufrichtigem Dank verpflichtet. Die handschriftlichen C.S.-Briefe sind mittels Buchstaben, die (außer der Briefkarte Nr. 7) maschinenschriftlichen Muth-Briefe mittels Ziffern gekennzeichnet.[27] Nur einige evidente Schreibfehler wurden stillschweigend berichtigt und einige fehlende Wörter zwischen eckigen Klammern eingearbeitet; der Uniformität wegen, habe ich für ›ß‹ statt ›ss‹ optiert. In der Anlage teile ich noch drei Briefe des schon erwähnten Dr. Fuchs mit; zwei befinden sich in meinem Besitz, der dritte befindet sich im C.S.-Nachlaß (Sigle: RW 265-460 Nr. 42).

Verfasser Heinz Holldack) ist bedeutungslos.« – Der französische Historiker Paul Hazard (1878-1944) schrieb u.a. ein Standardwerk, das C.S. gelesen hat und ins Deutsche übersetzt worden ist: Die Krise des europäischen Geistes 1680-1715, Hamburg: Hoffmann und Campe, 1939, 534 S.; b) Die Abneigung spiegelt sich in diesem Zweizeiler (wohl aus dem Jahre 1950) wider:
Im sogenannten Hochland wird es immer schwüler,
Man paart dort Konrad Weiß mit Else Lasker-Schüler.
Tatsächlich hat das HL sich sowohl mit dem von C.S. geschätzten katholischen Dichter Konrad Weiß (1880-1940) als auch mit der expressionistischen Dichterin jüdischer Herkunft Else Lasker-Schüler (1869-1945) befaßt; vgl. Hermann Kunisch, »Das Sinnreich der Erde. Versuch einer Hinführung zu Konrad Weiß«, in: HL, 47. Jg. Nr 2, Dez. 1954, S. 132-148, und Friedhelm Kemp (geb. 1914), »Else Lasker-Schüler«, in: HL, 41. Jg. Nr. 1, Okt. 1948, S. 102-104 (das Heft enthält außerdem vier Gedichte von ihr). – Selbstverständlich brachte die Zeitschrift auch Aufsätze, die C.S. mit Vergnügen las, z.B. die aufsehenerregende Studie von Ernst-Wolfgang Böckenförde (geb. 1930), »Der deutsche Katholizismus im Jahre 1933. Eine kritische Betrachtung«, in: HL, 53. Jg. Nr. 3, Febr. 1961, S. 215-239.

[26] a) Andreas Koenen (geb. 1963), Der Fall Carl Schmitt. Sein Aufstieg zum ›Kronjuristen des Dritten Reiches‹, Darmstadt: Wissenschaftliche Buchgesellschaft, 1995, X-981 S.
b) Bernd Wacker (geb. 1951), »Vor einigen Jahren kam einmal ein Professor aus Bonn... Der Briefwechsel Carl Schmitt / Hugo Ball«, S. 207-239 in dem von ihm hrsg. Sammelband: Dionysius DADA Areopagita. Hugo Ball und die Kritik der Moderne, Paderborn: Schöningh, 1996, 276 S.; dort S. 235-237 (identisch mit Brief Nr. 5) und 237-239 (der Entwurf des Briefes Nr. F).

[27] Die Originalbriefe Muths befinden sich im C.S.-Nachlaß im Hauptstaatsarchiv Düsseldorf (Sigle: RW 265/10080). Die Originalbriefe C.S.s und die Durchschläge von zwei Muth-Briefen lagern im Bayerischen Staatsarchiv (Sigle: Ana 390 II.A. – Schmitt, Carl).

Sämtliche Fußnoten stammen von mir. Wegen Raummangels habe ich mich im Prinzip auf die unentbehrlichsten bio- und bibliographischen Angaben beschränkt und die letzten vorzugsweise Jahrgängen des »Hochlands« entnommen. Zwei Siglen werden verwendet: C.S. = Carl Schmitt; HL = Hochland.

A

Bonn, 27/10.1923

Sehr verehrter Professor Muth,

bei meiner Rückkehr nach Bonn fand ich einen Berg von Berufsarbeit auf dem Tisch. Bevor ich darangehe, ihn abzutragen, möchte ich Ihnen danken in der Erinnerung an die freundliche, belebende Aufnahme, die ich in München bei Ihnen gefunden habe und die ich wohltuend fühle, als eine der schönsten Begegnungen meines Lebens.

Ich sende gleichzeitig (als Drucksache) das versprochene Buch von Léon Bloy[28] mit dem Zitat von Hello[29]; ferner (in diesem Brief, mit der Bitte um gelegentliche Rückgabe, da ich keine weitere Abschrift besitze) die gesprächsweise erwähnte Äußerung v.d. Marwitzens unter Hinweis auf S. 141 der Polit. Romantik.[30] Von dem Aufsatz ›Politische Theorie und Romantik‹ habe ich keinen

---

[28] Daß C.S. sich immer wieder mit dem französischen Konvertiten und unermüdlichen Pamphletisten Léon Bloy (1846-1917) befaßt hat, »ein Zwillingskristall aus Diamant und Kot« wie Ernst Jünger (geb. 1895) ihn charakterisiert hat (Gärten und Straßen. Aus den Tagebüchern von 1939 und 1940, Berlin: Mittler & Sohn, 1942, 219 S.; dort S. 40: Eintragung vom 7. Juli 1939), dürfte hinreichend bekannt sein. Von der Berliner Buchhandlung Karl Buchholz erhielt er »zur freundlichen unverbindlichen Ansicht« ein Exemplar der Schrift von Martha Romeissen, Katholizismus als Mystik bei Léon Bloy. Mit einer monographischen Bibliographie Léon Bloy, Leipzig: Hirzel, 1935, IV-66 S., Nr. 15 in der Reihe ›Studien und Bibliographien zur Gegenwartsphilosophie‹ (Begleitschreiben vom 1. Aug. 1935). – Lesenswert bleibt der Aufsatz von Curt Hohoff (geb. 1913), »Erinnerungen an Léon Bloys Grenze und Größe«, in: HL, 46. Jg. Nr. 5, Juni 1954, S. 428-436.

[29] a) M.E. kommen nur zwei Broschüren von Bloy in Betracht: »Un brelan d' excommuniés« und »Ici on assassine les grands hommes« (Paris 1889 bzw. 1894), die er jedoch in seinem Aufsatzband »Belluaires et porchers« (Paris: Stock, [1905] 1946, XLI-353 S.) nachgedruckt hat (dort S. 118-179 bzw. 180-214), so daß auch dieser Band gemeint sein kann; b) C.S. war durchaus vertraut mit dem Denken von Ernest Hello (1828-1885), einem Mentor von Bloy [FN 28], das gut zusammengefaßt ist in seinem Buch: L'Homme. La vie, la science, l'art, Paris: Perrin, (1872) 1936, II-XXXII-430 S. – Vor mehreren Jahren kaufte ich in einem Antiquariat die kleine Anthologie von Pierre Guilloux, Les plus belles pages d'Ernest Hello, Paris: Perrin, 1924, 233 S.; das Exemplar hat diese handschriftliche Widmung: »Erik Peterson [FN 68 und 88] für die Reise nach Göttingen. Bonn, 4. August 1925. Carl Schmitt«. Daß C.S. es vorher gelesen hatte, geht aus Anstreichungen hervor; c) Vgl. Hermann Bahr (1863-1934), »Hello«, in: HL, 24. Jg. Nr. 6, März 1927, S. 675-680.

[30] a) Es betrifft eine Anspielung auf die romantischen Politikvorstellungen des mit Müller [FN 38] befreundeten und von diesem beeinflußten preußischen Generals und Politikers Friedrich August Ludwig von der Marwitz (1777-1837). Vgl. Gerhard Ramlow, Ludwig von der Marwitz und die Anfänge konservativer Politik und Staatsanschauung in Preußen, Berlin: Ebering, 1930, 104 S., Nr. 195 in der Reihe ›Historische Studien‹; b) C.S., Politische Romantik, München/Leipzig: Duncker & Humblot, 1919, VI-162 S.; dort S. 141 (von der Marwitz wird jedoch nur S. 137 FN 1 genannt).

Sonderdruck auftreiben können; er ist in der »Historischen Zeitschrift« Bd. 123 (3. Folge, 27. Bd.) S. 377 ff. erschienen.[31]

Viele herzliche Grüße Ihres aufrichtig ergebenen (s)

I.

2. Mai 24.

Verehrter, lieber Herr Professor,

Ihr Brief kam in einem Augenblick in meine Hände, da ich viel an Sie dachte und Ihnen zu schreiben im Begriffe war. Ich danke Ihnen herzlich, daß Sie sich meiner und Ihrer guten Vorsätze für »Hochland« erinnerten und ich schöpfe daraus die Hoffnung, daß ich, wo nicht in diesem, so doch im nächsten Jahrgang mit Ihren Beiträgen Staat machen kann. Wäre es gar möglich mir für das Oktoberheft etwa den Aufsatz über den Ultramontanismus[32] zu geben, so wäre ich darob sehr glücklich. Im Juliheft werden Sie der »Hochland«-Leserschaft durch den gründlich umgearbeiteten Artikel Hugo Balls vorgestellt werden. Der Beitrag ist jetzt eine gute, allerdings hohe Aufmerksamkeit des Lesers erfordernde Leistung. Er ist über einen Bogen stark.[33]

---

[31] C.S., »Politische Theorie und Romantik«, in: Historische Zeitschrift, 27. Bd. Nr 3, 1921, S. 377-397.

[32] Unter ›Ultramontanismus‹ versteht man die katholische Lehre, die die päpstliche Autorität akzentuiert. Er hat seine Wurzel in deutschen Denkströmungen des 18. Jahrhunderts, wurde in Frankreich u.a. von Joseph de Maistre (1753-1821) in seiner Schrift »la religion considérée dans ses rapports avec l'ordre politique et social« (1825) dem Gallikanismus (d.h. die aus dem 15. Jahrhundert stammende Doktrin, die der katholischen Kirche in Frankreich dem Papsttum gegenüber eine gewisse Independenz zusprach) entgegengesetzt, siegte endgültig im Dogma der päpstlichen Unfehlbarkeit [FN 34]. Über den Gallikanismus, vgl. die interessante Studie von Alois Dempf (1891-1982), »Der größere Gallikanismus«, in: HL, 20. Jg. Nr. 9, Juni 1923, S. 235-244. Zum Hintergrund des Dogmas, vgl. das Buch des Münchner kath. Theologen August Bernhard Hasler (1937-1980), Pius IX. (1846-1878), päpstliche Unfehlbarkeit und I. Vatikanisches Konzil. Dogmatisierung und Durchsetzung einer Ideologie, Stuttgart: Hiersemann, 1977, 2 Bde = 632 S.

[33] a) Hugo Ball (1886-1927), »Carl Schmitts Politische Theologie«, in: HL, 21. J. Nr. 9, Juni 1924, S. 263-286; übernommen (a) im Tagungsband hrsg. von Jacob Taubes (1923-1987), Religionstheorie und Politische Theologie. Bd. 1: Der Fürst dieser Welt. Carl Schmitt und die Folgen, München: Fink + Paderborn: Schöningh, (1983) 1985, 321 S. (dort S. 100-115); (b) im Sammelband von Ball-Texten hrsg. von Hans Burkhard Schlichting (geb. 1949), Der Künstler und die Zeitkrankheit. Augewählte Schriften, Frankfurt a.M.: Suhrkamp, 1988, 469 S., Nr. 1522 in der Reihe ›Suhrkamp Taschenbuch‹ (dort S. 303-335); b) Über die Beziehungen zwischen Ball und C.S., vgl. mehrere Aufsätze im Sammelband von B. Wacker (Hrsg.), op. cit. [FN 26 Punkt b)].

Haben Sie von der neuen großen Ausgabe der Werke Louis Veuillots gehört?[34] Der Verleger sandte uns einen Prospekt, ich habe Hoffnung die Bände zu bekommen und würde sie einfordern, wenn Sie mir versprechen könnten, im Anschluß daran über Veuillot im »Hochland« zu schreiben. Vielleicht wäre ein Hinweis auf die Ausgabe in dem Ultramontanismus-Artikel geeignet dem Verleger unseren Wunsch [nahezubringen,] die ganze nahezu 20 Bände umfassende Ausgabe zu erhalten.[35]

Ich verstehe vollkommen, wie Ihnen der Drang zum Systematischen leicht das Konzept verdirbt für begrenzte Themen. Indessen ist Ihre schriftstellerische Begabung so stark, daß Sie, auch im Essay sich auszeichnen werden, wofern Sie Ihre Ansprüche an sich selbst nicht über den Zweck solcher kleineren Leistungen hinausspannen. Ihre Bücher sind reich an Ansätzen zu solchen Beiträgen; Sie brauchen nur die dort angerührten Gedanken aufzunehmen und weiter zu entwickeln.

Von dem Artikel Guardinis über Politik (»Schildgenossen«) wird im »Hochland« (Rundschau) ein kleiner Auszug erscheinen[36]; das wäre ein hübscher Anlaß den offenen Brief, den Sie in petto haben, folgen zu lassen, weshalb ich Sie bitte ihn trotz aller Ihrer Bedenken und Hemmungen bald möglichst zu schreiben. Ihrem Wunsch das Maiheft mit dem Shelley-Aufsatz nach Irland zu schicken, ist entsprochen worden.[37]

Ich gebe Ihnen einliegend die mir seinerzeit gütigst übersandten mir sehr wertvollen zeitgeschichtlichen Charakteristiken Adam Müllers mit bestem Dank

---

[34] Der mit Donoso Cortés [FN 19] befreundete Konvertit Louis Veuillot (1813-1883) wurde 1843 Redakteur der ultramontanen Zeitung »L'Univers« und bewährte sich in der Auseinandersetzung um das vom 20. Konzil (I. Vatikanum, 1870-71; von Papst Pius IX. [FN 5] einberufen) verkündete Dogma der päpstlichen Unfehlbarkeit [FN 32]. Über ihn vgl. die von seinem Bruder Eugène verfaßte vierbändige Biographie, Louis Veuillot, Paris: Lethielleux, 1899-1913; später wurde ein Teil seiner Korrespondenz mit der belgischen Gräfin Juliette de Robersart (1825-1900) hrsg. vom Burggrafen Henri Davignon (1879-1964), Le roman de Louis Veuillot, Brüssel: Durendal + Paris: Lethielleux, 1936, 214 S., Nr. 19 in der Reihe ›Durendal‹ – Die Ideen dieses kombattanten Journalisten waren C.S. geläufig.

[35] Die Gesammelten Werke Veuillots umfassen nicht 20, sondern 39 Bände; diese Gesamtausgabe erschien 1924-38 bei Lethielleux in Paris.

[36] a) Über diesen einflußreichen Priester, Jugendführer und Hochschullehrer, vgl. Hanna-Barbara Gerl (geb. 1945), Romano Guardini 1885-1968. Leben und Werk, Mainz: Matthias-Grünewald-Verlag, 1985, 382 S.; b) R. Guardini, »Rettung des Politischen«, in: Die Schildgenossen, 4. Jg., 1923-24, S. 112-121. Der vorgesehene Abdruck eines Auszugs ist wohl unterblieben.

[37] a) Francis Thompson (1859-1907), »Shelley« (übersetzt von Theodor Haecker [FN 22 Punkt b)], in: HL, 21. Jg. Nr. 7, April 1924, S. 55-75. Vgl. zu diesem Essay im selben Heft S. 105-107 die anonymen Glossen; b) Thompson, bedeutender englischer Dichter katholischer Observanz, schrieb auch eine seinerzeit stark gelobte Biographie des Gründers des Jesuitenordens, des Hl. Ignaz von Loyola (1491-1556); c) Der von C.S. gemeinte Freund war der irische Priester Bernard McKiernan (1875-1927), der, bis er krank wurde, in Australien gearbeitet hatte.

wieder zurück.[38] Ich würde mich freuen sie im Laufe dieses Sommers wiederzusehen. Inzwischen grüße ich Sie herzlich und in besonderer Hochschätzung als

Ihr getreuer (s)

B

Bonn, den 5. Mai 1924.
Endenicher Allee 20

Sehr verehrter Herr Professor Muth!

Vielen Dank für Ihren Brief vom 2. Mai. Ich möchte ihn gleich beantworten, wenn auch auf die Gefahr, zu eilig zu sein. Den offenen Brief an Guardini (er wird nicht lang) will ich versuchen. Über Veuillot, der mich seit langem interessiert, würde ich gern in größerem Zusammenhang einen Aufsatz schreiben, wenn ich auch noch nicht weiß, ob dieser Aufsatz dann »Ultramontanismus« betitelt werden kann. Ich versichere Ihnen, mein Bestes zu tun, verspreche Ihnen auch ausdrücklich einen Aufsatz, nur weiß ich nicht, ob er gerade zum Oktober fertig wird. Ihre gütigen und freundlichen Worte haben mir sehr wohlgetan;. Ich danke Ihnen von Herzen dafür und würde mich freuen, wenn es sich im Sommer ergäbe, daß ich Sie wiedersehe. Der Aufsatz von Ball wird für mich eine große Begegnung sein. Ich habe Ball absichtlich nicht geschrieben. Nach dem Erscheinen seines Aufsatzes möchte ich es aber tun; vielleicht teilen Sie mir dann seine Adresse mit.

Noch eine kleine Bitte: daß bei der Drucklegung freundlichst darauf achten zu lassen, daß ich meinen Vornamen mit C und nicht mit K schreibe. Für die Zusendung des Maiheftes an meinen irischen Freund besten Dank!

Mit herzlichen Grüßen und in aufrichtiger Verehrung bleibe ich Ihr (s)

---

[38] Adam Müller (1779-1829) hat als Staatsmann in Berlin und Wien gelebt und ist außerdem als Nationalökonom auf den Plan getreten (er konzipierte eine romantische Geldlehre). Bekanntlich hat C.S. ihn aufs Korn genommen in seinem op. cit. [FN 30], weswegen sich u.a. die Lektüre eines Aufsatz seines Bonner Doktoranden Ernst Rudolf Huber (1903-1990) empfiehlt: »Adam Müller und der Preußische Staat«, in: Zeitschrift für deutsche Geisteswissenschaft, 6. Jg. Nr. 11, 1943-44, S. 162-180. – Welche ›zeitgeschichtlichen Charakteristiken‹ A. Müllers gemeint sind, war unmöglich zu eruieren.

C

Bonn, a.R., 10. März 1926
Endenicher Allee 20

Hochverehrter Herr Professor Muth!

Für die geplante 2. Auflage meiner Abhandlung über den Parlamentarismus habe ich eine kurze Zusammenfassung dessen geschrieben, was mir heute die geistige und moralische Lage des Parlamentarismus zu sein scheint. Wenn es Sie interessiert und für Sie in Betracht kommt, schicke ich Ihnen gern das Manuskript. Es ist möglich, daß Ihnen die Arbeit zu sehr als Einleitung erscheint. Jedenfalls wollte ich sie nicht veröffentlichen, ohne mich an Sie gewandt zu haben. Dafür fühle ich mich dem Hochland und Ihnen persönlich, hochverehrter Herr Professor Muth, zu sehr verpflichtet.

Ich bleibe in alter Ergebenheit stets Ihr (s)

D

26 April 1926

Hochverehrter Herr Professor Muth!

Vor etwa zwei Wochen erlaubte ich mir, bei Ihnen anzufragen, ob ein Aufsatz über Parlamentarismus Sie interessieren würde. Als ich heute nach Bonn zurückkehrte, war durch Herrn Dr. Gurian[39] die Kenntnis von dieser Anfrage schon verbreitet worden, gleichzeitig wurden Andeutungen über Ihre Stellungnahme zu mir gemacht, deren präzisen Inhalt ich nicht feststellen konnte, auch nicht weiter festzustellen fühlte, weil mir solche Methoden der Information meiner unwürdig erscheinen. Ich hatte mit niemandem über jene Anfrage gesprochen, habe bis heute keine Antwort von Ihnen erhalten und den Aufsatz noch nicht abgesandt. Deshalb müßte mich die indirekte Art, wie über diesen Plan, einen Aufsatz zu veröffentlichen, hier gesprochen wurde, etwas befremden. Ich möchte meine – von der Veröffentlichung oder Nicht-Veröffentlichung dieses Aufsatzes ganz unabhängigen – Empfindungen für Sie, hochverehrter Herr Professor Muth, und für Ihr großes Werk nicht durch Mißverständnisse trüben lassen und teile Ihnen den Vorfall gleich offen mit.
In aufrichtiger Verehrung bleibe ich Ihr stets ergebener (s)

---

[39] Über Waldemar Gurian (1902-1954), vgl. die Monographie von Heinz Hürten (geb. 1928), Waldemar Gurian. Ein Zeuge der Krise unserer Welt in der ersten Hälfte des 20. Jahrhunderts, Mainz: Matthias-Grünewald-Verlag, 1972, XXV-182 S., Nr. 11 in der Reihe B der ›Veröffentlichungen der Kommission für Zeitgeschichte‹. Für das Verhältnis C.S.-Gurian ist das Buch leider unergiebig.

2

27.4.26.

Hochverehrter, lieber Herr Professor!

Ich sehe wahrhaftig mit Schrecken, daß Ihr Brief, worin Sie wegen der Abhandlung über den Parlamentarismus bei mir anfragen, schon vom 10. März datiert ist. Wir sind in der letzten Woche umgezogen (die Redaktion ist jetzt Prielmayerstr. I/l), und das brachte für mich eine sehr unliebsame Unterbrechung des regelmäßigen Geschäftsgangs mit sich. Außerdem war ich durch Besuche mehr als gut in Anspruch genommen. Aber ich habe keinen Augenblick Ihre Anfrage vergessen, denn ein Angebot von einem Mitarbeiter, den man so schätzt, wie ich Sie, und der noch verhältnismäßig so selten ist, nimmt man nicht leicht. Trotz der mich vor mir selbst entschuldigenden Schwierigkeiten bereue ich es, Ihnen nicht gleich geschrieben zu haben, obwohl ich auch damit sicher nicht verhindert hätte, daß von Ihrem Plan, einen Aufsatz im Hochland zu veröffentlichen, in Bonn gesprochen wurde. Ihr Brief vom 10. März ist keinen Augenblick aus meiner Hand gekommen. Ich selbst habe keinem Menschen auch innerhalb der Redaktion davon gesprochen. Ich bin daher absolut sicher, daß von hier aus durch kein noch so schuldloses Vorkommnis von dem Inhalt dieses Briefes niemand außer mir Kenntnis erhalten hat, sodaß ich es als vollkommen unmöglich erklären muß, daß hier eine Indiskretion vorliegt. Wenn Herr Dr. Gurian die Sache verbreitet hat, so jedenfalls aus einer Kenntnis, die nicht von hier stammt. Ich habe mit Dr. Gurian in der letzten Zeit außer einem Telegramm einen Brief gewechselt, worin ich aber nur die Rückgabe eines von ihm mir angebotenen Manuskriptes kurz begründete. Es würde mir nie einfallen, in einem Brief an einen Mitarbeiter über das Angebot eines anderen Mitarbeiters, und stünden sich diese beiden auch noch so nah, etwas verlauten zu lassen. Ich darf wohl auch nach Ihrem Brief vom 26.4. annehmen, daß Sie mir die Abhandlung über den Parlamentarismus noch zur Verfügung halten, und Sie bitten, mir dieselbe zu schicken.

Ich grüße Sie in bekannter Hochschätzung als
Ihr Ihnen aufrichtig ergebener (s)

3

1.5.26.

Hochverehrter, lieber Herr Professor!

Obwohl die Schwierigkeiten erheblich sind, Ihren Aufsatz noch in das Juniheft einzustellen, will ich doch allen Festlegungen zum Trotz Ihre Ausführungen unter dem Titel »Der Gegensatz von Parlamentarismus und moderner Massendemokratie« noch an die Spitze des Heftes zu stellen.[40] Ich kann Ihnen heute im Trubel der Geschäfte nur noch meinen herzlichen Dank aussprechen für die rasche Übersendung des Beitrags und dafür, daß Sie die andere Angelegenheit als erledigt ansehen. Ich bin in meinem letzten Brief an Sie mit Vorbedacht nicht auf die völlig aus der Luft gegriffene Behauptung, daß ich meine Stellung zu Ihnen revidieren wollte, eingegangen, weil ich mir sagte, dieses grundlose Gerede wird am besten damit erledigt, daß ich um Ihren Aufsatz, in der Weise wie ich es getan habe, bitte. Ich habe mir inzwischen redlich den Kopf zerbrochen, ob vielleicht irgend ein sicher nicht so gemeintes Wort von mir so mißverstanden sein könnte, aber ich habe mich nicht einmal einer Unterredung mit irgend jemandem entsinnen können, worin ich auf Sie und meine Stellung zu Ihnen zu sprechen gekommen wäre Ich darf Sie daher wohl bitten, auch diese Sache als ein grundloses Gerede ansehen zu wollen.

Mit herzlichem Gruß Ihr (s)

E

4. Mai 1926

Hochverehrter Herr Professor Muth!

Vielen Dank für Ihren Brief vom 1. Mai. Ich habe den Urheber der Schwätzerei gebührend beschämt und bin Ihnen für die schnelle und gründliche Erledigung dieser Angelegenheit von Herzen dankbar. Die baldige Veröffentlichung meines Aufsatzes freut mich aus vielen Gründen; am allermeisten aber als Zeichen Ihres Interesses an meinen Gedanken und Arbeiten. Meine Abhandlung über ›die Kernfrage des Völkerbundes‹ wird Ihnen zugegangen sein[41]; Sie kennen sie schon aus dem 1. Entwurf, der in Schmollers Jahrbuch begraben ist.[42] Der Erfolg dieser Abhandlung ist groß; am merkwürdigsten das Interesse der Pazifisten. Ich habe bei dieser Gelegenheit, weil Hans Wehberg einen längeren Aufsatz über jene Abhandlung im Mai-Heft der »Friedenswarte« veröffentlicht hat[43], seit langem zum ersten Mal wieder eine pazifistische Zeitschrift in der Hand gehabt und bemerkt, daß es sich um eine Bewegung handelt, deren sich die Moralphiloso-

---

[40] C.S., »Der Gegensatz von Parlamentarismus und moderner Massendemokratie«, in: HL, 23. Jg. Nr. 9, Juni 1926, S. 257-270. – Vgl. FN 48, sowie Anlage (3. Brief und FN 94).

[41] C.S., Die Kernfrage des Völkerbundes, Berlin: Dümmler, 1926, 82 S., Nr. 18 in der Reihe ›Völkerrechtsfragen‹.

[42] C.S., »Die Kernfrage des Völkerbundes«, in: Schmollers Jahrbuch für Gesetzgebung, Verwaltung und Volkswirtschaft im Deutschen Reiche, 48. Jg. Nr. 4, Dez. 1925, S. 753-778.

[43] a) H. Wehberg, »Die Kernfrage des Völkerbundes«, in: Die Friedens-Warte (Berlin), 26. Jg., 1926, S. 152-154; b) Hans Wehberg (1885-1962) hat sich als Völkerrechtler und Verfechter eines sog. dynamischen Pazifismus einen Namen gemacht.

phen und Soziologen doch mehr annehmen müßten, als sie es tun. In dem Maiheft stehen erstaunliche Dinge.

In herzlicher Erwiderung Ihrer Grüße bleibe ich, hochverehrter Herr Professor, immer Ihr (s)

4

26.6.26.

Verehrter, lieber Herr Professor!

Erst nach meiner Rückkehr von Paris habe ich den mit Dr. Neundörfer vereinbarten Beitrag über »Die Kirchenpolitik des italienischen Faschismus« gelesen.[44] Ich sehe aus Ihrem Brief, daß Sie die Bemerkung über die »Richtung Carl Schmitt«[45] in dem Sinn auffaßten, als ob Sie damit den atheistischen Kulturkatholiken Frankreichs beigeordnet wären.[46] Die Wendung ist zweifellos unglücklich, aber die Redaktion (Herr Dr. Fuchs war im entscheidenden Augenblick beurlaubt) hat es nicht gewagt, in letzter Stunde eine Änderung vorzunehmen. Ich persönlich hätte eine kleine Umstilisierung vorgenommen. Ich bin selbstverständlich bereit, einen Einspruch von Ihnen aufzunehmen[47], und die Anregung meines Vertreters vom 9. Juni zu meiner eigenen zu machen.

Was den Wiederabdruck Ihres Hochlandaufsatzes über »Der Gegensatz von Parlamentarismus und moderner Massendemokratie« betrifft, so habe ich grundsätzlich gegen diesen Wiederabdruck in der zweiten Auflage Ihrer Broschüre nichts einzuwenden.[48] Sie haben mir den Beitrag ja als für diesen

---

[44] a) K. Neundörfer (1885-1926), »Die Kirchenpolitik des italienischen Faschismus...«, in: HL, 23. Jg. Nr. 9, Juni 1926, S. 369-371. Vgl. Anlage (3. Brief und FN 95 Punkt a); b) Vgl. den Nachruf von Ph. Funk, »Karl Neundörfer †«, in: HL, 24. Jg. Nr. 1, Okt. 1926, S. 111-114. – Über den Historiker Funk vgl. die Monographie von Roland Engelhart, ›Wir schlugen unter Kämpfen und Opfern dem Neuen Bresche‹. Philipp Funk (1884-1937) – Leben und Werk, Bern/Frankfurt/Berlin: Lang, 1996, 553 S., Nr. 695 in der Reihe B der ›Europäischen Hochschulschriften‹.

[45] K. Neundörfer, art. cit. [FN 44 Punkt a)], S. 370.

[46] Gemeint sind die ›Action Française‹ und ihre Führer. Vgl. M. Romeissen, op. cit. [FN 28], S. 3: »..., die den Katholizismus als ein nützliches Werkzeug der Politik zum Neuaufbau einer dekadenten Gesellschaft anschauen, und die mit Hilfe der Religion und der einigenden Kraft, die in der Tradition und in den konservativen Formen der Katholischen Kirche liegt, eine nationale Reform erstreben. (Siehe Charles Maurras und die ›Action Française‹ und die Widmung seines Buches ›démocratie religieuse‹; première partie: Le dilemme de Marc Sangnier: A l'Eglise Romaine / A l'Eglise de l'Ordre.).«

[47] Auf einen solchen Einspruch hat C.S. verzichtet.

[48] C.S., Die geistesgeschichtliche Lage des heutigen Parlamentarismus, München/Leipzig: Duncker & Humblot, 2. Ausg. = 1926, 90 S., Nr. 1 in der Reihe ›Wissenschaftliche Abhandlungen und Reden zur Philosophie, Politik und Geistesgeschichte‹. Außer den Anfangsparagraphen ist die »Vorbemerkung« (S. 5-23) identisch mit art. cit. [FN 40]. – Vgl. die kritische Besprechung dieser Schrift durch Friedrich Curtius, »Demokratie und Parlamentarismus«, in: HL, 22. Jg. Nr. 1, Okt. 1924, S. 112-114.

Zweck bestimmt in vornherein charakterisiert. Wenn es möglich ist, diese Publikation nicht allzu rasch auf den Abdruck im Hochland folgen zu lassen, bin ich Ihnen dankbar.

In Paris habe ich mehrfach Gelegenheit gehabt, mit Franzosen über Sie zu sprechen. Das Interesse für Ihre Arbeit ist rege, und an einem Nachmittag im Hause Jacques Maritains[49] fügte es der Zufall, daß ich mit dem Übersetzer Ihrer »Politischen Romantik«, Monsieur Linn, zusammentraf.[50] Ich habe Ihren Aufsatz im Juniheft[51] u.a. auch Georges Goyau gegeben[52], der lebhaftes Interesse dafür bekundete. Ich habe viel alte Bekannte gesehen und neue kennen gelernt und im allgemeinen eine durchaus offene und versöhnliche Haltung gefunden.

Es würde mich freuen, wenn Ihre Sommerferien Sie auch nach München führten. Ich brauche wohl nicht meine mehrfach ausgesprochene Einladung, mit meinem Gastzimmerchen in Solln vorlieb nehmen zu wollen, zu wiederholen. Ich empfehle mich Ihnen, verehrter, lieber Herr Professor, mit herzlichen Grüßen als Ihr

Ihnen aufrichtig ergebener (s)

5

7.11.27.

Sehr verehrter, lieber Herr Professor!

Sie haben mich schon vor mehreren Wochen durch die Übersendung eines Sonderdruckes Ihres Aufsatzes »Über den Begriff des Politischen« geehrt und erfreut.[53] Ich danke Ihnen herzlich für diese Aufmerksamkeit und die richtige Einschätzung meiner Teilnahme für Ihre Arbeiten. Ich habe den Aufsatz auch sofort gelesen, und wieder gelesen, denn Ihre Gedankengänge sind nicht so, daß man rasch damit fertig werden könnte.

---

[49] Der unter dem Einfluß von Bloy [FN 28], zusammen mit seiner jüdischen Frau, konvertierte Jacques Maritain (1882-1973) bewährte sich im Interbellum als neo-thomistischer Philosoph, lehrte während des Zweiten Weltkriegs in Amerika, amtierte 1945-48 als Ambassadeur Frankreichs beim Heiligen Stuhl und trat dann in einen Orden ein.

[50] Pierre Linn (1897-1966), Romantisme politique, Paris: Valois, 1928, 165 S., in der ›Bibliothèque française de philosophie‹.

[51] Vgl. FN 43.

[52] Georges Goyau (1869-1933), ab 1894 Redakteur der »Revue des Deux Mondes« [FN 4] und 1922 zum Mitglied der prestigiösen ›Académie Française‹ gewählt, hat sich aktiv für die katholische Sache eingesetzt. Er gehörte zu den sog. ›Cardinaux verts‹, einer Gruppe getaufter Akademiker, die 1906, nach der vollzogenen Trennung von Kirche und Staat, zur Beruhigung der erhitzten Gemüter aufriefen.

[53] C.S., »Der Begriff des Politischen«, in: Archiv für Sozialwissenschaft und Sozialpolitik, 58. Bd Nr. 1, Sept. 1927, S. 1-33. Vgl. FN 85.

Daß ich Ihnen nicht früher schon meinen Dank aussprach, hängt mit den Verhältnissen meiner Redaktion zusammen, denn ich war durch eine mehrere Wochen dauernde Erkrankung meines Mitarbeiters, Dr. Fuchs, gerade zu Beginn des neuen Jahrgangs, mehr als je in Anspruch genommen. Erst seit kurzem werde ich wieder für Dinge, die nicht mit den allerengsten Sorgen des Redaktionsbetriebs zusammenhängen, frei. Das ermöglicht mir, mich von neuem mit Ihnen innerlich auseinanderzusetzen, und diese Auseinandersetzung auch wirksam werden zu lassen durch eine Stellungnahme im Hochland. Dialektisch ist Ihre Arbeit zweifellos allem, was bisher über den Begriff des Politischen gesagt und gefaselt wurde, überlegen. Aber Sie dürfen sich nicht wundern, wenn die große Mehrzahl selbst der Gebildeten nicht ohne weiteres mit Ihnen geht. In den Begriff des Politischen ist seit dem 18. Jahrhundert soviel hineingelegt worden, wie in den Begriff des Romantischen, sodaß Ihre Freund-Feind-Formulierung zunächst überall dort nicht einleuchten wird, wo es sich um den Begriff des Innerpolitischen, und noch viel weniger dort, wo es sich um die Anwendung des Wortes in noch engeren und auch durchaus harmlosen menschlichen Beziehungen handelt. Aber im Grund geht es dabei um Gefühlseinstellungen, die bei der begrifflichen Festlegung eines Tatbestands nicht mitsprechen dürfen. Somit glaube ich, daß Sie im Wesentlichen doch auf richtiger Spur sind, ja, daß die von Ihnen gewagte Formulierung den Kern der Sache trifft. Doch wie gesagt, ich bin noch nicht mit der Auseinandersetzung mit Ihnen am Ende und bitte daher, diese Äußerung nur als vorläufige zu betrachten.

Wenn auch an zweiter Stelle, so doch nicht mit geringerem Gewicht, fühle ich mich Ihnen gegenüber dankschuldig dafür, daß Sie mich und meine Hochlandarbeit durch den vortrefflichen Beitrag »Donoso Cortés in Berlin« zur Festschrift ausgezeichnet haben.[54] Die Wahl des Themas macht mir sehr frühe Erinnerungen an den Einfluß des spanischen Staatsmanns auf meine politische Bildung lebendig. Allerdings ist mir erst durch Ihre Art, Donoso Cortés zu sehen, das tiefere Verständnis für den Mann und seine Welt aufgegangen. Ihr Aufsatz in der Festschrift hat daher für mich auch persönliche Beziehungen, die mich ihn doppelt schätzen lassen. Haben Sie, sehr verehrter, lieber Herr Professor, für diesen Beitrag meinen herzlichsten Dank!

Darf ich noch diesen Worten einige Bemerkungen anschließen, die mir durch einen Brief des Dr. Gurian vom 15. Oktober nahegelegt werden. Wie Sie wissen, hat ein Herr Dr. Knapp, ein Mann in reifen Jahren und von durchaus besonnener und wirklich katholischer Haltung, einen Aufsatz im Hochland geschrieben, worin

---

[54] C.S., »Donoso Cortés in Berlin«, in v.a., Wiederbegegnung von Kirche und Kultur in Deutschland. Eine Gabe für Karl Muth, München: Kösel & Pustet, 1927, 395 S.; dort S. 338-373. Vgl. Anlage (3. Brief und FN 96).

er über das »Journal intime« und die Briefe von Hyacinthe Loyson berichtet.[55] Darin geschieht auch der Tatsache Erwähnung, daß Frau Meriman in ihren Aufzeichnungen von einer vorübergehenden Schwäche des P. Gratry berichtet.[56] Herr Dr. Knapp hat, wie er mir versichert, einen Augenblick geschwankt, ob er diese Aufzeichnung der Frau Meriman ignorieren sollte, aber er hat aus einem Gefühl der intellektuellen Redlichkeit heraus sich doch nicht dazu entschließen können. Gegen diese Aufzeichnung zu polemisieren, fehlte ihm jegliche Handhabe. Er erklärte mir ausdrücklich, daß er Verständnis dafür habe, wenn man aus klerikalem Interesse solche Eröffnungen als unbequem empfinde, aber er selbst habe nicht das Gefühl, daß damit dem katholischen und dem religiösen Interesse wesentlich geschadet werde. Herr Dr. Knapp ist auch heute noch, nach dem Versuch des Dr. Gurian, die Aufzeichnung der Frau Meriman als eine Täuschung oder Unwahrhaftigkeit hinzustellen, der Meinung, daß alles, was dagegen vorgebracht wurde, nichts beweise. Psychologisch aber sei es fast nicht denkbar, daß eine Frau sich über das, was man einen Heiratsantrag nennt, täuschen könne. Wie es auch immer sei, ich habe mich jedenfalls nach gewissenhafter Überlegung nicht entschließen können, den Versuch einer Korrektur durch Dr. Gurian in das Hochland aufzunehmen, zum Teil auch deshalb nicht, weil ich einer Sache, die weiter kein Aufsehen erregte, nicht einen sensationellen Anstrich durch eine breitere Behandlung geben wollte. Nun hat Dr. Gurian seinen Aufsatz im »Heiligen Feuer« drucken lassen, was schließlich sein gutes Recht war.[57] In dem Brief, in dem er mir diese Tatsache mitteilt, beruft er sich aber in einer so auffällig nachdrücklichen Weise auf Sie, daß ich mich ernstlich frage, ob Sie wirklich Freude daran empfinden können, für das Tun des Herrn Dr. Gurian als Autorität und Kronzeuge herhalten zu müssen. U.a. schreibt Herr Dr. Gurian, Sie hätten lediglich auf Grund der kleinen Stelle in dem Hochland-Aufsatz des Dr. Knapp Gratrys Werke aus Ihrer Bibliothek entfernt. Auch hätten Sie sich für die Objektivität der Entgegnung Gurians ausgesprochen und ihr juristischen Sinn nachgerühmt. Schließlich hätten Sie erklärt, daß meine Distinktion zwischen Referenten und Darsteller unmöglich sei, ja daß Sie diesen

---

[55] a) Otto Knapp, »Die Seelengeschichte eines kirchlichen Reformers. Aus den Bekenntnissen des P. Hyacinthe Loyson«, in: HL, 24. Jg. Nr. 11, Aug. 1927, S. 520-531; b) Der Karmelit Hyacinthe (eig. Charles) Loyson (1827-1912), ein besonders erfolgreicher Kanzelredner, lehnte das Dogma der päpstlichen Unfehlbarkeit [FN 34] ab, trat aus seinem Orden und aus der Katholischen Kirche aus und heiratete 1872 in London die amerikanische Konvertitin Emily Meriman (1833- ?).

[56] a) O. Knapp, art. cit. [FN 52 Punkt a)], S. 528; b) seiner Ablehnung des Dogmas der päpstlichen Unfehlbarkeit [FN 34] wegen trat der Oratorianer Alphonse Gratry (1805-1872) zurück und widmete sich fortan philosophischen Themen (er unterzog z.B. die Philosophie Hegels einer herben Kritik). Am Ende seines Lebens unterwarf er sich den Dekreten des 1. Vatikanums [FN 34].

[57] W. Gurian, »Um die Ehre Gratrys«, in: Das Heilige Feuer (Paderborn), 15. Jg., 1927-28, S. 20-28.

Unterschied nicht verstünden. Mir liegt nun nichts ferner, als Sie ob dieser Reportage des Herrn Dr. Gurian irgendwie zu interpellieren. Ich wollte Sie nur wissen lassen, wie Herr Dr. Gurian mit Ihren angeblichen Urteilen und Verhaltungsweisen hausieren zu gehen scheint. Wie ungenau er selbst in der Deutung von Äußerungen anderer verfährt, geht aus seinem Briefe auch inbezug darauf hervor, daß er von einer »Drohung« meinerseits spricht, seine Entgegnung durch den Verfasser des Hochland-Aufsatzes angreifen zu lassen. Ich habe ihm, weit entfernt, zu drohen, vielmehr die Ablehnung seiner Entgegnung damit begründet, daß Herr Knapp durch sie vielleicht veranlaßt sein könnte, daraufhin auch seine persönliche Auffassung darzulegen, daß ich aber eine solche Weiterung fernhalten möchte, eben im Interesse Gratrys.

Als Sie am 17.9. schrieben, Sie hätten lange nichts von Hugo Ball gehört, war er bereits ein todgeweihter Mann. Er hatte sich in Zürich wenige Wochen zuvor einer Magenoperation unterziehen müssen, und ist selber mit guten Hoffnungen nach dem Süden zurückgereist, aber der Arzt hatte Frau Ball nicht im Unklaren gelassen, daß das Krebsleiden nicht behoben werden könnte und in kurzem seinen Tod herbeiführen werde. – Mir hat immer weh getan, daß Hugo Ball, der seiner Gesinnung nach zweifellos ein lauterer Mensch war, Ihr Verhalten ihm gegenüber in Sachen der Reformationsbroschüre nie verstanden hat.[58] Er ging zweifellos mit dem Gefühl aus dem Leben, von Ihnen verfolgt gewesen zu sein. Ich habe wiederholt ihm diesen Glauben auszureden gesucht, ich habe sogar einmal, woran mich dieser Tage seine Frau erinnerte, in diesem Zusammenhang von Verfolgungswahn gesprochen, aber es war nichts zu machen. Hugo Ball starb in einer tief frommen Ergebung und mit dem echten Glauben des Christen. Ich habe den Eindruck, daß sein Leben auch im letzten geistigen Sinn vollendet war.

Ihre gütige Nachfrage nach meinem Ergehen kann ich mit der Mitteilung beantworten, daß ich mich trotz der großen Anstrengungen in letzter Zeit verhältnismäßig recht wohl fühle. Ein Gleiches von Ihnen hoffend und Ihnen wünschend, begrüße ich Sie, sehr verehrter, lieber Herr Professor, in immer gleicher Hochschätzung als

Ihr ergebener (s)

---

[58] a) H. Ball, Zur Kritik der deutschen Intelligenz. Ein Pamphlet, Bern: Freier Verlag, 1919, VII-327 S.; b) Als Ball sich mit dem Gedanken trug, eine stark gekürzte und überarbeitete Neuausgabe jenes Buches herauszugeben, hat C.S., während seines Besuchs im Sommer 1924, vergeblich versucht ihn davon abzuraten (vgl. die Erinnerungen von Balls Frau [FN 60 Punkt a)], Ruf und Echo. Mein Leben mit Hugo Ball, Einsiedlen/Köln: Benziger Verlag, 1953, 293 S.; dort S. 205-206 – ohne C.S. namentlich zu nennen). Das Buch erschien unter dem Titel: Die Folgen der Reformation, München/Leipzig. Duncker & Humblot, 1924, 158 S.

F

15. November 1927

Hochverehrter Herr Professor Muth!

Ihr Brief hat mich sehr ergriffen und innerlich beschäftigt, weil er mir – weit über die inhaltliche Bedeutung seiner Mitteilungen hinaus – auf eine merkwürdige Weise zeigte, wie sehr ich Ihnen selbst in einem Jahre gegenseitigen Schweigens verbunden bleibe und immer neue Verbindungen entstehen. Am meisten ist es der Gedanke an Hugo Ball, der mich nicht losläßt. Ich hatte schon monatelang vor seinem Tode lebhaft an ihn gedacht, der Aufsatz über den »Begriff des Politischen« ist eigentlich an ihn gerichtet, ich las, mitten in einer nervenaufreibenden Berufsarbeit, täglich und nächtlich seine »Flucht aus der Zeit«[59], die ich früher wegen ihrer Notizenhaftigkeit nicht leiden konnte und jetzt plötzlich liebte wie die Briefe eines Bruders. Als ich bei Ihnen nach Ball fragte, überlegte ich, ob ich ihm jenen Aufsatz persönlich bringen oder mit einem erklärenden Briefe schicken sollte. Ich bleibe dabei, daß in der moralischen, intellektuellen und geistigen Sphäre, in der ein Mann als geistige Person lebt, niemand Hugo Ball existenziell so nahestand und verwandt war wie ich. Als rheinische Katholiken gleichen Typus, gleicher Bildung, in der gleichen Tiefe geschichtlichen Alters waren wir Brüder. Damals im Herbst 1924, bevor seine Schrift über die Folgen der Reformation erschien, habe ich ihn beschworen, das nicht zu veröffentlichen, weil es doch nur ein disziplinwidriger Franktireur-Schuß sei; ich habe ihm keinen meiner Gedanken verschwiegen und hatte den Eindruck, daß er nah daran war, mir zu folgen. Aber der Einfluß von Hermann Hesse war stärker.[60] Psychologisch und menschlich begreife ich das; ich bin auch nicht gekränkt gewesen und empfand es bei Ball als ein biographisches Mißverständnis seiner selbst. Meine Schuld liegt darin, daß ich meiner Abneigung gegen Auseinandersetzungenund gegen persönlichen und psychologischen Erklärungen, und meiner Überzeugung von der Nutzlosigkeit allen Schreibens zu leicht gefolgt bin und einfach schwieg. Innerlich habe ich dann diese 3 Jahre hindurch eine

---

[59] H. Ball, Die Flucht aus der Zeit, München/Leipzig: Duncker & Humblot, 1927, 330 S. Vgl. die ausführliche Besprechung von Josef Aquilin Lettenbaur in: HL, 24. Jg. Nr. 12, Sept. 1927, S. 642-644.

[60] a) Ball hat dem schweizerischen Schriftsteller Hermann Hesse (1877-1962), Nobelpreisinhaber 1946, ein Buch gewidmet: Hermann Hesse. Sein Leben und sein Werk, Berlin: Fischer, 1927, 242 S. Vgl. die Besprechung von Friedrich (Mayer-)Reifferscheidt (1900-1957), in: HL, 25. Jg. Nr. 2, Nov. 1927, S. 218-221; b) Es sei darauf hingewiesen, daß auch Balls Frau Emmy Ball-Hennings (geb. Emma Maria Cordsen, 1885-1948) Zweifel gekommen waren; vgl. op. cit. [FN 58 Punkt b)], S. 203: »Ich hielt es einerseits nicht für ratsam, ›Die Folgen der Reformation‹ herauszugeben, wenn ich die Wirkung des Buches nach außen hin bedachte...«

neue Begegnung vorbereitet und glaubte sie schon nahe. Die Nachricht von seinem Tod war der stärkste und heftigste Schlag, den ich jemals in dieser Sphäre erlitt, wo das Geistige sich mit dem persönlichen Schicksal einzelner Menschen verbindet.

Ihr freundliches Interesse an meiner Arbeit tröstet mich sehr. Der Aufsatz über den »Begriff des Politischen« ist das Spezifistischste (wenn ich so sagen darf), das ich bisher geschrieben habe. Die Wirkung auf junge Menschen ist sehr groß, mir fast unheimlich, und ich habe einige ganz erschütternde Briefe darüber bekommen. Die Phasenhaftigkeit des Aufsatzes war nötig, um das ganze, sehr weite Problem richtig zu »enkadrieren«. Das ist, glaube ich, gelungen. Im übrigen fehlt natürlich viel. Den Einwand, das »Innerpolitische« sei übersehen, hätte ich vorausersehen sollen, obwohl es nicht gefährlich ist, denn schließlich setzt doch »innerpolitisch« einen *innerhalb* einer bestehenden und vorausgesetzten politischen Einheit gemeinten, also sekundären und relativen Gegensatz voraus, von dem aus der zentrale und wesentliche Begriff nicht zu gewinnen ist. Wie schnell es gehen wird, weiß ich nicht, sicher aber wird von dieser Definition aus eine neue Gruppierung eintreten. Das Gefühl hatte ich bei der Niederschrift sehr stark. Deshalb sind die Sätze sorgfältig formuliert, in langen Seminar-Sitzungen und -Übungen erprobt und wirken deshalb wohl etwas ›scholastisch‹.

Wegen Herrn Dr. Gurian möchte ich nicht viel schreiben. Es scheint sein Schicksal zu sein, zu trüben und zu verwirren. Ich habe viel Mitleid mit ihm; seine journalistische Intelligenz ist groß; Sie wissen, daß ich ihm gern helfen möchte, weil es ihm schlecht geht. Er macht es einem aber sehr schwer. Seitdem ich fürchten muß, daß er dazu beigetragen hat, daß Hugo Ball mich so schrecklich mißverstand, suche ich die persönlichen Beziehungen mit Gurian zu meiden, wobei ich glaube, daß weniger das, was er sagt und an Zwischenträgereien macht, als seine Art Sein diese Verwirrungen und irritienden Mißverständnisse hervorruft. Ich hätte schon vor 1 1/2 Jahren, als er mir unrichtigerweise von der Indiskretion der Hochland-Redaktion (wegen meines Manuskripts über Parlamentarismus) erzählte, wissen müssen, wessen er fähig ist. Jedenfalls bin ich Ihnen für Ihre Mitteilung dankbar.

Daß Ihnen mein kleiner Beitrag über Donoso Cortés Freude gemacht hat, macht mir wiederum große Freude. Ich fürchtete schon, er passe nicht recht in eine Festschrift und sei zu sachlich. Sie kennen mich wohl genug, um zu wissen, daß ich keine andern Ausdrucksmöglichkeiten einer tief gemeinten Ehrung habe, als einen sachlichen Aufsatz und eine sachliche Arbeit, die ich dann einfach dediziere.

Mit großer Genugtuung höre ich, daß es Ihnen gesundheitlich gut geht. Ich bleibe mit herzlichen Wünschen und Grüßen, in aufrichtiger Verehrung und Hochschätzung
immer Ihr ergebener(s)

6

6.12.1927.

Sehr verehrter lieber Herr Professor!

Von Berlin zurückkommend, wo ich von Ihner Berufung dahin, zu der ich gratuliere[61], vernommen habe fand ich Ihr Schreiben vom 21.11. und die beigelegten Korrekturfahnen Ihres Vortrags «Der Völkerbund und Europa« hier vor. Da, wie Sie mir schreiben, der Vortrag in den Annalen der «Geffrub«[62] [63] gedruckt wird, trage ich keine Bedenken, das Januarheft des »Hochland« damit zu eröffnen. Auch wenn es sich dabei nur um eine negative Feststellung handelt, halte ich diese Klärung doch für zeitgeschichtlich so wichtig, daß ich mich über die Zuwendung des Beitrags freue. Ich danke Ihnen herzlich dafür.

Ich höre ungern, daß Sie, lieber Herr Professor, von einer Arbeit erschöpft in den Winter hineingehen. Aber es ist ja leider immer so, daß eine große Arbeit, an der der ganze Mensch geschrieben hat, immer auch ein wenig mit der Gesundheit bezahlt werden muß. Ich erhoffe und wünsche Ihnen baldige Auffrischung Ihrer Kräfte.

Für heute muß ich es mit dieser kurzen Mitteilung genügt sein lassen, da mir meine Abwesenheit doppelte Arbeit gebracht hat. Ich grüße Sie, lieber Herr Professor, herzlich und in aufrichtiger Hochachtung

als Ihr ergebener (s)

G

23. Dezember 1927

Hochverehrter Herr Professor Muth!

Über Ihre freundliche Einladung, für das »Hochland« einen Aufsatz über Belloc's »Juden« zu schreiben[64], habe ich lange nachgedacht. An sich, d.h. ohne Ihren

---

[61] C.S. wurde am 26. Oktober 1927 an der Handels-Hochschule Berlin ernannt und trat sein neues Amt zum Sommersemester 1928 an.

[62] Dank einem Tip von Herrn G. Maschke und dem Entgegenkommen des Bonner Universitätsarchivs (Sendung vom 24. März 1997) kann ich zu diesem Kürzel Folgendes sagen: Gemeint ist die 1917 gegründete ›Gesellschaft von Freunden und Förderern der Rheinischen Friedrich-Wilhelms-Universität zu Bonn e.V.‹ Ihre Geschichte hat der Historiker Max Braubach (1899-1975) geschrieben, in v.a., Wege und Formen der Studienförderung, Bonn: Bouvier + Röhrscheid, 1968, 104 S.; dort S.89-104.

[63] C.S., »Der Völkerbund und Europa«, in: Zehnte Hauptversammlung der Gesellschaft von Freunden und Förderern der Rheinischen Friedrich-Wilhelms-Universität zu Bonn am 29. Oktober 1927 in der Aula der Universität zu Bonn, 1927, S. 39-48. – Vgl. FN 69.

[64] a) H. Belloc, Die Juden (übersetzt von Theodor Haecker), München: Kösel & Pustet, 1927, 232 S. Erstaunlicherweise hat der Autor das Buch seiner jüdischen Sekretärin gewidmet! b) Hilaire Belloc (1870-1953), führender Vertreter der katholischen Bewegung in England, schrieb etwa 150

Vorschlag, wäre ich wohl nie auf den Gedanken gekommen, einen solchen Plan zu erwägen, weil er von meinem Fach und von den Fragen, die mich gerade absorbieren (Verfassungstheorie), zu weit wegführt. Eine Aufforderung von Ihnen hat für mich, wenn ich offen von meinen Empfindungen sprechen darf, etwas Autoritäres; denn meine Verehrung für Sie ist tief und ernst. Wenn ich schließlich doch erklären muß, daß ich den Aufsatz nicht schreiben kann, so liegt das vor allem an meinem gesundheitlichen Zustand. Ich bin von dem Buch über Verfassungslehre[65] ganz erschöpft und nicht einmal im stande, die Korrekturen zu lesen. Es tut mir umsomehr leid, als das Thema des vorgeschlagenen Aufsatzes mich sehr beschäftigt, einige frappante Stellen in Belloc's Buch mich besonders interessieren und ich schon lange deshalb an Haecker oder an Belloc geschrieben hätte, wenn ich nicht so müde wäre. Dazu kommt schließlich noch, daß gerade Zionisten auf meinen Aufsatz »Der Begriff des Politischen« besonders lebhaft geantwortet haben, so F. Bernstein, der Verfasser des »Antisemitismus als Gruppenerscheinung« (Berlin 1926)[66] und J. Löwenstein, der Autor der ausgezeichneten Abhandlung über Hegels Staatsidee, die in Jaspers' Sammlung vor einigen Monaten erschienen ist.[67] Wenn ich also trotz alledem Ihren Wunsch nicht erfüllen kann, so muß es schlimm mit mir stehn. Ich hoffe, daß ich mich im März erholen kann. Die letzten Wochen dieses letzten Semesters in Bonn sind natürlich besonders anstrengend, wegen den zahlreichen Examina, die ich noch erledigen muß.

Wollen Sie es deshalb bitte nicht mißverstehen, hochverehrter Herr Professor Muth, daß ich den Aufsatz nicht übernehmen kann. Die theologische Seite des

---

Bücher; vgl. den Nachruf von Herbert Folger, »Hilaire Belloc«, in: HL, 46. Jg. Nr. 1, Okt. 1953, S. 104-106, und die aus dem Englischen übersetzte Studie von Alexander Dru (de Mongelaz; 1904-1977), einem Freund Haeckers [FN 13 Punkt b)], »Hilaire Belloc«, in: HL, 53. Jg. Nr. 3, Febr. 1961, S. 249-258; c) Über das Buch und den Übersetzer, vgl. Hermann Greive, Theologie und Judentum in Deutschland und Österreich 1918-1935, Heidelberg: Lambert Schneider, 1969, 320 S.; dort S. 106-109 und die diesbezüglichen FN S. 255-256.

[65] C.S., Verfassungslehre, München/Leipzig: Duncker & Humblot, 1928, XVIII-404 S.

[66] a) Peretz (genannt Fritz) Bernstein (1890- ?), Der Antisemitismus als Gruppenerscheinung. Versuch einer Soziologie des Judenhasses, Berlin: Jüdischer Verlag, 1926, 222 S. C.S. erhielt ein Freiexemplar auf Veranlassung des mit Peretz befreundeten holländischen Juristen E. Vleeschhouwer, der ihn im Juli 1927 in Godesberg-Friesdorf (Bonn) zwei Besuche abgestattet hatte; b) C.S. erhielt 1927 zwei Briefe dieses jüdischen Lesers seines Aufsatzes. Im ersten (vom 31. Oktober 1927) heißt es u.a.: »Glauben Sie, daß mein Buch für eine Besprechung z.B. im Archiv für Sozialwissenschaft in Frage kommt und, wenn ja, dürfte ich Sie selbst um diese Besprechung bitten?«; im zweiten (vom 8. Dezember 1927) erfahren wir, daß er »die Gründe, die Sie [C.S.] von einer Besprechung meines Buches abhalten« respektiere.

[67] Julius Löwenstein (1902- ?), Hegels Staatsidee, ihr Doppelgesicht und ihr Einfluß im 19. Jahrhundert, Berlin: Julius Springer, 1927, VI-183 S., Nr. 4 in der Reihe ›Philosophische Forschungen‹. Vgl. die ausführliche Besprechung von Hermann Wendel in: Die Gesellschaft, 5. Jg. Nr. 12, Dez. 1928, S. 569-572.

Problems würde Prof. E. Peterson[68] sicher großartig behandeln; aber er ist für nichts zu haben und verbohrt sich in seine historischen Forschungen. Sehr schade, denn was er in Aufsätzen an aktuellen Meinungen äußert, ist oft prachtvoll und hinreißend. Das Thema muß einmal in der Öffentlichkeit erörtert werden, aber ich fürchte, daß nur ein paar Menschen ihm gewachsen sind theologisch, moralisch, historisch, politisch und soziologisch.

Für die Veröffentlichung meines Aufsatzes »Der Völkerbund und Europa« im Hochland[69] danke ich Ihnen nochmals von Herzen. Übrigens hat sich auch der Vorsitzende der Geffrub, Geheimrat Carl Duisburg[70], darüber gefreut, daß der Vortrag auf diese Weise einem größeren Kreis von Interessenten bekannt wird. Zu den Feiertagen und für das neue Jahr spreche ich Ihnen, hochverehrter Herr Professor, meinen aufrichtigen Wunsche aus.

Ich bleibe in treuer Ergebenheit stets Ihr (s)

H

den 31. Mai 1929

Hochverehrter Herr Professor Muth!

Das Manuskript Radakovic sende ich hier mit bestem Dank zurück. Ich finde den Aufsatz sehr gut und bin erstaunt, wieviel auf dem verhältnismäßig kleinen Raum mitgeteilt ist. Das einzige Bedenken, das ich habe, betrifft das Wort »biologisch« auf Seite 8.[71]

Für Ihren freundlichen Besuch möchte ich Ihnen nochmals danken; er war für mich mehr als eine gewöhnliche Freude. Jetzt warte ich auf unser nächstes Wiedersehen.

In treuer Verehrung bleibe ich stets
Ihr aufrichtig ergebener (s)

---

[68] Über diesen konvertierten Theologen (1890-1960), vgl. Barbara Nichtweiß (geb. 1960), Erik Peterson. Neue Sicht auf Leben und Werk, Freiburg i.Br.: Herder, 1992, XVII-966 S. – Vgl. FN 88 und 90.

[69] C.S., »Der Völkerbund und Europa«, in: HL, 25. Jg. Nr. 4, Jan. 1928, S. 345-354. Vgl. FN 63.

[70] Der einflußreiche Wirtschaftsführer Carl Duisburg (1861-1935) hat sich für die deutsche Chemie- industrie eingesetzt und eigenwillige Sozialreformen befürwortet.

[71] Mila Radakovic, »Carl Schmitts Verfassungslehre«, in: HL, 26. Jg. Nr. 11, Aug. 1929, S. 534-541. – Das Adjektivum ›biologisch‹ fehlt im gedruckten Text: vgl. Brief Nr. 7.

I

Hochverehrter Herr Professor Muth!

Wir sprachen von der Konferenz Bernanos über den Antisemiten Drumont.[72] Ich fand bisher nur diesen Bericht. Vielleicht interessiert er Sie oder Theodor Haecker, den Übersetzer von Belloc's Judentum.

Herzliche Grüße Ihres stets ergebenen (s)
1.6.29.

7

4.6.29

Sehr verehrter lieber Herr Professor!

Gerade, da ich Ihre schöne Studie »Der Hüter der Verfassung«[73] mit all dem Respekt, den eine so gelehrte u. gedankenscharfe Arbeit dem Leser abnötigt, aus der Hand lege, kommen Ihre lb. Zeilen mit dem Ausschnitt über die Conférence v. Bernanos, die mich um so mehr interessiert, als ich Drumont persönlich kannte und von dem feuerigen Mann noch den lebendigsten Eindruck bewahre. Herzl. Dank! Auch das MS des Radak. ist in m. Händen. Ich werde das Wörtchen biologisch ausmerzen. Danken muß ich Ihnen auch noch, daß Sie mich auf die Samml. Spiridion aufmerksam machten. Ich habe die [?] noch auf der Retina. – Da Sie nichts erwähnen, darf ich wohl annehmen, daß Sie über das Befinden Ihrer Frau gute Nachricht haben. Gebe Gott, daß sie Ihnen gesund wiederkehrt.

Herzlichen Gruß! Ihr (s) –
Morgen, d. 5./VI. hat Theodor Haecker seinen 50. Geburtstag.

---

[72] a) Diese Konferenz über Drumont hat G. Bernanos am 28. Mai 1929 im ›Institut d'Action Française‹ gehalten; zum Text vgl. G. Bernanos, Essais et Ecrits de combat. I, Paris: Gallimard, (1971) 1988, LIV-1712 S., in der ›Bibliothèque de la Pléiade‹; dort S. 1169; b) Der bekannte Romancier G. Bernanos (1888-1948), Autor einer Biographie des Antisemiten Drumont (La grande peur des bien-pensants, Paris: Grasset, 1931, 459 S.), hat sich nie von diesem Edouard Drumont (1844-1917) distanziert; vgl. dazu Michel Winock (geb. 1937), Edouard Drumont et Cie. Antisémitisme et fascisme en France, Paris: Eds du Seuil, 1982, 219 S. (dort S. 181-201: »Le cas Bernanos«). Seine Werke wurden im HL beachtet; vgl. z.B. die lange Besprechung der (vor dem französischen Original erschienenen) Übersetzung seines Romans »La Joie« von Karl Pfleger (1884-1975), »Bernanos und die Freude«, in: HL, 27. Jg. Nr. 2, Nov. 1929, S. 166-170.

[73] C.S., »Der Hüter der Verfassung«, in: Archiv des öffentlichen Rechts, NF 16. Bd Nr. 2, März 1929, S. 161-237. – Vgl. FN 76.

8

18. Sept. 1929

Sehr verehrter lieber Herr Professor!

Ich lese gerade in der »Europäischen Revue«, daß Sie in Barcelona über das »Kulturproblem in der Geschichte« sprechen werden.[74] Falls Ihr Vortrag nicht bereits für eine Publikation festgelegt ist, möchte ich Sie bitten, ihn mir für Hochland zu geben.

Wie geht es Ihrer Frau Gemahlin? Ich würde mich außerordentlich freuen, wenn die Hoffnungen, die Sie an die Operation knüpften, sich erfüllt hätten. Ich grüße Sie mit meinen besten Wünschen herzlich als Ihr ergebner (s)

J

5. Februar 1930.

Hochverehrter Herr Professor Muth!

Wenn unter den vielen Impulsen zu einem Brief gerade dieser heutige Impuls Erfolg hat und sich in einem Schreiben realisiert, so ist das nicht ein Fall der »Auslese des Wichtigsten«, sondern ein glücklicher Augenblick der Ruhe verbindet sich mit ihm und läßt ihn, vielleicht zu Unrecht, über die vielen andern triumphieren. In meinen staatstheoretischen Arbeiten begegnet mir immer das Problem einer Abgrenzung von Kirche und Staat (warum ist der erste christliche Kaiser aus Rom weggegangen und hat Rom verlegt und den großen historischen Komplex inauguriert, dem ich das Motto gab: Rome n'est plus dans Rome?) und mit Bezug auf Deutschland: wie erklärt sich Hegels Staatskonstruktion anders als dadurch, daß der preußische Staat Funktionen einer Kirche übernommen hatte? In diesem Gedankenkreis also (der sich durch meinen Vortrag über Hugo Preuß noch aktualisiert hat) begegnete mir ein sehr merkwürdiges Buch, daß ich Ihrer Beachtung empfehlen möchte: G. Steinbömer, Abtrünnige Bildung (bei Niels Kampmann in Heidelberg neulich erschienen), ein Buch eines sehr gebildeten, gar nicht lauten und schreienden, sehr rechten Preußen, der etwas vom »Staat« weiß.[75] Es würde mich sehr interessieren, ob es Ihnen und dem Hochland den

---

[74] a) C.S., »Die europäische Kultur im Zwischenstadium der Neutralisierung«, in: Europäische Revue, 5. Jg. Nr. 8, Nov. 1929, S. 517-530. – Vgl. FN 85; b) Zur Geschichte und zum Schicksal dieses Vortrags, vgl. P. Tommissen, (Hrsg.), Schmittiana V, Berlin: Duncker & Humblot, 1996, 332 S.; dort S. 190-204.

[75] a) Gustav Steinbömer (1881-1972), Abtrünnige Bildung. Interregnum und Forderung, Heidelberg: Kampmann, 1929, 119 S.; b) Über diesen Offizier und Schriftsteller, vgl. die bio-bibliographische Schrift von Klaus Matthias und Eduard Rosenbaum (1887-1979), Gustav Hillard [Ps. von Steinbömer], Hamburg: Christians, 1970, 63 S., Nr. 9 in der Reihe ›Hamburger Bibliographien‹.

gleichen Eindruck macht. Ich bedauere am meisten, daß ich nicht mit Hugo Ball darüber sprechen kann.

Diese letzten Monate waren für mich so unruhig, daß ich keinen Brief hätte schreiben können. Ich will diesen Augenblick benutzen, um Sie zu bitten, mich nicht beiseite zu lassen, wenn Sie nach Berlin kommen sollten und Ihnen zu sagen, daß ich sehr glücklich wäre, Sie wiederzusehen und mit Ihnen zu sprechen. Ich bin voll von Gedanken und zwar systematischen Gedanken, aber bei dem bloßen Gedanken an eine schriftliche Fixierung sträubt sich mein ganzes psychologisches Gefieder. So wird von mir nichts gedruckt, als das, was auf dem Weg über einen Vortrag den (rein technischen) Kontakt mit dem »Schlußverarbeituungsbetrieb des Holzpapierverbrauchs« findet.

Auf Wiedersehen, sehr verehrter, lieber Herr Professor Muth. Ich hoffe von Herzen, daß es Ihnen gut geht und bleibe in alter Verehrung und Anhänglichkeit immer Ihr aufrichtig ergebener (s)

9

8.2.30.

Sehr verehrter lieber Herr Professor!

Ihr lieber Brief vom 5.2. kommt in meine Hände, da ich von einer längeren Reise ins Rheinland zurückkehre. Einen Augenblick hatte ich daran gedacht, über Berlin zurückzufahren und die Gelegenheit wahrzunehmen, Sie zu sehen, aber ich mußte den Plan mit Rücksicht auf die mich erwartende Arbeit in München aufgeben. Sie dürfen überzeugt sein, daß ich bei einer Anwesenheit in Berlin Sie nie »beiseite« lassen werde, denn auch ich freue mich jedesmal, wenn ich mit Ihnen, wenn auch nur kurz, wie das letztemal, sprechen kann. Nie geht man ja unbereichert von Ihnen weg.

Ich danke Ihnen herzlich, daß Sie mich auf ein Buch aufmerksam machen, das meiner Achtsamkeit bis jetzt entgangen war. Ich habe es mir sofort bestellt und werde es unter dem Blickpunkt der in Ihrem Briefe entwickelten sehr interessanten Gedanken lesen, um Ihnen zu sagen, wie es auf mich gewirkt hat. Obwohl Ihr Kontakt mit der Druckerschwärze, wie Sie andeuten, nur ein über den Weg von Ihnen abgenötigten Vorträgen herbeigeführter ist, gebe ich doch die Hoffnung nicht auf, Sie vielleicht noch im laufenden Jahrgang im Hochland mit einem Beitrag vertreten zu sehen. Der kleine Beitrag im Novemberheft »Der Hüter der Verfassung« ist Ihnen ja wohl vor Augen gekommen.[76]

---

[76] Robert Venter, »Der Hüter der Verfassung«, in: HL, 27. Jg. Nr. 2, Nov. 1929, S. 176-179. – Vgl. FN 73.

Für die mir zuletzt eingesandte Drucksache, die ich infolge meiner Reise noch nicht gelesen habe, sage ich Ihnen herzlichen Dank. Da Sie in Ihrem Briefe Hugo Balls gedenken, kann ich nicht umhin, dem schmerzlichen Empfinden Ausdruck zu geben, daß dessen Frau die Taktlosigkeit besitzt, eine Auswahl seiner Briefe drucken zu lassen und seinem Andenken bei Freunden dadurch zu schaden.[77] Er war, als er die letzten schrieb, zweifellos ein kranker Mann, und so soll man seine Worte nicht auf die Goldwaage legen. Aber von seiten seiner Frau ist es in einem gewissen Ressentiment begründet, daß sie gerade *diese* Briefe der Öffentlichkeit übergibt. Sie enthalten Verzerrungen und Entstellungen der Wirklichkeit, die mir weh getan haben. Ich werde denn auch im Hochland über diese Veröffentlichung nur schweigen können.

Verehrter lieber Herr Professor, Sie unterschätzen meine Teilnahme für das Ergehen Ihrer Frau. Schon in Ihrem vorletzten Brief vermißte ich ein Wort darüber, wie Ihre Frau die Operation und ihre Nachwirkungen überstanden hat[78], und auch in Ihrem letzten Brief sagen Sie mir kein Wort, inwieweit Sie der Sorgen um dieses für Sie so wertvolle Leben überhoben sind. Ich deute mir Ihr Schweigen zum Guten und würde mich freuen, auch eine ausdrückliche Bestätigung dieser meiner Vermutung gelegentlich zu lesen.

Empfehlen Sie mich Ihrer Frau Gemahlin und seien Sie, verehrter lieber Herr Professor, herzlich gegrüßt von

Ihrem Ihnen in aufrichtiger Hochschätzug ergebenen (s)

10

23. Mai 1930.

Sehr verehrter, lieber Herr Professor!

Haben Sie zunächst allerherzlichsten Dank für die Übersendung der beiden mir so wertvollen Arbeiten über Hugo Preuß[79] und über das Problem der inner-

---

[77] E. Ball-Hennings [FN 60 Punkt b)], Hugo Ball. Sein Leben in Briefen und Gedichten (mit einem Vorwort von H. Hesse) [FN 60 Punkt a)], Berlin: Fischer, 1930, 312 S. Vorher waren schon solche Briefe herausgegeben worden: »Briefe eines Frühvollendeten« (mit einem Vorwort von H. Hesse), in: Die Neue Rundschau, 39. Jg. Nr. 12, Dez. 1928, S. 679-698. Nachher erschienen noch weitere: »Von und über Hugo Ball« [einige Tagebuchaufzeichnungen und Briefe], in: Allgemeine Rundschau, 28. Jg. Nr. 38, 19. Sept. 1931, S. 605-607.

[78] Frau Duschka Schmitt (geb. Todorovic, 1903-1950) hatte sich in San Remo einer Lungenoperation unterziehen müssen.

[79] C.S., (a) »Hugo Preuß in der deutschen Staatslehre«, in: Die Neue Rundschau, 41. Jg. Nr. 3, März 1930, S. 289-303; (b) Hugo Preuß. Sein Staatsbegriff und seine Stellung in der deutschen Staatslehre, Tübingen: Mohr, 1930, 34 S., Nr. 72 in der Reihe ›Recht und Staat in Geschichte und Gegenwart‹.

politischen Neutralität des Staates.[80] Noch habe ich den zweiten Aufsatz nicht mit der Aufmerksamkeit lesen können, die man Ihren Arbeiten schuldet. Daß Sie hier einer entscheidungsfähigen Politik das Wort reden, ist selbst gute Politik, die ich meinerseits dadurch unterstützen werde, daß ich Brüning[81] auf sie hinweise. Vielleicht kann ich es auch indirekt tun, durch ein Echo, das ich Ihren Ausführungen im Hochland gebe. Ihre Arbeit über Preuß ist mir nicht zuletzt auch deshalb wertvoll, weil sie mir Gedanken wieder lebendig macht, die Sie bei unserem Gespräch in Solln äußerten und die ich nun klarer erfasse, als es mir damals möglich war.

Darf ich diesem Dank eine Anfrage und Bitte beifügen? Briand hat in seinem Memorandum an die europäischen Staaten den Wunsch ausgesprochen, bis zum 15. Juli eine Gegenäußerung zu erhalten.[82] Ob alle Staaten bis dahin bereit sein werden diesen Wunsch zu erfüllen, steht ja wohl dahin. Aber der genannte Zeitpunkt ist doch wohl eine Aufforderung auch für die verantwortungsbewußte Publizistik, zu dem großen Problem eines neuen Europa und einer Verfassung der Vereinigten Staaten von Europa durch berufene Sprecher beizutragen. Auch ein Wunschbild will, wenn es sich um ein großes Ziel handelt, ernst genommen sein, damit es mehr werde, als es heute noch Hunderttausenden scheint. Ich möchte gern, daß im Hochland dazu ein kluges Wort gesprochen werde, und weiß mir niemand, dem ich es anvertrauen möchte, als Sie. Ein paar Seiten nur, die sich damit auseinandersetzen, wie sich dies Zukunftsbild bis jetzt in den Köpfen verantwortungsbewußter Politiker spiegelt, Vorbemerkungen etwa zu einer künftigen Gestaltung oder Verfassung Europas über alle kritischen Bedenken der Politik hinweg. Man muß an das Große, wenn es wirklich werden soll, glauben und innerlich bitten, daß dem Unglauben geholfen werde.

Werden Sie es wagen meinen Wunsch ernst zu nehmen und mir diese paar Druckseiten zu schreiben? Am liebsten stellte ich sie an die Spitze des Juli-Heftes, aber ich müßte das Manuskript dann spätestens am Dienstag den 10. Juni in Händen haben. Ob Sie, Ihre grundsätzliche Bereitschaft vorausgesetzt, das

---

[80] C.S., »Das Problem der innerpolitischen Neutralität des Staates«, in: Mitteilungen der Industrie- und Handelskammer zu Berlin, 28. Jg. Nr. 9, 10. Mai 1930, S. 471-477.

[81] Der Zentrum-Politiker Heinrich Brüning (1885-1970) war 1930-32 Reichskanzler, emigrierte 1934 in die U.S.A., wo er von der Harvard University eine Bestallung erhielt. Nach seiner Rückkehr hat er in Deutschland keine politische Rolle mehr gespielt.

[82] Der französische Politiker Aristide Briand (1862-1932) ließ den Regierungen der 27 europäischen Mitgliedstaaten des Völkerbundes am 17. Mai 1930 ein Memorandum überreichen über die s.E. notwendige Einigung dieser Staaten zu einem europäischen Bundesstaat. Die Quintessenz des Textes, der in Wirklichkeit vom Dichter-Diplomaten Saint-John Perse (eig. Alexis Leger, 1887-1975) abgefaßt worden war, hat C.S. übernommen in seinem Dokumentationsbändchen »Der Völkerbund und das politische Problem der Friedenssicherung«, Leipzig/Berlin: Teubner, 1930, I-48 S., Nr. IV-13 in ›Teubners Quellensammlung für den Geschichtsunterricht‹; dort S. 44-48.

ermöglichen können? Ich hoffe – wider aller Hoffnung. Empfehlen Sie mich bitte Ihrer Frau Gemahlin.

Ich grüße Sie herzlich, verehrter, lieber Herr und Freund als Ihr getreuer (s)

K

17. Dezember 1930

Hochverehrter Herr Professor Muth,

darf ich Ihnen, unter dem großen Eindruck Ihres Oktober-Aufsatzes, den beiliegenden kleinen Diskussionsbeitrag senden.[83] Er ist ganz frei, unter dem Eindruck der vorangehenden Reden gehalten, vor 1.400 Industriellen, und hat alle Nachteile dieser Entstehungssituation, vielleicht aber auch den Vorteil der Spontaneität und Übersichtlichlichkeit – wieder ein Plädoyer für Brüning.

Viele Grüße (auch Frau Schmitt bittet mich, Ihnen zu sagen, wie tief Ihr Aufsatz auf Sie gewirkt hat) in treuer Verehrung und mit allen guten Wünschen immer Ihr aufrichtig ergebener (s)

11

8.12.31.

Verehrter lieber Herr Professor!

Wenn ich Sie zu meinem Leidwesen auch diesmal nicht bei meinem Berliner Besuch gesehen habe, so war es mir doch eine Freunde und Genugtuung, daß ich Ihre verehrte Frau Gemahlin und Ihr Töchterchen[84] sehen konnte. Das kleine Persönchen steht mir reizend und lieb in der Erinnerung, ich beglückwünsche Sie noch einmal zu dieser Lebensfreude. Die Unterredung mit Ihrer Frau Gemahlin war mir wertvoll.

Ich hatte noch am selben Tag Gelegenheit, an ziemlich maßgebender Stelle die Frage der Vertragslockerung bei Wohnungsmieten vorzubringen und habe erfahren, daß sich die Regierung Brüning mit der Angelegenheit sehr ernst befaßt.

Darf ich fragen, wie Sie zu meinem Wunsch, mir für das Hochland einen Beitrag über Abrüstung und Sicherheit zu schreiben, denken. Ich habe einen allzu

---

[83] a) C. Muth, »Die Stunde des Bürgertums«, in: HL, 28. Jg. Nr. 1, Okt. 1930, S. 1-14; b) C.S.s – Beitrag zur Aussprache über das Thema der deutschen Wirtschaftskrise, in: Mitteilungen des Vereins zur Wahrung der gemeinsamen wirtschaftlichen Interessen in Rheinland und Westfalen [= Langnamverein], NF 19. Heft = Jg. 1930 Nr. 4, S. 458-464.

[84] Gemeint ist C.S.s einziges Kind, seine Tochter Anima (1931-1983), die nach ihrer Ehe (Dez. 1957) mit dem spanischen Rechtslehrer Alfonso Otero Varela (geb. 1925), mehrere Texte ihres Vaters ins Spanische übertragen hat.

trockenen juristischen Aufsatz über das Thema in Händen, möchte ihn aber erst zurückgeben, wenn ich die Hoffnung habe, daß Sie dieses Thema für mich behandeln werden. Ich wäre Ihnen daher sehr dankbar, wenn Sie mir, wenn auch noch so kurz, sagen wollten, ob ich etwas von Ihnen zu erwarten habe und bis wann Sie glauben, den Aufsatz schreiben zu können.

Mit herzlichem Gruß und der Bitte, mich Ihrer Frau Gemahlin bestens empfehlen zu wollen, bin ich, verehrter lieber Herr Professor,
Ihr Ihnen aufrichtig ergebener (s)

L

Weihnachten 1931.

Hochverehrter Herr Professor Muth,

vielen herzlichen Dank für Ihre Weihnachtswünsche, die ich aus ganzer Seele erwidere. Vielen Dank aber auch für Ihren freundlichen Besuch bei uns, bei dem ich Sie leider verfehlt habe, sowie für Ihre Einladung, im »Hochland« über Abrüstung und Sicherheit zu schreiben. Ich würde es gern tun, doch bin ich von schlimmen beruflichen Schikanen sehr in Anspruch genommen, auch nach vielen Berliner Erfahrungen, skeptisch gegenüber der Wirkungsmöglichkeit von Darlegungen, die nicht unmittelbar an organisierte Interessen-Instinkte appellieren, und schließlich überhaupt in einem Zustand, der mir eine prompte, von den zu klaren Gedanken erforderlichen Serenität getragenen Auseinandersetzung schwer macht. Ich hätte zu gern die Gelegenheit benutzt, um mich in Ihrer Zeitschrift einmal wieder präsent zu zeigen, und verspreche Ihnen, sobald ich etwas vorlegen kann, bei Ihnen anzufragen. Bis jetzt war ich auf fachwissenschaftliche Trakasserien angewiesen, die ich, schon um meinen Platz nicht preiszugeben, durchhalten mußte, vor allem auch meiner Schüler wegen, denn Sie können sich von dem Haß und der Art der gegen mich mobilisierten Bosheit kaum eine Vorstellung machen. Nur dieser ganz primitive Trotz, vor offner Gemeinheit nicht das Feld zu räumen, hält mich heute in Berlin. Sonst wäre ich längst wieder in die Provinz zurückgekehrt.

Verzeihen Sie bitte, hochverehrter Herr Professor Muth, daß ich in solcher Weise von mir selbst spreche. Es geschieht mit einer gewissen Heftigkeit, weil ich nur ganz oder überhaupt nicht den Grund angeben kann, der mich in meinen derartig okkupierten Zustand versetzt, daß ich selbst Ihre freundliche, mich ganz außerordentlich erfreuende Einladung nicht annehmen kann.

Der Verlag Duncker und Humblot wird Ihnen ein Exemplar meines »Begriffs des Politischen« zugesandt haben.[85] Sie hatten früher Interesse für den Aufsatz, der in einer neuen Ausgabe mit neuen Anmerkungen als Broschüre erschienen ist. Es ist meine stärkste und intensivste Arbeit. Aber es wäre ein Unglück, wenn Leute wie der (im übrigen vortreffliche) Rommen[86] sie besprechen wollte. Darf ich einen tiefen, wenn auch zaghaften Wunsch verraten? Könnte E. Peterson veranlaßt werden, sich darüber theologisch zu äußern? Ich fürchte er wird es nicht tun, nicht einmal zu Einzelheiten, wie den Begriffen hostis und inimicus, obwohl Niemand das besser, fruchtbarer, theologischer und christlicher machen könnte als er.[87]

Nochmals alle guten Wünsche zu Weihnachten und Neujahr, auch von Frau Schmitt und der kleinen Anima, und die besten Grüße
Ihres stets ergebenen (s)

Anlage

Wie in der Einleitung versprochen, drucke ich hier drei Briefe von Fuchs ab, die einwandfrei die Bedeutung belegen, die man in »Hochland«-Kreisen der Mitarbeit C.S.s beimaß.

1. Brief

den 17.11.25.

Sehr geehrter Herr Professor,

leider ist Ihre Karte zu spät gekommen, um noch Berücksichtigung zu finden. Da Ihr Beitrag auf einem der ersten Bogen des Heftes steht und wir diesmal mit dem

---

[85] C.S., Der Begriff des Politischen. Mit einer Rede über das Zeitalter der Neutralisierungen und Entpolitisierungen, München/Leipzig: Duncker & Humblot, 1932, 82 S., Nr. 10 in der Reihe ›Wissenschaftliche Abhandlungen und Reden zur Philosophie, Politik und Geistesgeschichte‹. Der Text der Rede ist identisch mit dem des in Barcelona gehaltenen Vortrags [FN 74].

[86] Gemeint ist Heinrich Rommen (1897-1967), der 1920-24 in Münster Theologie, Philosophie und Staatswissenschaften, 1926-29 in Bonn Jura studierte, 1938 in die USA emigrierte und dort bis 1967 (zuletzt an der Georgetown University in Washington) gelehrt hat. Er ist der Autor des wichtigen Buches: Die Staatslehre des Franz Suarez, Mönchengladbach: Volksvereins-Verlag, 1927, XV-383 S. Ich mutmaße, daß C.S.s Abneigung zusammenhing mit seiner Lektüre einer anderen, sich mit dem katholischen Publizisten und Dozenten der (in Frankfurter etablierten) ›Akademie der Arbeit‹ Ernst Michel (1889-1964), dem evangelischen Soziologen E. Rosenstock [FN 13] und nicht zuletzt dem evangelischen Kirchenrechtler Rudolf Sohm (1841-1917) auseinandersetzenden Schrift Rommens, Die Kirche, ihr Recht und die neue Volksordnung, Mönchengladbach: Volksvereins-Verlag, o.J. (= 1930), 64 S.; davon erhielt C.S. – mit Verspätung – ein Freiexemplar mit dieser Widmung: »Herrn Prof Dr. C. Schmitt freundlichst überreicht vom Verfasser. M-Gladbach, 1. Juni 1931«.

[87] Die Schrift wurde im Gegenteil von Brock und Haecker sehr kritisch besprochen bzw. angegriffen. [FN 23].

Druck etwas früher daran sind, ließ sich aus technischen Gründen die Korrektur nicht mehr ermöglichen.

Für die Übersendung der verschiedenen Zeitungen seien Sie freundlichst bedankt. Wir sind immer froh, wenn ein Beitrag in der Presse ein Echo findet und uns den Weg auch in Kreise bahnt, die uns sonst ferne stehen.

Sie nehmen so lebhaftes Interesse am Hochland, verehrter Herr Professor, daß ich Sie wohl in einer Hochlandsache um Rat fragen darf. Ich halte die Aufsätze, die Ihr Bonner Kollege Peterson in »Über den Zeiten« veröffentlicht hat, und vor allem auch die Schrift »Was ist Theologie«[88] für so bedeutsam, daß wir im Hochland von ihnen Notiz nehmen sollten. Nun höre ich von Professor Muth, daß auch Sie Petersons Schrifttum hoch einschätzen und ihn persönlich kennen. Könnten Sie uns behüflich sein, den rechten Mann zu finden, der im Hochland über Peterson schreiben würde? Ich sandte seiner Zeit die Schriften, als ich sie gelesen hatte, sogleich an Theodor Haecker. Der aber gab mir einen Korb, er stehe mit P. in Briefwechsel und könne nicht mehr recht unterscheiden, was er von P. aus Gedrucktem und was aus Privatbriefen wisse.

Gleichfalls eine Absage erhielt ich von Guardini, der über Peterson in seiner eigenen Zeitschrift »Schildgenossen« schreiben wird.[89] Diese beiden hätten Kierkegaard[90] gekannt und Petersons Schriften als eine Überwindung Kierkegaards verstehen und ermessen können. Gebe ich die Schriften irgend einem katholischen Theologen, auch einem gescheiten, so wird er mir nur feststellen, daß all dies von katholischer Seite schon längst und viel besser gesagt worden sei, oder er wird nur einen billigen Triumphgesang anstimmen, daß dieser Protestant eine katholische Position einnimmt.

Ich dachte schon an Eschweiler[91], weiß aber nicht, ob er auf der richtigen Fährte ist. Wenn Sie mir bei Gelegenheit einen Wink gäben, wäre ich Ihnen sehr verbunden.

Mit vielen Grüßen bin ich Ihr ergebener (s)

---

88 a) E. Peterson [FN 68] hat 1925 in der vom berühmten evangelischen Theologen Karl Barth (1886-1968) gegründeten und herausgegebenen Zeitschrift »Zwischen den Zeiten« zwei Aufsätze veröffentlicht; b) E. Peterson, Was ist Theologie?, Bonn: F. Cohen, 1925, 32 S. Zu der von diesem Vortrag ausgelösten Diskussion, vgl. B. Nichtweiß, op. cit. [FN 68], S. 512-517.

89 Ob Guardini [FN 36 Punkt a)] tatsächlich in den »Schildgenossen« über Peterson [FN 68 und 88] geschrieben hat, entzieht sich meiner Kenntnis.

90 Es trifft zu, daß die beiden Theologen sich mit dem dänischen Philosophen Sören Kierkegaard (1813-1855) befaßt bzw. auseinandergesetzt haben. Vgl. R. Guardini, »Der Ausgang der Denkbewegung Sören Kierkegaards«, in: HL, 24. Jg. Nr. 7, April 1927, S. 12-33, bzw. E. Peterson, »Kierkegaard und der Protestantismus«, in: Wort und Wahrheit (Wien), 3. Jg., 1948, S. 579-548.

91 Gemeint ist der mit C.S. befreundete katholische Theologe Carl Eschweiler (1886-1936).

PS.: Eben trifft Ihre letzte Karte vom 15. ds. Mts. ein. Da sich die Korrekturen der vorletzten Karte nicht mehr ausführen ließen, erübrigt sich wohl die Korrektur von ›wissen‹ in ›sagen‹.

2. Brief

den 28.11.25.

Sehr geehrter Herr Professor,

meine Frau hat sich gar sehr über das ihr dedizierte Bändchen mit den serbischen Gedichten gefreut und läßt Ihnen vielmals für diese Freundlichkeit danken. Ein Freund kann uns den Text transkribieren.

Der Hinweis auf Simon ist mir wertvoll, ich werde mich an ihn wegen eines Aufsatzes über Peterson wenden. Ich kenne ihn persönlich gut. Vorerst ist er uns noch einen Beitrag über Stockholm schuldig .[92]

Ich stelle in diesen Tagen das Januarheft zusammen, das mit Rücksicht auf den Arbeitsausfall an Weihnachten früher in Arbeit genommen werden muß. Darf ich wohl noch auf weitere dalmatinische Tagebuchblätter rechnen? Eine große

Freude wäre es mir, freilich müßte ich dann das Manuskript in den nächsten Tagen in Händen haben.

Mit herzlichen Grüßen Ihr ergebener (s)

3. Brief

den 9. Juni 1926

Sehr geehrter Herr Professor,

vielen Dank, auch von meiner Frau, für das übersandte Bildnis des serbischen Dichters, wir würden uns freuen, wenn Sie sich noch an die Übersetzung des einen oder anderen Gedichtes von Bojic[93] machten und sie uns zugänglich machten. In den Brief der Europäischen Revue habe ich mit Interesse und – ein wenig Eifersucht Einblick getan; ich danke Ihnen, daß sie ihn mir zu lesen gaben.

Was den Wiederabdruck Ihres letzten Hochlandaufsatzes in der zweiten Auflage Ihrer Schrift über den Parlamentarismus anlangt, so wußte ich nicht anders als daß eine dahin zielende Vereinbarung zwischen Ihnen und Herrn

---

[92] a) Diesen Aufsatz hat der (ebenfalls mit C.S. befreundete) katholische Hochschullehrer und (ab 1933) Dompropst in Paderborn Paul Simon (1882-1946) tatsächlich geschrieben: »Kirche und Konfession«, in: HL, 23. Jg. Nr. 6, März 1926, S. 641-659. Den über Peterson [FN 68 und 88] hingegen nicht; b) Petersons Mitarbeit am HL fing 1933 an und wurde nach Kriegsende fortgesetzt.

[93] C.S. betrachtete Milutin Bojic (1892-1917) als den »einzigen großen heroischen Dichter [Serbiens], den der Weltkrieg hervorgebacht hat.«

Professor Muth von vorneherein getroffen worden war. Ich möchte aber jetzt Herrn Professor Muth nicht vorgreifen, da er doch noch in dieser Woche aus Frankreich wieder zurück sein wird. Ich will dann gleich an die Sache erinnern.[94]

Erst nachdem mich Ihr Schreiben darauf aufmerksam macht, sehe ich, daß man der Bemerkung Pfarrer Neundörfers über die »Richtung Carl Schmitt« im Juniheft des Hochland eine Tragweite beimessen kann, die wir, als wir den Artikel Neundörfers annahmen, nicht übersahen. Ohne daß ich Neundörfer gefragt habe, darf ich versichern, daß es ihm ferngelegen [hat], Sie als Atheisten hinzustellen. Nun geht mir freilich durch den Sinn, wie ich schon in die Lage kam, Sie (den man dann in die gleiche Linie mit andern Hochlandmitarbeitern: Eberz und Hefele rückte) gegen den Vorwurf zu schützen, als verträten Sie einen rein positivistischen Katholizismus. Es wäre vielleicht doch zu erwägen, ob Sie nicht den Anlaß der Neundörferschen Bemerkung nutzen sollten, um in der Form eines Protestes gegen eine Mißdeutung dieser Bemerkung die Dinge richtig zu stellen.[95]

Ihre Zusage, an der Muth-Festschrift mittun zu wollen, freut mich herzlich, ich danke Ihnen dafür. Was Sie auch für ein Thema wählen werden, Prof. Muth wird es besonders befriedigen, daß Sie dabei sind.[96] Wenn ich alle Zusagen überschauen kann, schicke ich Ihnen einen Plan vom Ganzen.

Mit den besten Grüßen und Empfehlungen, auch von meiner Frau,
verbleibe ich Ihr ergebener (s)

---

94 Vgl. Brief Nr. 3 und FN 43.

95 a) Zum Thema Neundörfer, vgl. Brief Nr. 4 und die FN 44 und 45; b) Die genannten HL-Mitarbeiter waren mit C.S. befreundet. Über Ottfried Eberz (1878 -1958), vgl. H. Viesel, op. cit. [FN 24], S. 11; über Hefele, vgl. FN 16 Punkt b); c) C.S. hat von Fuchsens Vorschlag keinen Gebrauch gemacht.

96 Vgl. Brief Nr. 5 und FN 54.

HANS-CHRISTOF KRAUS

Anmerkungen zur Begriffs- und Thesenbildung bei Carl Schmitt

I.

Carl Schmitt war in weit stärkerem Maße als die meisten seiner gelehrten Zeitgenossen – und auch seiner juristischen Berufskollegen im engeren Sinne – ein Begriffsdenker, ein Wissenschaftler und Autor, der nicht nur in Begriffen dachte, sondern auch die Begriffe selbst in ihrer inhaltlichen und historischen Problematik zum Gegenstand eigener Reflexion gemacht hat.[1] Der kürzlich unter dem Titel »Staat, Großraum, Nomos« erschienene Sammelband mit Texten Schmitts aus den Jahren 1916 bis 1969 läßt einmal mehr (auch und gerade in den scheinbar ganz abseitigen Themen gewidmeten kürzeren Äußerungen) die bedeutenden Fähigkeiten dieses Autors im Umgang mit Begriffen – und mit den Thesen, die er aus seinen Begriffsanalysen heraus entwickelte – deutlich werden.[2]

In der Spätzeit seines Lebens, genauer gesagt: im Jahre 1969, hat Carl Schmitt einmal eine Äußerung über die Voraussetzung der eigenen Erkenntnisgewinnung und damit auch der eigenen Thesen- und Begriffsbildung gemacht, die man besonders ernst nehmen sollte. Er bemerkte: »Ich habe eine Methode, die mir eigentümlich ist: die Phänomene an mich herankommen zu lassen, abzuwarten und sozusagen vom Stoff her zu denken, nicht von vorgefaßten Kriterien«.[3] – Diese Feststellung leuchtet besonders dann ein, wenn man sich seine beiden umfangreichsten und auch inhaltlich zentralen Schriften vergegenwärtigt: die »Verfassungslehre« von 1928 und den »Nomos der Erde« von 1950. Entwickelte er im ersten Werk die Grundprobleme des Verfassungsrechts ausgehend von der erst seit 1919 in Geltung befindlichen Weimarer Reichsverfassung, so analysierte er in der zweiten Arbeit die Genese des neuzeitlichen europäischen Völkerrechts auf dem Hintergrund des kolonialen Ausgriffs Europas nach fremden Kontinenten, konkret gesagt: anhand des Beispiels der erst spanisch-

---

[1] Vgl. dazu u. a. Christian Meier, Zu Carl Schmitts Begriffsbildung – Das Politische und der Nomos, in: Complexio Oppositorum. Über Carl Schmitt. Vorträge und Diskussionsbeiträge des 28. Sonderseminars 1986 der Hochschule für Verwaltungswissenschaften Speyer, hrsg. v. Helmut Quaritsch (Schriftenreihe der Hochschule Speyer, Bd. 102), Berlin 1988, S. 537-556 sowie die Bemerkungen bei Helmut Quaritsch: Positionen und Begriffe Carl Schmitts, 2. Aufl., Berlin 1991, S. 19ff.

[2] Carl Schmitt, Staat, Großraum, Nomos. Arbeiten aus den Jahren 1916-1969, hrsg. v. Günter Maschke, Berlin 1995.

[3] Ebenda, S. 621.

portugiesischen, später englischen und französischen Landnahmen in Amerika, Asien und Afrika.[4]

Der Blick auf die beiden Hauptwerke zeigt zugleich die unmittelbare rechtswissenschaftliche Anwendung dessen, was Schmitt stets als seine wichtigste Methode bezeichnet hat: das *konkrete Ordnungsdenken*. Es ging ihm, genauer gesagt, darum, zu einem Rechtsverständnis zu gelangen, das sich *einerseits* absetzte von den Vorgaben eines sich ausschließlich um die Auslegung und Analyse des jeweils geltenden Rechts bemühenden Rechtspositivismus, das sich aber *andererseits* ebenso klar abgrenzte von den verschiedenen Versionen naturrechtlicher Theorien, die – bei allen Unterschieden im Einzelnen – stets von einem im Kern unangreifbaren Kanon überpositiven Rechts und allgemein gültiger Werte ausgingen. Für das »konkrete Ordnungsdenken«, so führte er an markanter Stelle seines Werkes aus, sei »Ordnung« auch im juristischen Sinne »nicht in erster Linie Regel oder eine Summe von Regeln, sondern, umgekehrt, die Regel nur ein Bestandteil und ein Mittel der Ordnung«. Mit unverkennbarer Spitze gegen Hans Kelsen und dessen rechtspositivistische Methode heißt es weiter:

»Das Normen- und Regeln-Denken ist danach ein beschränkter und zwar ein abgeleiteter Teil der gesamten und vollständigen rechtswissenschaftlichen Aufgabe und Bestätigung. Die Norm oder Regel schafft nicht die Ordnung; sie hat vielmehr *nur auf dem Boden und im Rahmen einer gegebenen Ordnung* eine gewisse regulierende Funktion mit einem relativ kleinen Maß in sich selbständigen, von der Lage der Sache unabhängigen Geltens«.[5]

Diese Vorgehensweise einer Orientierung an bestehenden konkreten Ordnungen und deren Bedeutung für die Entstehung und Entwicklung des Rechts hat Schmitt immer wieder zu wichtigen, bis heute nicht überholten Einsichten geführt. Auf der anderen Seite aber sollte auch die Problematik einer solchen Erkenntnisgewinnung und Begriffsbildung nicht unterschätzt werden. Denn es kommt alles darauf an, *auf welche Weise* der vom Konkreten ausgehende Denker – um Schmitts anfangs zitierte Formulierung hier noch einmal aufzugreifen – »die Phänomene an sich herankommen« läßt, und es kommt ebenfalls darauf an, *welcher Art und Natur* diese »Phänomene« eigentlich sind.

Bereits das »Herankommenlassen«, also die Frage der unmittelbaren Wahrnehmung, birgt mehr als nur ein Problem in sich. Zuerst einmal zeigt diese Formulierung, daß Schmitt der Frage des eigenen, also des subjektiven und

---

[4] Carl Schmitt, Verfassungslehre (1928), 6. Aufl., Berlin 1983; Der Nomos der Erde im Völkerrecht des Jus Publicum Europaeum (1950), 3. Aufl., Berlin 1988.

[5] Carl Schmitt, Über die drei Arten des rechtswissenschaftlichen Denkens (1934), 2. Aufl., Berlin 1993, S. 11 (von mir hervorgehoben, H.-C.K.); wichtig hierzu die Bemerkungen von Ernst Wolfgang Böckenförde: Art. »Ordnungsdenken, konkretes«, in: Historisches Wörterbuch der Philosophie, hrsg. v. Joachim Ritter / Karlfried Gründer, Bd. VI, Basel 1984, S. 1312-1315.

individuellen Wahrnehmens keine besondere Aufmerksamkeit geschenkt hat. Die »Phänomene« als solche »handeln« hier gewissermaßen, sie sind es, die an Schmitt, den Betrachter, »herantreten«; d.h. die Phänomene sind – zuerst jedenfalls – der *aktive*, der Betrachter der *passive* Teil des Erkenntnisvorgangs. Mit anderen Worten: Das Problem der eigenen, notgedrungen *subjektiven Perspektive*, auch der ebenso notwendig *selektiven*, weil von persönlichen Voraussetzungen verschiedenster Art bestimmten – und damit eingeschränkten – *Wahrnehmung*, wird von Schmitt weder reflektiert, noch überhaupt zum Thema gemacht. Die nicht weiter hinterfragte Annahme der Möglichkeit eines unverstellten, damit unmittelbaren Zugriffs auf die konkrete Wirklichkeit, auf das, was ist, gehört also zu den Grundannahmen Schmitts, – eine Grundannahme, die man als Ausgangspunkt und Voraussetzung seiner Reflexionen stets im Blick haben muß.

Wenn man sich also zuerst einmal auf diese unbefragten Voraussetzungen der Schmittschen Erkenntnisweise einläßt, wenn man also davon ausgeht, daß »die Phänomene« tatsächlich gewissermaßen an den Betrachter »herantreten«, dann sollte man sich erst einmal einer näheren Betrachtung eben dieser »Phänomene« widmen.[6] Nimmt man nun die Gegenstände in den Blick, denen Schmitt – nicht nur als Jurist im engeren Sinne, sondern auch als Autor – in bevorzugtem Maße seine Beachtung geschenkt hat, dann ist es wohl zulässig, zwei unterschiedliche Arten von Phänomenen zu unterscheiden, nämlich *unmittelbare* und *mittelbare*, d. h. einerseits dem Betrachter *unvermittelt* zugängliche und andererseits in irgendeiner Weise, in bestimmten Formen von Überlieferung oder Darstellung *vermittelte* Phänomene. Um diese Bemerkung mit konkretem Inhalt zu füllen, wird man sagen können: Eine bestehende, *aktuelle* geistig-politische Lage, auch etwa eine *gegenwärtig* geltende Rechtsordnung zählt zu den *unmittelbaren* Phänomenen, während die Vergangenheit, die Geschichte, wenn sie denn an den Betrachter herantritt, um von ihm wahrgenommen zu werden, ein *mittelbares* Phänomen darstellt; denn Geschichte als solche trifft denjenigen, der sich mit ihr beschäftigt, niemals unmittelbar, sondern stets vermittelt durch historische Darstellungen oder auch durch Quellenzeugnisse, die das Vergangene überliefern und damit – allerdings erst im Medium des Denkens, durch gedankliche Vermittlung also – gegenwärtig werden lassen.

Ein Vergleich dieser beiden Arten von wahrzunehmenden »Phänomenen« dürfte schnell zu der Feststellung führen, daß die Erkenntnis und begriffliche Durchdringung *unmittelbarer* Phänomene, also dessen, was gegenwärtig ist,

---

6 Schmitt selbst hat seine Methode – in: Staat, Großraum, Nomos (wie Anm. 2), S. 621 – ausdrücklich als »phänomenologisch« bezeichnet, ohne dies im einzelnen näher auszuführen und vor allem ohne sich auf einen bestimmten Denker (etwa Husserl) zu berufen.

problemloser erscheint als die Wahrnehmung und Deutung *mittelbarer* Phänomene. Wenigstens zwei Vorteile begünstigen denjenigen, der bestrebt ist, die gegenwärtige, die mit-erlebte, also unmittelbar zugängliche Wirklichkeit auf den Begriff zu bringen: *Erstens* begegnet man diesen unmittelbaren Phänomenen nicht aus (kürzerer oder längerer) zeitlicher Distanz, sondern als Zeitgenosse, der es nicht nötig hat, sich erst einmal in längst vergangene Denkweisen hineinzuversetzen, geschweige denn sich historische Hintergrundkenntnisse anzueignen, um das von ihm in den Blick genommene (mittelbare) Phänomen zu verstehen. Zweitens aber ist es *aus dem Grunde* viel eher und viel leichter möglich, Aktuelles und Gegenwärtiges zu erfassen und auf den Begriff zu bringen, weil man Thesen und Begriffe über unmittelbar wahrgenommene Phänomene viel freier und ungebundener bilden kann, – und dies deshalb, weil man nicht gezwungen ist, sich mit Vorläufern oder bereits feststehenden und gängigen Auffassungen und mit seit langem geprägten, meist auch allgemein akzeptierten Begriffen auseinandersetzen zu müssen.[7]

Problematisch wird es aber dann, wenn man versucht, an ein historisches – also *vermitteltes* – Phänomen mit Hilfe eines *unmittelbaren* Zugriffs heranzukommen, wenn man es, anders formuliert, versäumt, die harte Arbeit der Vermittlung vergangener Wirklichkeit auf den Wegen der Quellenauswertung und –analyse vorzunehmen, sondern es dagegen unternimmt, ausgehend vielleicht von einem auf den ersten Blick einleuchtenden, geistreichen Einfall oder auch in Anknüpfung an einige, bisher vielleicht wenig beachtete, scheinbar besonders markante Details der Geschichte, weitreichende Folgerungen zu ziehen und, hieran anknüpfend, ebenso weit ausgreifende Deutungen, Thesen und Begriffe zu formulieren, die sich bei näherem Hinsehen und genauerem Nachforschen als ausgesprochen fraglich erweisen.

Dies sei im folgenden anhand zweier Beispiele erläutert: das erste versucht Schmitts Zugriff auf ein *unvermitteltes Phänomen* knapp zu rekonstruieren, anhand einer Vergegenwärtigung seiner zu Beginn des Zweiten Weltkriegs formulierten »Großraum«-Theorie, und das zweite wiederum handelt von dem Versuch Schmitts, bestimmte Eigenarten der englischen Geschichte vom Gegensatz zwischen »Land und Meer« her zu deuten – also ein *vermitteltes Phänomen* auf den Begriff zu bringen –, und hieraus handfeste politische Folgerungen auch für die Gegenwart abzuleiten.

---

[7] Es versteht sich von selbst (und kann an dieser Stelle nicht weiter thematisiert werden), daß auch die Wahrnehmung der hier und im folgenden als »unmittelbar« bezeichneten Phänomene *zumeist* in der Form irgendeiner Vermittlung, nicht durch unmittelbare, sinnliche Perzeption stattfindet. Nur unterscheidet sich diese Form der »Vermittlung« (etwa durch einfache Zeitungslektüre oder, anspruchsvoller, durch Nutzung moderner Nachrichtentechnik und Informationsvermittlung) wiederum deutlich durch die »Vermittlung« *historischer* Fakten und Zusammenhänge, die immer erst der mühevollen Rekonstruktion bedürfen.

II.

Über den Aktualitätscharakter des Völkerrechts, das es also (um in unserer Terminologie zu bleiben) mit unmittelbar zugänglichen, also Gegenwartsphänomenen zu tun hat, bemerkte Carl Schmitt 1947 im Rahmen seiner Nürnberger Vernehmung durch den amerikanischen Ankläger Robert Kempner: »Hier [also im Völkerrecht, H.-C.K.] ist der gegebene Stoff in sich selbst politischer Natur, die Situationen wechseln schnell, und völkerrechtlich relevante Vorgänge und Tatsachen ... müssen von den Juristen des positiven Völkerrechts einfach hingenommen werden«.[8]

In diesem Sinne hat Schmitt, ausgehend von der Lage Europas im ersten Jahr des zweiten Weltkriegs, seine Großraumtheorie entwickelt – »Großraum« ausdrücklich verstanden als einen, wie er sagt, »konkrete[n], geschichtlich-politische[n] Gegenwartsbegriff«[9], der aus der Analyse einer bestehenden Lage heraus entwickelt, definiert und auf eben diese wiederum angewendet wird, und zwar um *erstens* diese konkret gegebene Lage besser zu verstehen, und um *zweitens* geistig-theoretische Strategien mit dem Zweck zu entwickeln, die unmittelbare Zukunft – und insbesondere bereits erkennbare Entwicklungen, die im Begriff sind, aus der gegebenen Situation zu entstehen – gedanklich vorwegzunehmen und vielleicht sogar im voraus zu beeinflussen.

Schmitts inhaltliche Auffüllung des Großraum-Begriffs vollzieht sich in zwei Schritten. Zuerst nimmt er den *rational-ökonomischen* Aspekt in den Blick: ein »Großraum« sei, so heißt es, »ein aus einer umfassenden gegenwärtigen Entwicklungstendenz entstehender Bereich menschlicher Planung, Organisation und Aktivität«; und er fügt an: »Großraum ist für uns vor allem ein zusammenhängender Leistungsraum«.[10] Doch diese rational-ökonomische Definition erfaßt nur einen Teil des Phänomens »Großraum«, das, wie Schmitt anschließend klarmacht, noch eine andere, gewissermaßen »ideenpolitische« Komponente besitzt. Um dies zu verdeutlichen, versucht Schmitt nun mit einer überraschenden Wendung, den Begriff des Reiches in das Völkerrecht einzuführen:

> »Reiche ... sind die führenden und tragenden Mächte, deren politische Idee in einen bestimmten Großraum ausstrahlt und die für diesen Großraum die Interventionen fremdräumiger Mächte grundsätzlich ausschließen. Der Großraum ist natürlich nicht identisch mit dem Reich ... Wohl aber hat jedes Reich einen Großraum, in den seine politische Idee ausstrahlt und der fremden Interventionen nicht ausgesetzt werden darf«.[11]

---

8 Schmitt, Staat, Großraum, Nomos (wie Anm. 2), S. 462.
9 Ebenda, S. 270.
10 Ebenda, S. 272.
11 Ebenda, S. 295f.

Im Gegensatz zum traditionellen Staatsbegriff kennzeichne die Bezeichnung »Reich«, so resümiert Schmitt, »am besten den völkerrechtlichen Sachverhalt der Verbindung von Großraum, Volk und politischer Idee«.[12] Freilich könne man auf den Begriff und das Konzept des Staats nicht völlig verzichten, denn erstens sei der Staat vor allem »Organisation«, und zweitens ermögliche der Staatsbegriff die immer noch und auch weiterhin notwendigen territorialen Abgrenzungsbestimmungen eines Gemeinwesens.[13]

Überaus geschickt, wie er im Umgang mit Begriffen nun einmal war, gelingt es Schmitt, an dieser Stelle auch noch – gewissermaßen durch die Hintertür – den Volksbegriff mit einzuführen: Das »Reich« als »neue[r] Ordnungsbegriff eines neuen Völkerrechts« gehe zugleich »von einer von einem Volk getragenen, volkhaften Großraumordnung aus ... In ihm«, heißt es weiter, »haben wir den Kern einer neuen völkerrechtlichen Denkweise, die vom Volksbegriff ausgeht und die im Staatsbegriff enthaltenen Ordnungselemente durchaus bestehen läßt, die aber zugleich den heutigen Raumvorstellungen und den wirklichen politischen Lebenskräften gerecht zu werden vermag«.[14] Seine »völkischen« Kritiker wie etwa die nationalsozialistischen Ultras Reinhard Höhn oder gar Werner Best, der gegen Schmitts These ganz explizit die Forderung nach einer »völkischen Großraumordnung« formulierte, hat Schmitt damit freilich nicht zufriedenstellen können[15], doch er war ihnen in wenigstens *einem* Punkt deutlich überlegen: nämlich in seiner ungemein eindrucksvollen Fähigkeit, die Methoden und Begriffe des traditionellen Völkerrechts auf eine neue konkrete Lage anzuwenden und dabei auch neue Thesen zu formulieren, neue Begriffe zu prägen, *ohne* jedoch mit den gedanklichen und begrifflichen Grundlagen des alten Völkerrechts vollends zu brechen.

Es gelang ihm, mit anderen Worten, die Kontinuität des Alten und des Neuen zu sichern, traditionelle Begriffe wie Staat und Reich in das neue System einzufügen und neu zu bestimmen, schließlich auch noch den Volksbegriff zu integrieren. Hat Schmitt also hier (wie er es bei anderer Gelegenheit nach dem Krieg einmal formulierte) zu retten versucht, was – aus seiner Sicht jedenfalls – um 1940/41 vielleicht noch zu retten war,[16] indem er seine kunstvoll ausge-

---

[12] Ebenda, S. 297.

[13] Vgl. ebenda, S. 303f.

[14] Ebenda, S. 306.

[15] Vgl. die Bemerkungen des Herausgebers Maschke in seinem Kommentar, ebenda, S. 474ff.; siehe hierzu neuerdings auch die Bemerkungen bei Ulrich Herbert: Best. Biographische Studien über Radikalismus, Weltanschauung und Vernunft 1903-1989, Bonn 1996, S. 271ff.

[16] Vgl. die anläßlich einer Gegenüberstellung von Hobbes und Locke getroffene Feststellung in: Schmitt: Staat, Großraum, Nomos (wie Anm. 2), S. 153: »Es gibt eben glückliche Zeiten, in denen es leicht ist, ein freiheitliches Gemeinwesen zu konstruieren. Man soll sich solcher Zeiten freuen, aber man sollte nicht diejenigen verunglimpfen, die in härteren Zeiten zu retten suchen, was zu retten ist« (aus dem 1951 veröffentlichten Artikel »Dreihundert Jahre Leviathan«).

arbeitete Theorie des aus Volk, Staat und Reich sich konstituierenden und erweiternden Großraums explizierte – und damit dem völkischen Radikalismus der NS-Ideologen die Dogmen des klassischen Völkerrechts und die Grundbegriffe der traditionellen Jurisprudenz entgegenstellte? Es scheint in der Tat so gewesen zu sein. Denn hätte Schmitt tatsächlich die Funktion ausgeübt (oder auch nur ausüben wollen), die ihm seine schärfsten Kritiker bis heute zum Vorwurf machen, nämlich mit seiner Großraumtheorie ein gedanklicher Vorreiter der nationalsozialistischen Eroberungs- und Ausrottungspolitik gewesen zu sein[17], dann hätte er eigentlich genau das Gegenteil von dem tun müssen, was er in dieser Zeit getan hat: Er hätte mit den traditionellen Begriffen und Ideen des Staats- und Völkerrechts vollständig brechen müssen.

Bei der Betrachtung dieser Vorgänge spielt es keine Rolle, daß Schmitt – langfristig gesehen – die beiden zentralen Anliegen seiner völkerrechtlichen Bemühungen verfehlte, nämlich erstens die, wie er sich ausdrückte, »Überwindung und Beseitigung der raumscheuen Denk- und Vorstellungsweise, die ... dem landfremden, raumaufhebenden und daher grenzenlosen Universalismus der angelsächsischen Meeresherrschaft zugeordnet ist«, und zweitens die Erhebung des Reichs zum nicht nur verfassungsrechtlich, sondern gerade auch »völkerrechtlich ... maßgeblichen Begriff unseres Rechtsdenkens«.[18] Das erste war schlichtweg eine Machtfrage, und deshalb waren die Schmittschen Thesen spätestens um 1944 obsolet, und das zweite konnte sich schon 1940/41 nicht durchsetzen (geschweige denn in den späteren Jahren des Krieges). Der Reichsbegriff war im Deutschen – trotz anderer außerdeutscher Traditionen wie etwa des napoleonischen Empire oder des britischen Empire – derart eindeutig vorgeprägt und mit historisch-politischem Bedeutungsgehalt aufgeladen, daß auch die wohlwollenden unter den zeitgenössischen deutschen Kritikern der Ideen Schmitts ihm gerade hierin nicht folgen konnten und wollten.[19]

Immerhin bleibt es eindrucksvoll, mit welcher gedanklichen Eleganz und begrifflichen Präzision es Schmitt gelungen ist, die konkrete weltpolitische Lage der Zeit um 1940 geistig und theoretisch in den Griff zu bekommen. Denn man wird wohl kaum bestreiten können, daß es in dieser ersten Phase des Zweiten Weltkriegs tatsächlich so aussah, als würden sich in nächster Zeit politische Großräume, ökonomisch, politisch und ideenmäßig von »Reichen« dominiert, herausbilden. Die Großraumtheorie ist denn auch inner- und außerhalb des damaligen deutschen Herrschaftsbereichs eingehend diskutiert und kritisch

---

17 So etwa Dietmut Majer, Die Perversion des Völkerrechts unter dem Nationalsozialismus, in: Jahrbuch des Instituts für Deutsche Geschichte, Tel Aviv 14 (1985), S. 311-332.

18 Schmitt, Staat, Großraum, Nomos (wie Anm. 2), S. 320.

19 Vgl. die Hinweise des Herausgebers Maschke im Kommentar, ebenda, S. 344f.

erörtert worden[20], und man hat Schmitt im nachhinein treffend als den »Chorführer eines neuen Großraumdenkens«[21] bezeichnet. – Auch noch nach 1945, selbst auf dem Höhepunkt des Kalten Krieges, hat Schmitt an seiner Grundüberzeugung festgehalten, die neue Ordnung, der »neue Nomos« der Erde werde sich nicht in einer – von wem auch immer dominierten – »one world« oder im Fortbestehen einer bipolaren Teilung ausprägen, sondern in einer neuen Vielheit stabiler »Großräume«.[22] Das ist ein Gedanke, der gerade gegenwärtig – etwa im Lichte der neuerdings intensiv erörterten These Samuel Huntingtons vom »clash of civilizations« – eine ganz neue Aktualität erhält.[23] – Jedenfalls wird man festhalten dürfen, daß Schmitt bei der Aneignung und gedanklichen Durchdringung der aktuellen, also *unmittelbaren Phänomene* eine unvergleichliche Geschicklichkeit an den Tag gelegt hat.

III.

Etwas anders verhält es sich dort, wo es um die Wahrnehmung und die gedanklich-theoretische Erfassung mittelbarer – also historischer – Phänomene geht. Hier ist Schmitt tatsächlich zuweilen der Gefahr erlegen, allzu schnell geistreichen Einfällen zu folgen oder einzelne, besonders markante historische Ereignisse oder Phänomene aus ihrem geschichtlichen Zusammenhang herauszunehmen, isoliert zu betrachten und auf diese Weise schließlich in ihrer Bedeutung weit zu überschätzen. Dies läßt sich anhand Schmitts Deutung der Geschichte Englands aus dem Gegensatz zwischen »Land und Meer« besonders anschaulich illustrieren.[24]

Seit dem 16. Jahrhundert sei die Insel England, so Schmitt, »nicht mehr ein abgesprengtes Stück Land, sondern ein Teil oder sogar ein Produkt des Meeres, ein Schiff oder sogar ein Fisch«[25] gewesen; und daraus folgert er: Die Engländer ordneten das Land vom Meer her, nach den Gesetzen des prinzipiell unbe-

---

[20] Vgl. die ausführlichen Hinweise und zahlreichen Belege im Kommentar ebenda, S. 343-370; wichtig auch die Bemerkungen bei Heinz Gollwitzer: Geschichte des weltpolitischen Denkens, Bd. II: Zeitalter des Imperialismus und der Weltkriege, Göttingen 1982, S. 563-574.

[21] Gollwitzer, Geschichte des weltpolitischen Denkens II (wie Anm. 20), S. 570.

[22] Vgl. u. a. ebenda, S. 499f., 504f., 521f., 603, 607f.

[23] Vgl. Samuel P. Huntington, Der Kampf der Kulturen. Die Neugestaltung der Weltpolitik im 21. Jahrhundert, München – Wien 1996.

[24] Diese Ideen hat Schmitt seit 1941 in immer neuen Anläufen entwickelt; neben den entsprechenden Ausführungen in derselbe: Land und Meer, 3. Aufl., Köln 1981, passim und derselbe: Der Nomos der Erde (wie Anm. 4), S. 19f., 144ff. u. a., sind jetzt vor allem einige der kleineren Aufsätze in: Staat, Großraum, Nomos (wie Anm. 2) heranzuziehen, insbesondere: Das Meer gegen das Land (S. 395-398), Staatliche Souveränität und freies Meer (S. 401-422) und: Die geschichtliche Struktur des heutigen Welt-Gegensatzes von Ost und West (S. 523--545).

[25] Schmitt, Staat, Großraum, Nomos (Wie Anm. 2), S. 416.

grenzten und unbegrenzbaren Meeres, daher sei ihr Denken »entortet« und »universalistisch«. Auch der »unstaatliche Societycharakter der englischen Herrschaft« erscheine geradezu als logische Folge dieser »Entankerung der Insel«.[26] England sei, so Schmitt, »infolge seiner Entscheidung für das Element des Meeres gerade nicht Staat [geworden]. Der Staat hat sich auf dem europäischen Kontinent verwirklicht, während das Meer frei, d. h. eben staatsfrei, nicht Staatsgebiet wurde«.[27]

Von derartigen Thesen ausgehend, konnte Schmitt dann seine Polemik gegen die angelsächsische Welt entfalten: Beim Zweiten Weltkrieg handelte es sich – so gesehen – in letzter Konsequenz nur »um die unter einem planetarischen Gesichtspunkt getroffene Weltentscheidung zwischen Land und Meer, zwischen Festland und Weltozeanen«.[28] Während er den (für ihn keineswegs zweitrangigen) Aspekt des historischen Gegensatzes von »Weltprotestantismus« und »Weltkatholizismus« am Beispiel der frühneuzeitlichen Konfrontation Englands und Spaniens nur knapp andeutete[29], ließ sich 1941 eine Polemik gegen »die in allen europäischen Völkern auftretenden liberalen und konstitutionellen Strömungen« des 19. Jahrhunderts mit dem wahrhaft absurden Argument, diese seien »bewußt oder unbewußt Instrumente der englischen Weltpolitik«[30] gewesen, bequem anschließen.

Nach dem Krieg freilich wechselte er die Perspektive, aber keineswegs den Kern seiner Deutung. Nun stellte er die »entankerte Insel« als »Schiff« dem festen, Ordnung und Ortung in gleicher Weise verbürgenden »Haus«[31] gegenüber, und er schloß den Gedanken an, daß gerade die maritime Lebensform zum unbedingten Fortschrittsglauben, damit auch – seit der (bekanntlich in England beginnenden) Industriellen Revolution – zum entfesselten Technizismus und dessen »Kettenreaktionen uferlosen Weiter-Erfindens«[32] geführt habe. Auf dem Ozean, so Schmitts These, werde »das Schiff zum absoluten Gegenbild des Hauses. Während in einer terranen Ordnung jede technische Erfindung von selbst in feste Lebensordnungen hineinfällt und von diesen erfaßt und eingeordnet wird, erscheint in einer maritimen Existenz jede technische Erfindung als ein Fortschritt im Sinne eines in sich selbst absoluten Wertes«.[33] Insofern bleibe es, so Schmitt weiter, »immer entscheidend, daß die Keimzelle und der Ursprung aller Ordnungen des konkreten menschlichen Zusammenlebens – Haus

---

26 Ebenda, S. 419.
27 Ebenda, S. 397.
28 Ebenda, S. 412.
29 Vgl. ebenda, S. 413.
30 Ebenda, S. 421.
31 Vgl. ebenda, S. 541f.
32 Ebenda, S. 542; vgl. auch Schmitt: Der Nomos der Erde (wie Anm. 4), S. 149.
33 Schmitt, Staat, Großraum, Nomos (wie Anm. 2), S. 541f.

oder Schiff – zu entgegengesetzten Folgerungen für das Verhältnis zur Technik und zu neuen technischen Erfindungen führt«.[34]

Carl Schmitts Englanddeutung wirkt auf den ersten Blick faszinierend; eine ganze Reihe bisher nicht recht verständlicher, disparater oder wenig beachteter historischer Phänomene scheint sich auf einen Schlag zu ordnen, sich in einen vermeintlich logischen und unmittelbar überzeugenden Zusammenhang zu begeben. Doch die Angelpunkte der These Schmitts, von denen seine Deutung der historisch-politischen, auch der verfassungsmäßigen Entwicklung Englands ausgeht, sind bei näherem Hinsehen eher fragmentarisch, fast zufällig: Sie beruhen auf bestimmten, in ihrer konkreten Bedeutung jeweils weit überschätzten *einzelnen* Phänomenen oder Themen der politischen und der Geistesgeschichte Englands, die Schmitt jeweils mit großem Gespür für sich »entdeckt« hat und nun mit bedeutendem rhetorischen und gedanklichen Aufwand zu Schlüsselsätzen und zu Kernthesen für die Deutung der neueren Geschichte nicht nur Englands, sondern Europas zu erheben versucht. Dies sei ganz knapp an drei Beispielen verdeutlicht:

Erstens charakterisiert Schmitt die Engländer der frühen Neuzeit – etwas überspitzt formuliert – als eine Art »Seeräubernation«, die durch das Wirken der »Privateers«, also geduldeter Piraten, reich und mächtig geworden sei. Im Anschluß an die etwas reißerische These eines von ihm immer wieder zitierten, 1932 erschienenen Buches über die Geschichte der Piraterie[35], kommt er zu der Schlußfolgerung, daß sich bei den Engländern »die scharfen Grenzen von Staat und Individuum, von öffentlicher und privater Existenz, ebenso wie die von Krieg und Frieden und von Krieg und Piraterie« verwischt hätten.[36] Hieraus wiederum seien, so Schmitts These, weitreichende Folgen für die englische Verfassungsentwicklung, wie aber auch für die Hintergründe der Herausbildung des von den Angelsachsen seit dem 19. Jahrhundert dominierte Völkerrechts, schließlich auch für die damit zusammenhängende Zerstörung des traditionellen Jus Publicum Europaeum erwachsen.[37]

---

[34] Ebenda, S. 542.

[35] Philip Gosse, The History of Piracy, London 1932; von Schmitt u. a. erwähnt bzw. zitiert in: Staat, Großraum, Nomos (wie Anm. 2), S. 410, 412; Der Nomos der Erde (wie Anm. 4), S. 145; vgl. auch Land und Meer (wie Anm. 24), S. 40ff

[36] Schmitt, Der Nomos der Erde (wie Anm. 4), S. 145; vgl. auch derselbe: Staat, Großraum, Nomos (wie Anm. 2), S. 396f. – Schmitt zitiert (ebenda, S. 412) aus dem Buch von Gosse eine Bemerkung über die Bedeutung der Piraten für den Aufstieg Englands: »Sie haben ein armes Land reich gemacht; aber sie haben auch, was viel wichtiger ist, eine Rasse zäher und fester Seemänner (a race of tough seamen) heraufgeführt, die England aus seiner Not rettete, seinen schlimmsten Feind niederwarf und England zur stolzen Herrin der Meere machte«.

[37] Für das letztere vgl. vor allem die Ausführungen in Schmitt, Der Nomos der Erde (wie Anm. 4), S. 200ff. u. passim.

Zweitens meint er die – von ihm konstatierte – englische »Ortlosigkeit« durch die Charakterisierung Englands als »entankerte« Insel, als großes »Schiff« gewissermaßen, erklären zu können, und er führt als Beleg dieser Deutung ausgerechnet ein Romanzitat an: Benjamin Disraeli hatte in seinem 1847 publizierten Roman »Tancred« eine seiner Figuren den Vorschlag machen lassen, das Zentrum des Empires von London nach Delhi zu verlegen.[38] Schmitt greift dies auf und führt als weiteren Beleg die in der Tat zwischen 1939 und 1941 in London angestellten Überlegungen an, den britischen Regierungssitz im Falle einer erfolgreichen Invasion durch deutsche Truppen vorübergehend nach Kanada zu verlegen. Hierin offenbare sich, folgert Schmitt, die Möglichkeit des Insel-Schiffs England, »nötigenfalls nach einem anderen Weltteil abschwimmen zu können«.[39]

Und *drittens* begründete er seine nach 1945 aufgestellte These, England, das Land der Industriellen Revolution, sei im Kern verantwortlich für den entfesselten Wahn des modernen Technizismus, erneut mit dem Bild des »Schiffes«: »Das Schiff ist der Kern der maritimen Existenz des Menschen, wie das Haus der Kern seiner terranen Existenz ist«. Beide, Schiff und Haus, »sind mit technischen Mitteln gebaut, aber zum Unterschied vom Haus ist das Schiff in sich selbst ein absolut technisches Vehikel und auf eine unbedingte Herrschaft des Menschen über die Natur angelegt«. Hieraus folgert Schmitt, daß »das Zurückweichen der Naturschranke, das der Mensch durch seine Arbeit in Kultur und Zivilisation« bewirke, sich viel eher und auch schneller auf dem Schiff als auf dem Lande vollziehe: »Der Schritt zu einer rein maritimen Existenz bewirkt in sich selbst und in seiner weiteren inneren Folgerichtigkeit die Entfesselung der Technik als einer eigengesetzlichen Kraft«.[40]

All diese Thesen sind fraglos originell und geistreich, sie stellen tatsächlich ein auf den ersten Blick faszinierendes Spiel mit Begriffen und einzelnen, sehr sorgfältig ausgewählten Fakten dar, mehr jedoch – in den meisten Fällen jedenfalls – nicht.[41] Natürlich ist die englische Geschichte seit dem 16. Jahrhundert in einem überaus starkem Maße durch die Entwicklung hin zur Seemacht geprägt worden, und der spezifisch maritime, auf das Meer und auf Übersee hin orientierte Charakter der Großmachtinteressen und der Weltpolitik Großbritanniens kann weder ernsthaft infrage gestellt noch gar geleugnet werden. Aber eine

---

[38] Vgl. Schmitt, Staat, Großraum, Nomos (wie Anm. 2), S. 397.

[39] Ebenda.

[40] Alle Zitate ebenda, S. 541.

[41] Ausgenommen sei von diesem Verdikt ausdrücklich die nicht zu bestreitende Prägung des neueren Völkerrechts seit dem späten 19. Jahrhundert durch das angelsächsische »International Law«, dessen spezifische Formen Schmitt wohl nicht zu Unrecht mit den maritimen Eigenheiten und weltpolitischen Interessen Englands in einen engen Zusammenhang bringt. Siehe hierzu auch die Ausführungen bei Wilhelm G. Grewe: Epochen der Völkerrechtsgeschichte, 2. Aufl., Baden-Baden 1988, S. 501ff.

Interpretation der englischen Geschichte, die in eben dieser spezifisch maritimen Prägung der britischen Inseln eine *grundsätzliche* »Abwendung« vom kontinentalen Europa, gar eine *Entscheidung für das Meer und gegen das Land* erkennen zu können vorgibt, schießt weit – viel zu weit – über das Ziel hinaus. Die stetige Einmischung Großbritanniens in die kontinentale Politik, von den Erbfolgekriegen des 17. und 18. Jahrhunderts bis hin zu den Befreiungskriegen und zum Krimkrieg, spricht ebenso gegen eine *ausschließlich* maritime Orientierung wie die Tatsache, daß – um nur ein besonders prägnantes Beispiel zu nennen – die englischen Könige noch bis ins 18. Jahrhundert hinein mit großer Selbstverständlichkeit den Titel eines »Königs von Frankreich« trugen, den sie seit dem Hundertjährigen Krieg gegen die Franzosen beanspruchten.[42]

Die englische Staats- und Rechtsentwicklung ist zwar durchaus eigene Wege gegangen und weist bis heute mannigfache und inhaltlich sehr bedeutende Unterschiede zu vergleichbaren kontinentalen Phänomenen auf[43], doch können andererseits auch die zahlreichen Ähnlichkeiten und Parallelen gerade im Staatsrecht – nicht übersehen werden. Wie wäre es, um wiederum nur ein Beispiel zu nennen, sonst zu erklären, daß der bedeutendste englische Jurist des 18. Jahrhunderts, Sir William Blackstone, mit seinem Hauptwerk, den »Commentaries on the Laws of England«, ausdrücklich eine Vermittlung des Common Law mit zentralen politisch-philosophischen und juristischen Auffassungen des Kontinents anstrebte?[44]

Auch die These der – im Vergleich zum europäischen Kontinent – vollkommen unterschiedlichen Verfassungsentwicklung Englands ist nur bedingt zutreffend. Zwar liegen einige, auf den ersten Blick wirklich gravierende Unterschiede auf der Hand: So hat es etwa in Kontinentaleuropa eine dem britischen Parlament vergleichbare Ständeversammlung niemals gegeben, und auch die parlamentarische Kabinettsregierung ist auf englischem Boden zuerst entstanden, – doch auf der anderen Seite gibt es starke Ähnlichkeiten und miteinander vergleichbare Entwicklungen genug: Die lange Zeit gehegte Legende eines »englischen Sonderwegs«[45], verstanden als exklusiver, bruchloser Königsweg hin

---

[42] Statt vieler sei an dieser Stell nur verwiesen auf die glänzende, immer noch grundlegende Gesamtdarstellung der neueren englischen Geschichte bei Kurt Kluxen, Geschichte Englands. Von den Anfängen bis zur Gegenwart, 2. Aufl., Stuttgart 1976, S. 345ff. u. passim.

[43] Einen guten Überblick vermittelt immer noch die zusammenfassende Studie von Henri Lévy-Ullman, The English Legal Tradition. Its Sources and its History. Translated from the French by M. Mitchell and revised and edited by Frederic M. Goadby, London 1935.

[44] Vgl. Hans-Christof Kraus, Montesquieu, Blackstone, De Lolme und die englische Verfassung des 18. Jahrhunderts, in: Jahrbuch des Historischen Kollegs 1995, München 1996, S. 134; Frederick William Maitland: The Constitutional History of England, 6. Aufl., Cambridge 1920, S. 142.

[45] Hierzu vgl. auch die instruktiven Ausführungen bei Hermann Wellenreuther, England und Europa. Überlegungen zum Problem des englischen Sonderwegs in der europäischen Geschichte, in: Liberalitas. Festschrift für Erich Angermann, hrsg. v. Norbert Finzsch / Hermann Wellenreuther (Transatlantische Studien, Bd. 1), Stuttgart 1992, S. 89-123

zur Herausbildung eines besonders freien und liberalen Gemeinwesens, ist von der Mehrheit auch der englischen Historiker längst als »Whig interpretation of English history« (und damit als einseitig und parteiisch) ad acta gelegt worden.[46] Gerade auch die neuere englische Geschichtsschreibung – neigt sie nun dazu, die »staatlichen« Elemente des frühneuzeitlichen England besonders herauszustreichen (Brewer), oder tendiert sie eher zu einer Betonung der traditionalistisch-vorstaatlichen Prägung »Alt-Englands« (Clark) – ist sich jedenfalls darin einig, daß von einem diametralen Gegensatz zwischen kontinentaler Staatsbildung und »maritim« geprägter, gewissermaßen »staatloser« britischer »society« nicht die Rede sein kann.[47]

Um aber die Thesen Schmitts angemessen zu verstehen und in ihren geistesgeschichtlichen Zusammenhang einordnen zu können, ist es keineswegs überflüssig, auf die seit der deutsch-britischen Flottenrivalität um 1900 aufgekommene (und übrigens auf beiden Seiten geführten) Debatte über die Eigenart des Gegensatzes zwischen beiden Nationen hinzuweisen. Die Kriegspropaganda des Ersten Weltkrieges vermochte diese Debatte auf ihre Weise weiter anzuheizen: Erinnert sei hier nur daran, daß etwa der von Schmitt bekanntlich hoch geschätzte Werner Sombart deutsche »Helden« und britische »Händler» miteinander konfrontieren zu können meinte[48], und auch Otto Hintze hatte seine bereits vor dem Krieg entwickelte Unterscheidung zwischen kontinentaler und insularer Staatsbildung[49] im September 1914 aktualisiert und unter dem Eindruck der neuen Konfrontation noch verschärft.[50] In der Zwischenkriegszeit änderte sich an dieser Einschätzung – trotz einzelner kraß anglophiler Äußerungen[51] – im Grunde nur wenig, und so war es wohl auch kein Zufall, daß Gerhard Ritter die früheren Thesen Hintzes im Jahre 1940 mit seiner Gegenüberstellung von kontinentalem »Machtstaat« und angelsächsischer »Utopie« wieder aufgriff und

---

[46] Bereits in der heute als klassisch geltenden Schrift von Herbert Butterfield, The Whig Interpretation of History (1931), Harmondsworth 1973.

[47] Vgl. John Brewer, The Sinews of Power. War, money and the English state, 1688-1783, London u. a. 1989; Jonathan C. D. Clark: English Society 1688-1832. Ideology, social structure and political practice during the ancien regime, Cambridge 1988.

[48] Werner Sombart, Händler und Helden. Patriotische Besinnungen, München 1915.

[49] Otto Hintze, Machtpolitik und Regierungsverfassung (1913), in: derselbe: Gesammelte Abhandlungen, Bd. I: Staat und Verfassung, hrsg. v. Gerhard Oestreich, 3. Aufl., Göttingen1970, S. 424-456.

[50] Otto Hintze, Deutschland, der Krieg und die Völkergemeinschaft, in: Internationale Monatsschrift für Wissenschaft, Kunst und Technik 9 (1914), H. 1, Sp. 27-40.

[51] Eine solche legte ein bekannter Rechtshistoriker vor: Hermann Kantorowicz, Der Geist der englischen Politik und das Gespenst der Einkreisung Deutschlands, Berlin 1929.

zugleich auf eine neue Betrachtungsebene erhob – nicht unbeachtet von seiten-Schmitts.[52]

Bedenkt man diesen (im vorangehenden nur äußerst knapp angedeuteten) Diskussionszusammenhang, dann stand Schmitt mit seinen Thesen zur Geschichte Englands und zur Konfrontation kontinentalen und insularen Denkens keineswegs allein. Keiner derjenigen deutschen Autoren allerdings, die sich in der ersten Hälfte des zwanzigsten Jahrhunderts mit diesem Thema befaßten, hat jenen Gegensatz derart radikal formuliert und zu begründen versucht wie Schmitt mit seiner Unterscheidung zwischen maritimer und kontinentaler Existenzform, Meer und Land, Schiff und Haus, »universaler« und konkreter, d. h. »verorteter« Orientierung. – Bei aller Bewunderung für die eindrucksvolle Originalität, die gekonnt inszenierten Finessen, den eleganten Duktus, aber auch die verschlungenen Pfade seiner Beweisführung, wird man Schmitts Versuch einer Deutung der neueren Geschichte Englands von der Konstruktion eines *ausschließlichen* Gegensatzes zwischen maritimer und kontinentaler Existenz her doch als unhaltbar zurückweisen müssen.[53]

IV.

Zusammenfassend läßt sich also feststellen – nimmt man noch einmal die im Vorangehenden entwickelten beiden Beispiele der Wahrnehmung eines *unmittelbaren* und eines *mittelbaren Phänomens* in den Blick –, daß Schmitts Thesen- und Begriffsbildung immer dann besonders stark und vielfach auch überzeugend ist, wenn es sich um die Erfassung und gedankliche Durchdringung unmittelbarer, d. h. aktueller, gegenwärtiger Phänomene handelt. Seine Methode, »vom Stoff her zu denken« und aus dem Gegebenen seine Kategorien und Begriffe zu entwickeln, bewährt sich vor allem dann, wenn er eine gerade neu entstandene, konkrete Lage in den Blick nimmt und sich auf die Spur der – noch verborgenen – aber in dieser neuen Lage bereits enthaltenen »konkreten Ordnung« macht.

Die Erfassung der mittelbaren Phänomene jedoch, der historischen Tatsachen und Begebenheiten, ist Schmitt zuweilen unverkennbar mißlungen, wie das Beispiel seiner England-Deutung in wohl besonders deutlicher Weise zu zeigen vermag. Seine Neigung zur Formulierung überraschender Thesen, auch seine Überschätzung mancher Quellen, seine Überinterpretation einzelner historischer

---

[52] Gerhard Ritter, Machtstaat und Utopie. Vom Streit um die Dämonie der Macht seit Machiavelli und Morus, München – Berlin 1940; zu den Kontakten zwischen Ritter und Schmitt siehe den Hinweis Maschkes in: Schmitt: Großraum, Staat, Nomos (wie Anm. 2), S. 429.

[53] Mit der oben in Anm. 41 formulierten Ausnahme.

Fakten führten ihn mehr als einmal in eine falsche Richtung. Dies liegt aber wohl nicht nur an mangelndem historischen Wissen oder vielleicht auch an der Weigerung, bestimmte, der eigenen These entgegenstehende Fakten überhaupt zur Kenntnis zu nehmen, sondern zuerst und vor allem – und hier kehre ich zum Ausgangspunkt meiner Betrachtungen zurück – an Schmitts mangelnder Selbstreflexion, der fehlenden Wahrnehmung des eigenen, subjektiven Anteils am Erkenntnisprozeß. In der Tat ließ er, wie er sich ausdrückte, »die Phänomene an sich herankommen« – und es kamen, wenn es sich denn um historische, also vermittelte Phänomene handelte, offenbar nur jene heran, die ihn jeweils besonders interessierten oder gar faszinierten, die ihm als Bausteine für weiter ausgreifende Thesen und Ideengebäude dienen konnten. Diese – von ihm offenbar weder thematisierte noch überhaupt erkannte – eingeschränkte Wahrnehmung bestimmter Phänomene, dieses gravierende Defizit seiner sehr individuell ausgeprägten »Phänomenologie«[54], scheint der Hauptgrund für mehr als nur einen abenteuerlichen Abweg des Schmittschen Denkens gewesen zu sein.

Nun kann ein bedeutender Denker auch in seinen Irrtümern groß sein – und aus den Irrtümern eines herausragenden Autors vermag der Leser vielleicht sogar mehr zu lernen als von den Wahrheiten so mancher kleinerer Geister. Es dürfte kein Zufall sein, daß gerade Carl Schmitt ein besonderes Sensorium für diese Nähe von Irrtum und Wahrheit gehabt hat. Sonst hätte er in einem 1951 veröffentlichten Aufsatz nicht die folgenden Worte formulieren können:

> »Die Gefahr des Irrtums und der Willkür droht allgemein und überall, sie gehört zur Menschlichkeit unseres Geistes und unserer Sprache, und es scheint sogar ein Gesetz zu sein, daß sich die Möglichkeit[en] von Irrtum, Lüge und Betrug in demselben Maße steigern, in dem eine Annäherung an die innerste, geheimste Wahrheit eintritt«.[55]

Summary

Remarks on Conceptualization in Carl Schmitt

This essay examines some of Carl Schmitt's conceptual and theoretical positions. It is argued that Schmitt's observations and analyses of particular contemporary (immediate) phenomena appear to be more precise and persuasive than some of his assertions regarding historical (mediate) patterns and developments. The argument is supported with two examples: on the one hand Schmitt's »Großraum« theory, developed in 1939/40; on the other, his perceptions of particular aspects of English history. The examples demonstrate that many of Schmitt's

[54] Siehe oben, Anm. 6.
[55] Schmitt, Staat, Großraum, Nomos (wie Anm. 2), S. 492.

positions are both fascinating and problematic owing to his over-reliance on some phenomena at the expense of others to which he either accords marginal attention or ignores altogether.

Annette Vowinckel

Hannah Arendt und Martin Heidegger
Geschichte und Geschichtsbegriff

I.

Das Erscheinen von Elzbieta Ettingers Buch über Hannah Arendt und Martin Heidegger hat das Interesse an der Beziehung zwischen den beiden einmal mehr aufflammen lassen. Leider versucht Ettinger in erster Linie, die Liebesgeschichte in hobbypsychologischer Manier aufzubereiten. Über die intellektuelle Bedeutung der Beziehung hat sie so gut wie nichts zu sagen – bereitet es ihr doch offensichtlich Schwierigkeiten, auch nur eines von Arendts Werken angemessen zu erfassen. Auch die Philosophie Heideggers spielt nur eine marginale Rolle für die Argumentation, und das Kapitel über sein nationalsozialistisches Engagement ist lediglich eine Zusammenfassung früherer Werke.[1] Doch auch ein schlechtes Buch kann gute Fragen aufwerfen und – »it may provoke somebody to answer them more intelligently«.[2] Einige Antworten sind schon gefunden worden: Ernest Gellner hat in einem kaum beachteten provokanten Essay auf die Ironien dieser Geschichte hingewiesen[3], zahlreiche andere gingen schon vor Jahren dem philosophischen Einfluß Heideggers auf Arendt nach und kamen zu den unterschiedlichsten Schlüssen. Am gewagtesten ist sicher die These Karol Sauerlands, eigentlich basiere ›Sein und Zeit‹, oder zumindest die Reflexionen über Angst und Sorge, eher auf Arendts als auf Heideggers Ideen.[4] Zu den jüngsten Ver-

---

[1] Ettinger verläßt sich hauptsächlich auf Hugo Ott, Martin Heidegger. Unterwegs zu seiner Biographie, Frankfurt a. M./New York 1988. Keines der anderen einschlägigen Werke (z.B. Victor Farías, Heidegger und der Nationalsozialismus, Frankfurt a. M. 1987 oder Karl Löwith, Heidegger. Denker in dürftiger Zeit, Frankfurt a. M. 1953) wird herangezogen.

[2] Alan Ryan, Dangerous Liaison. Review of: Hannah Arendt – Martin Heidegger by Elzbieta Ettinger, in: The New York Review of Books XLIII, No. 1, 11.1.1996, 22.

[3] Ernest Gellner, From Königsberg to Manhattan (or Hannah, Rahel, Martin and Elfride or Thy Neighbours *Gemeinschaft*), in: Ernest Gellner (ed.), Culture, Identity, and Politics, London/New York 1987.

[4] Karol Sauerland, Hannah Arendt und Martin Heidegger, in: Deutsche Zeitschrift für Philosophie 40 (1992) 6, 610-621, besonders 611. Vgl. auch Mildred Bakan, Arendt and Heidegger: The Episodic Intertwining of Life and Work, in: Philosophy and Social Criticism 12 (1987) 1, 71-98; John Francis Burke, Voegelin, Heidegger, and Arendt: Two's a Company and Three's a Crowd?, in: Social Science Journal 30 (1993) 1, 83-98; Lewis P. und Sandra K. Hinchman, In Heidegger's Shadow: Hannah Arendt's Phenomenological Humanism, in: Review of Politics 46 (1984) 2, 183-211; Dana Richard Villa, Arendt and Heidegger: The Fate of the Political, Princeton University Press 1995; Ernst Vollrath, Hannah Arendt und Martin Heidegger, in: Annemarie Gethmann-Siefert und Otto Pöggeler, Heidegger und die praktische Philosophie, Frankfurt a. M. 1989, 357-372.

öffentlichungen zählt auch Richard Wolins Aufsatz über ‹Hannah and the Magician‹, in dem dieser zu zeigen versucht, daß Arendt sich sowohl emotional als auch intellektuell nie aus dem Schatten Heideggers lösen konnte. Sie sei eine vom Selbsthaß geplagte Jüdin und mit ihrem Bericht über den Eichmann–Prozeß in Jerusalem (und eigentlich schon in den ›Elementen und Ursprüngen totaler Herrschaft‹) habe sie indirekt versucht, Heidegger bei der Entsorgung seines schlechten Gewissens behilflich zu sein, indem sie den Juden die Schuld für Antisemitismus und Nationalsozialismus zugeschoben habe: »Could the offensive passages of the book have been meant somehow to absolve the magician of Messkirch of his crimes by showing that his victims were also guilty?«[5] – eine Sichtweise, die mehr als 30 Jahre nach dem Erscheinen von ›Eichmann in Jerusalem‹ reichlich antiquiert anmutet.

Das große Interesse an Ettingers Buch ist hauptsächlich darauf zurückzuführen, daß die Autorin die Erlaubnis erhielt, den in Marbach bisher unter Verschluß gehaltenen Briefwechsel zwischen Arendt und Heidegger einzusehen.[6] Doch man kann diese Briefe auch anders lesen denn als papiernes Überbleibsel der quasimasochistischen Schwärmerei einer jüdischen Studentin für ihren vom Nationalsozialismus faszinierten Herrn Professor.

Ich möchte im folgenden erst einen kurzen Überblick über den Inhalt der Korrespondenz geben und die wichtigsten Implikationen für die Beziehung darstellen; in einem zweiten Teil werde ich einen philosophischen Aspekt analysieren, nämlich das Geschichtsdenken beider bzw. den Einfluß Heideggers auf Arendts theoretischen und praktischen Umgang mit Geschichte. Meine These ist, daß Arendts Denken, obwohl stets mit Geschichte befaßt, geschichtsfeindlich ist und daß insbesondere ihre Skepsis gegenüber der Historiographie als Wissenschaft weitgehend auf ihre Prägung durch Heidegger zurückzuführen ist. Und tatsächlich wendet Arendt – so wird im letzten Teil des Aufsatzes gezeigt – die Strategie des ›Geschichtenerzählens‹, die sie als Alternative vorschlägt, selbst an, um ihre Beziehung zu dem Philosophen zu verarbeiten.

---

[5] Richard Wolin, Hannah and the Magician, in: The New Republic 9.10.1995, 36. Wolin stützt seine Argumentation hauptsächlich auf Ettingers Arbeit, nicht auf eigene Lektüre der Briefe.

[6] Dr. Hermann Heidegger hat mir freundlicherweise im August 1995 die Erlaubnis erteilt, die Korrespondenz einzusehen. Laut Jüdischer Rundschau hat sich der Inhaber der Nachlassrechte, Dr. Heidegger, mittlerweile entschlossen, die Briefe der Öffentlichkeit zugänglich zu machen. (Heinz Scheffelmeier, Karl Marx ist tot. Hannah Arendt lebt, Jüdische Rundschau Maccabi 48, 30.11.1995, 9.)

II.

Die Korrespondenz umfaßt 115 Briefe und vier Postkarten von Heidegger an Arendt, 19 Briefe von Arendt an Heidegger. 31 der Briefe Heideggers sowie die vier Postkarten stammen aus dem Jahr 1925, neun weitere aus den Jahren 1926-28; ein Brief wurde vermutlich 1932 verfaßt. Die restlichen 78 Briefe stammen aus den Jahren 1950-75, davon 28 aus den Jahren 1950-52, nur sieben aus den Jahren zwischen 1953 und 1966, und 39 aus den Jahren 1967-75. Von Arendts Briefen wurden drei 1928 verfaßt, 16 zwischen 1950 und 1975, davon allein zehn in den Jahren 1971/72. In Arendts Teilnachlaß in Marbach findet sich zudem ein handschriftliches Manuskript des Kapitels V.III. – ›Dasein und Zeitlichkeit‹ – aus ›Sein und Zeit‹ mit Widmung: »Zur Erinnerung an den 20. und 21. April 1925«.

Aus Heideggers Korrespondenz geht unzweifelbar hervor, daß Arendt viel mehr an Heidegger geschrieben hat als nur die 19 in Marbach archivierten Briefe. Man kann annehmen, daß die Sammlung der Briefe Heideggers (die Arendt selbst dem Deutschen Literaturarchiv übergab) vollständig ist, während der größte Teil der Briefe Arendts verloren ging. Aus diesem Grund ist bei der Darstellung von Arendts Seite größte Vorsicht geboten. (Dieser Tatsache hat Ettinger in ihrem Buch keine Aufmerksamkeit geschenkt. Sie verfällt immer wieder in die indirekte Auslegung der Briefe: »Sie durfte ihm schreiben, wenn er sie ausdrücklich darum bat, nicht, wenn ihr danach war. Wie immer fügte sich Arendt.«[7] Wie kann sie dies – im Hinblick auf die Zeit von 1925-28 – wissen, wenn der erste erhaltene Brief 1928 datiert ist?) Arendts Briefe geben wesentlich weniger Aufschluß über die Beziehung als erwartet, insbesondere hinsichtlich des Verlaufs der Affäre in den zwanziger Jahren und des Wiedersehens im Jahre 1950. Ob Arendt Heidegger jemals – schriftlich oder mündlich – wegen seiner nationalsozialistischen Vergangenheit zur Rede stellte, läßt sich kaum mehr herausfinden. Fassen wir dennoch kurz den Inhalt der Korrespondenz zusammen.

Der Briefwechsel spiegelt drei Phasen der Beziehung wider: die Liebesgeschichte der Jahre 1925-28, die ›Versöhnung‹ in den Jahren 1950-52 und die späte Phase nach 1967, die anfangs durch Arendts Hilfe in technischen Dingen bestimmt war (Übersetzungen ins Englische, Manuskriptfragen etc.), ab 1969 – also nach dem Tod Heinrich Blüchers – durch Arendts häufige Besuche in Freiburg und ein Wiederaufleben der persönlichen und intellektuellen Beziehung. Die Briefe Heideggers aus dem Jahr 1925 sind ontologisch verpackte Liebesbriefe, in denen er über das ›in-der-Liebe-sein‹[8] räsonniert:

---

[7] Elzbieta Ettinger, Hannah Arendt – Martin Heidegger. Eine Geschichte, München 1994, 33.
[8] Martin Heidegger an Hannah Arendt, 13.5.25, Marbach.

»Warum ist die Liebe über alle Ausmaße anderer menschlicher Möglichkeiten reich und den Betroffenen eine süße Last? Weil wir uns in das wandeln, was wir lieben und das wir selbst bleiben. Dem Gehüteten möchten wir dann danken und finden nichts, was dem genügte. Wir können nur mit uns selbst danken. Liebe wandelt die Dankbarkeit in die Treue zu uns selbst u. in den unbedingten Glauben an den Anderen. So steigert die Liebe ständig ihr eigenstes Geheimnis. [...] Daß die Gegenwart des anderen in unser Leben einmal hereinbricht, ist das, was kein Gemüt bewältigt.«[9]

Diese Betrachtungen sind angereichert mit Bemerkungen über das frauliche Wesen bzw. Frauen an der Universität (»gerade dann, wenn es zu eigener geistiger Arbeit kommt, bleibt das Entscheidende, die ursprüngliche Bewahrung des ureigensten fraulichen Wesens«[10]), Berichten über Heideggers Arbeit und verstecktem Dank dafür, daß Arendt als sein *sounding-board* fungierte (»Seit ich Dein Tagebuch las, darf ich nicht mehr sagen ›das verstehst Du nicht‹. Du ahnst es, Du – u. gehst mit [...] Ganz aus der Mitte Deiner Existenz bist Du mir nah und für immer in meinem Leben wirkende Kraft geworden. Zerrissenheit und Verzweiflung vermag mir so etwas zu zeitigen wie Deine dienende Liebe in meiner Arbeit«[11]). Die Briefe Arendts aus dem Jahr 1928 sind dagegen bereits eher ein Versuch, das, was gewesen ist, zu bewahren und aufzuarbeiten, als Teil eines Dialogs:

»Der Weg, den Du mir zeigtest, ist länger u. schwerer als ich dachte. Er verlangt ein ganzes langes Leben. Die Einsamkeit dieses Weges ist selbstgewählt u. ist die einzige Lebensmöglichkeit, die mir zukommt [...] Ich hätte mein Recht zum Leben verloren, wenn ich meine Liebe zu Dir verlieren würde, aber ich würde diese lieber verlieren u. ihre *Realität*, wenn ich mich der Aufgabe entzöge, zu der sie mich zwingt.
Und wenn Gott es gibt
Werd ich Dich besser lieben nach dem Tod.«[12]

---

[9] Martin Heidegger an Hannah Arendt, 21.2.25, Marbach.

[10] Martin Heidegger an Hannah Arendt, 10.2.25, Marbach.

[11] Martin Heidegger an Hannah Arendt, 24.4.25, Marbach. Bei dem Tagebuch handelt es sich um das autobiographische Fragment mit dem Titel ›Die Schatten‹, das sich in der Library of Congress (Cont. 79, Dok.-Nr. 022945-51) befindet. Arendt beschreibt ihr Leben – distanziert, in der dritten Person – in den Begriffen der Sehnsucht »nicht [...] nach einem bestimmten Was, sondern Sehnsucht als das was ein Leben ausmachen, für es konstitutiv werden kann.« (1) und der Angst: »[E]s überfiel die Hingestreckte die Angst vor der Wirklichkeit, diese sinn- und gegenstandslose, leere Angst, vor deren blinden Blick alles Nichts wird, die Wahnsinn, Freudlosigkeit, Bedrängtheit, Vernichtung bedeutet. Der Angst war sie verfallen wie früher der Sehnsucht, und wieder nicht einer irgendwie bestimmbaren Angst vor einem wie immer bestimmten Was, sondern der Angst vor dem Dasein überhaupt.« (4) Sie spricht von dem ›Außerordentlichen‹ und ›Wunderbaren‹, das ihr in früher Jugend widerfahren sei, von der Doppelung ihres Lebens in »Hier und Jetzt, und Dann und Dort« (1), offensichtlich auf ihre Beziehung zu Heidegger und das Doppelleben anspielend, das sie aufgrund dieser führte. Auf diese Passagen bezieht sich Karol Sauerland mit seiner These, Heideggers Werk sei von Arendt vorgedacht oder zumindest inspiriert worden.

[12] Hannah Arendt an Martin Heidegger, 22.4.1928, Marbach.

Kurz darauf bricht offenbar der Kontakt ab. Der letzte vor dem Wiedersehen von 1950 geschriebene Brief ist eine Antwort Heideggers auf Arendts Frage, ob es stimme, daß er sich von Juden distanziere bzw. ihnen gegenüber ein feindseliges Verhalten zeige. Heidegger antwortet:

»Liebe Hannah!
Die Gerüchte, die Dich beunruhigen, sind Verleumdungen, die völlig zu den übrigen Erfahrungen passen, die ich in den letzten Jahren machen mußte.
Daß ich Juden nicht gut von den Sommereinladungen ausschließen kann, mag daraus hervorgehen, daß ich in den letzten 4 Semestern *überhaupt keine* Sommereinladung hatte. Daß ich Juden nicht grüßen soll, ist eine so üble Nachrede, daß ich sie mir allerdings künftig merken werde.
Zur Klärung, wie ich mich zu Juden verhalte, nur kurz die folgenden Tatsachen:
Ich bin dieses W.S. beurlaubt u. habe deshalb im Sommer schon rechtzeitig bekannt gegeben, daß ich in Ruhe gelassen sein möchte u. Arbeiten u. dgl. nicht annehme.
Wer trotzdem kommt u. dringlich promovieren muß u. es auch kann, ist ein Jude. Wer monatlich zu mir kommen kann, um über eine laufende größere Arbeit zu berichten (weder Diss[ertation] noch Hab[ilitations]schr[ift]) ist wieder ein Jude. Wer mir vor einigen Tagen eine umfangreiche Arbeit zu dringender Durchsicht schickte, ist ein Jude.
Die zwei Stipendiaten der Notgemeinschaft, die ich in den letzten 3 Semestern durchsetzte, sind Juden. Wer durch mich ein Stipendium nach Rom erhält, ist ein Jude. -
Wer das ›unverzierten Antisemitismus‹ nennen will, mag es tun.
Im übrigen bin ich heute in Universitätsfragen genau so Antisemit wie vor 10 Jahren u. in Marburg, wo ich für diesen Antisemitismus sogar die Unterstützung von *Jacobsohn* u. Friedländer* fand.
Das hat mit persönlichen Beziehungen zu Juden (z.B. Husserl, Misch, Cassirer u.a.) gar nichts zu tun.
Und erst recht kann es nicht a[uf] d[em] Verhältnis zu Dir beruhen.
Daß ich mich seit längerer Zeit überall zurückziehe, hat einmal seinen Grund darin, daß ich mit meiner ganzen Arbeit doch immer trostlosem Unverständnis begegnet bin, sodann aber in wenig schönen persönlichen Erfahrungen, die ich bei meiner Lehrtätigkeit machen mußte. Ich habe mir allerdings schon längst abgewöhnt, von den sog. Schülern irgendwelchen Dank oder auch nur anständige Gesinnung zu erwarten.
Im Übrigen bin ich wohlgemut bei der Arbeit, die immer schwieriger wird u. grüße Dich herzlich.
M.«[13]

Eine Entgegnung Arendts auf dieses peinliche Schriftstück (das seitens Heidegger offenbar beweisen sollte, daß er ›nichts gegen die Juden‹ habe) existiert nicht, was wiederum nicht heißt, daß sie nie existiert hat. 1933 verließ sie Deutschland und ging nach Paris, 1941 nach New York. Bereits 1945 besuchte sie zum ersten mal wieder Deutschland – im Zusammenhang mit ihrer Tätigkeit für die *Jewish Cultural Reconstruction*, einer Organisation, deren Aufgabe die Rettung bzw. Rückführung jüdischer Kulturgüter in den Besitz jüdischer Institutionen, Bibliotheken etc. war. Erst 1950 nahm Arendt den Kontakt zu Heidegger wieder auf. Sie fuhr nach Freiburg, wo es unter anderem

[13] Martin Heidegger an Hannah Arendt, undatiert (das erwähnte Freisemester war das WS 1932/33), Marbach. *Es handelt sich um den Marburger Professor für klassische Philologie Paul Friedländer. Worauf Heidegger anspielt, ist unklar.

zu einer ›Versöhnungsszene‹ mit Heideggers Frau Elfride kam.[14] Arendt schrieb Heidegger am folgenden Tag, das Wiedersehen mit ihm sei »die Bestätigung eines ganzen Lebens. Eine im Grunde nie erwartete Bestätigung«.[15] Er begann sofort wieder, sie zu umwerben, schrieb ihr in den folgenden Monaten Briefe, die eigentlich erneute Liebeserklärungen sind:

»Ich grüße Dich aus der ›unangenehmen Entfernung von dreitausend Meilen‹; *hermeneutisch* gelesen ist das der Abgrund der Sehnsucht. Und doch bin ich jeden Tag froh, daß es ist, wie es ist. Aber wie oft führ ich gern mit dem fünffingrigen Kamm durch dein Wuschelhaar, vollends wenn Dein liebes Bild mir mitten ins Herz blickt. Du weißt nichts davon, daß es der *selbe* Blick ist, der am Katheder mir zublickte – ach es war und ist und bleibt die Ewigkeit, weither in die Nähe .... Im Bildnis der griechischen Göttin ist dies Geheimnisvolle: im Mädchen ist die Frau verborgen, in der Frau das Mädchen. Und das eigentliche ist: *dieses sich lichtende Verbergen selber.*«)[16]

Wenige Zeilen finden sich hier auch, die als Bitte Heideggers um Verzeihung gelesen werden können: »Vertrauteste, du sollst es wissen: ›*gedacht* und zart‹ – nichts vergessen, wie das Gegenwendige dazu – all Dein Schmerz, kaum ermessen, u. all mein Fehlen, ohne es mir zu verhehlen, klangen aus einem langen Läuten der Waldglocke unserer Herzen. Es klang im Morgenlicht, das Tage darauf die Zeit des fernen jetzt Gesundens uns anbrechen ließ. Du – Hannah – Du«.[17] Eine Auseinandersetzung um die reale Vergangenheit scheint allerdings nur schwer möglich zu sein. Arendt hatte ihm offenbar Auszüge aus ihrem Buch ›Elemente und Ursprünge totaler Herrschaft‹ geschickt, und Heidegger nimmt dies zum Anlaß seine eigene Bedrohtheit herauszustreichen:

»[Es] zwingt uns jetzt die wachsende Bedrohung durch die Sowjets, heller zu sehen, heller auch als jetzt der Westen sieht. Denn jetzt sind *wir* die unmittelbar bedrohten. Stalin braucht den Krieg, den Du meinst, nicht erst zu erklären. Er gewinnt jeden Tag eine Schlacht.
Ich mache mir auch darüber nichts vor, daß ich mit meinem Denken zu den Bedrohtesten gehöre, die zuerst ausgelöscht werden. Wir können nicht nur ›plötzlich‹ in wenigen Tagen überrollt sein; es kann auch geschehen, daß auf lange Zeit hinaus kein Weitergeben des Großen und kein Wieder-

---

[14] Während Arendt in einem Brief an Heidegger (9.2.1950) von einem ›Gefühl der Solidarität‹ mit dessen Frau und einer ›plötzlich aufsteigenden tiefen Sympathie‹ spricht, heißt es in einem Brief an Heinrich Blücher vom 8.2.50, Frau Heidegger sei ›leider einfach mordsdämlich‹; dennoch werde Arendt ›versuchen, einzurenken‹, soweit sie könne. Am 10.2.1950 machte sie in einem Brief an Frau Heidegger ihren Standpunkt recht deutlich: sie sei dankbar für die Versöhnung aber nicht bereit, Frau Heideggers politische Gesinnung zu akzeptieren: diese »bring[e] es mit sich, daß ein Gespräch fast unmöglich ist, weil ja das, was der andere sagen könnte, bereits im vor hinein charakterisiert und (entschuldigen Sie) katalogisiert ist – jüdisch, deutsch, chinesisch. Ich bin jederzeit bereit, habe das auch Martin angedeutet, über diese Dinge sachlich politisch zu reden; bilde mir ein, ich weiß einiges darüber, aber unter der Bedingung, daß das Persönlich-Menschliche draußen bleibt. Das argumentum ad hominem ist der Ruin jeder Verständigung, weil es etwas einbezieht, was außerhalb der Freiheit des Menschen steht.«

[15] Hannah Arendt an Martin Heidegger, 9.2.1950, Marbach.

[16] Martin Heidegger an Hannah Arendt, 4.5.1950, Marbach.

[17] Ebd.

bringen des Wesenhaften mehr möglich ist; daß es dergleichen nicht mehr gibt: auf eine Zukunft hoffen, die jetzt Verborgenes erst entdeckt, die Ursprüngliches bewahrt. Vielleicht ist der [planetarische] Journalismus die erste Zuckung dieser kommenden Verwüstung aller Anfänge und ihrer Überlieferung. Also Pessimismus? Also Verzweiflung? Nein! Aber ein Denken, das bedenkt, inwiefern die nur fürchterlich vorgestellte Geschichte nicht notwendig das wesentliche Menschsein bestimmt, daß Dauer und ihre Länge kein Muß ist für das Wesende; daß ein halber Augenblick *der Jähe* ›seiender‹ sein kann; daß der Mensch auf dieses ›Seyn‹ sich vorbereiten und ein anderes Gedächtnis lernen muß; daß ihm gar mit all dem ein höchstes bevorsteht; daß das Schicksal der Juden und der Deutschen je seine eigene Wahrheit hat, die unser historisches Rechnen nicht erreicht. Wenn das Böse, was geschehen und geschieht, *ist*, dann steigt erst von da das Seyn für menschliches Denken und [Bergen ins] Geheimnis; dann ist dadurch, daß etwas *ist, solches nicht schon das Gute und Rechte*. Aber dies kann auch nicht eine nur moralisch, als menschliches Wollen verbrachte Zugabe zum Wirklichen sein.
Zum Politischen bin ich weder bewandert noch begabt. Aber inzwischen lernte ich und künftig möchte ich noch mehr lernen, auch im Denken nichts auszulassen. So muß denn auch das unsrige in dieser Weite bleiben. Als Du beim ersten Wiedersehen in deinem schönsten Kleid auf mich zukamst, schrittest Du gleichwohl für mich durch die vergangenen fünf Jahrfünfte.«[18]

Die Selbsteinschätzung Heideggers, daß er von der Politik besser die Finger lassen solle, teilte Arendt – wie sie später anläßlich seines achtzigsten Geburtstags auch öffentlich bekundete – ganz und gar. Sie milderte ihre Kritik durch den Vergleich Heideggers mit Plato und führte beider ›Zuflucht zu Tyrannen und Führern‹ auf eine »déformation professionelle« des Denkers zurück. Und schließlich gibt sie dem ›Fehltritt‹ Heideggers eine positive Wendung: »Er war noch jung genug«, schreibt sie, »um aus dem Schock des Zusammenpralls, der ihn nach zehn kurzen hektischen Monaten vor fünfunddreißig Jahren auf seinen angestammten Wohnsitz zurücktrieb, zu lernen und das Erfahrene in seinem Denken anzusiedeln. Was sich ihm daraus ergab, war die Entdeckung des Willens als des Willens zum Willen und damit als des Willens zur Macht.«[19]

Arendt übersah jedoch geflissentlich, daß es sich bei dem oben zitierten Brief um eine dezidiert politische Stellungnahme handelt, die eine ebenso politische Antwort herausfordert. Es ist kaum vorstellbar, daß Arendt die rhetorische Gleichmacherei der Juden und der Deutschen vor dem historischen Schicksal von irgend jemand anderem als Heidegger kommentarlos hingenommen hätte. Im Gegenteil: kurz nach ihrem ersten Besuch in Deutschland veröffentlichte sie einen Aufsatz, in dem sie die Verdrängungsmechanismen der Deutschen nach dem Krieg und den Mangel an politischer und moralischer Urteilskraft eindrücklich beschrieb.[20] Fraglich ist lediglich, ob sie zu Heideggers Äußerung schwieg, weil sie ihn in politischen Dingen für so unbedarft hielt, oder ob sie nicht

---

[18] Martin Heidegger an Hannah Arendt, 12.4.1950, Marbach.

[19] Hannah Arendt, Martin Heidegger ist achtzig Jahre alt, in: Menschen in finsteren Zeiten, München 1989, 183.

[20] Hannah Arendt, The Aftermath of Nazi-Rule. Report from Germany, Commentary 10 (1950), 342-353; deutsch: Besuch in Deutschland, in: Hannah Arendt, Zur Zeit, München 1989, 43-70.

einfach in ihrer übersteigerten Loyalität einen offenen Streit vermeiden wollte. Jedenfalls schrieb sie 1951 an Jaspers, bei dem sie sich 1949 noch über Heideggers ›Charakterlosigkeit‹ beschwert hatte: »Erklärungen [hinsichtlich seiner politischen Vergangenheit] gerade wären nicht echt gewesen, weil er wirklich nicht weiß und auch kaum in einer Position ist, herauszufinden, welcher Teufel ihn da hineingeritten hat. Er selbst hätte ja nur zu gern ›versinken‹ lassen, daran habe ich ihn offenbar gehindert.«[21]

Heidegger war nicht der einzige, dem Arendt seine politischen Fehltritte zu verzeihen bereit war; offensichtlich konnte sie – Jaspers zitierend – »nicht nein sagen, wo [sie] zu einem Menschen einmal ja gesagt« hatte.[22] Das galt in gewissem Maße auch für Benno von Wiese, mit dem Arendt um das Jahr 1927 eine kurze Liaison gehabt hatte. Von Wiese nahm nach dem Krieg den Kontakt wieder auf.[23] 1964 veröffentlicht von Wiese seine ›Bemerkungen zur unbewältigten Vergangenheit‹, in denen er sich über die »Diffamierung und Anprangerung einzelner, heute im öffentlichen Leben der Universität stehender Personen auf Grund von entlegenen Veröffentlichungen, die Jahrzehnte zurückliegen« beschwert. Er selbst sei damals dem ›Zeitgeist‹ erlegen, da man nicht habe wissen können, daß er sich als ›Ungeist‹ enthüllen werde. Es dürfe nicht »eine ganze Generation, die inzwischen seit Jahrzehnten öffentlich tätig ist, [...] an den Pranger gestellt werden«; denn: »Wozu soll hier eine Kluft [zwischen Tätern und Opfern], die sich bereits *organisch* geschlossen hat, erneut aufgerissen werden?«[24] Daraufhin wurde Arendt ungehalten und schrieb von Wiese folgenden Brief:

»den 3. Februar 1965

Lieber Benno,
Du hast mich auf Deine ›Bemerkungen zur unbewältigten Vergangenheit‹ [...] aufmerksam machen lassen, und ich will Dir also sagen, was ich denke. Du hast Dich selbst zum Sprecher der ›Genera-

---

[21] Hannah Arendt an Karl Jaspers, 4.3.1951, Briefwechsel 204; vgl. auch Hannah Arendt an Karl Jaspers, 29.9.1949, Briefwechsel 178.

[22] Denktagebuch XXVI (Nov. 1968 – Nov. 1969), 21b (eingelegtes Blatt), Marbach.

[23] Benno von Wiese schreibt am 17.10.1953: »Liebe Hannah! Ich weiß zwar durch Hugo Friedrich, daß Du von mir nicht mehr viel wissen willst, vielleicht sogar garnichts wissen willst, aber ich schreibe Dir trotzdem, da ich finde, Du solltest Dich mit mir wieder aussöhnen, wie es auch Richard Alewyn inzwischen vollkommen getan hat. Natürlich kann ich Dir hier keinen ›Entnazifizierungsbrief‹ schreiben, und das hätte ja auch wenig Sinn. Aber ich möchte Dir doch mitteilen, daß ich von Februar bis Juni als Gastprofessor in USA bin [...] Es wäre eine *ganz große Freude* für mich, wenn ich Dich in diesen Tagen sehen und sprechen könnte. Aber ich muß und will es Dir überlassen, wie Du Dich entscheidest [...] Du wirst verstehen, daß ich in diesem Brief, bei dem mich das dünne Luftpostpapier zur Schreibmaschine zwingt, nichts anderes schreiben kann. Aber willst Du wirklich jede mögliche ›Kommunikation‹ zwischen uns für immer unterbinden? [...] Dein Benno. P.S. Findest Du, daß es Heidegger mehr verdient hat, mit Dir wieder zusammenzutreffen als ich?« (Library of Congress, Cont. 15, Dok.-Nr. 010977)

[24] Die Zeit Nr. 52 (1964), 9f.

tion‹ gemacht, die ›dem Einfluß eines verhängnisvollen Zeitgeistes [...] erlegen ist.‹ Ich möchte [...] Dich nur daran erinnern, daß dies für Dich selbst keineswegs in dieser Eindeutigkeit zutrifft.

Wann hat der Zeitgeist begonnen? Am 30. Januar 1933? Das wirst Du doch wohl nicht behaupten. Wie hast Du zu dem Zeitgeist gestanden, bevor er die Macht ergriff? Das kann ich beantworten. Im Dezember 1932 warst Du bei mir in Berlin zu Besuch [...] Damals sprachen wir davon, daß der Zeitgeist vermutlich zur Macht kommen werde. Damals – nicht ›nachträglich‹ sondern gewissermaßen vorträglich – warst Du genau wie ich der Meinung, daß der Zeitgeist ein ›Ungeist‹ ist. Damals sahst Du Schlimmeres voraus als ›Ungeist‹, denn Du batest mich im Falle der Machtergreifung, die wir beide für wahrscheinlich hielten, mich um Deine Mutter zu kümmern, die in meiner Nähe wohnte.

›Erlegen‹ bist Du dem Zeitgeist erst einige Monate später, als Dir klar wurde, daß Deine ›öffentliche Laufbahn‹ auf dem Spiel stand. Damals hast Du Dich für eine ungestörte Laufbahn entschieden und schneller als viele andere Dich gleichgeschaltet, indem Du die ›Entfernung des fremden Bluts‹ von den Universitäten fordertest. Welche Angehörige fremden Bluts kanntest Du damals? Vor allem den toten [Friedrich] Gundolf, der Dein Lehrer gewesen war, und mich, die Du noch vor wenigen Monaten zu Deinen engen Freunden gerechnet hattest. Denn sonst wärest Du doch kaum zu einem längeren Besuch bei mir erschienen. Natürlich hast Du damals nicht wissen können, was noch alles kommen wird, aber von ›Ahnungslosigkeit‹ Deinerseits kann nicht die Rede sein. Vielleicht warst Du ahnungslos geworden, als Du anfingst, Dietrich von Eckardt in den Dichterrang zu erheben, aber doch nicht etwa weil Dir die ›Vergleichsmöglichkeiten‹ gefehlt hätten, sondern eben weil Du bereit warst, nicht nur Lehrer und Freund, sondern auch die Dir sehr gut bekannten Maßstäbe Deines eigenen Faches für die Laufbahn zu opfern. Und warum bist Du damals dem Zeitgeist erlegen? Doch nur weil Du Dir nicht zugestehen wolltest, daß Du aus Opportunismus handelst, und weil Du bis heute nicht das Minimum an Zynismus aufbringen kannst, das Dir damals wie heute die Integrität der Person retten könnte.

Denn der Opportunismus ist entschuldbar in der Generation, zu der wir ja beide gehören; die Lebensangst, die Du aus Gründen persönlichster Natur in so hohem Maß besitzt, war in der Tat der Zeit geschuldet oder mitgeschuldet. Wenn Du zu der jüngeren Generation gesagt hättest: Wir hatten Angst, und ihr wißt nicht, was Angst ist, so hättest Du die Wahrheit gesprochen und, wie mir scheinen will, auch mehr ausgerichtet. Aber dies Letztere geht mich nichts an. Was mir auffällt, ist daß Du Dich wieder wie vor mehr als dreissig Jahren genau in dem Moment zu Wort meldest, wo Du Angst um Deine öffentliche Laufbahn, bzw. Deine Stellung in der Öffentlichkeit hast.
Und heute ist das weniger entschuldbar als damals. Was kann Dir denn passieren? Eigentliche Verbrechen hast Du nicht begangen, Du bist reich und wir sind alt oder im Begriff alt zu werden. Damals waren wir jung und arm, und alles stand noch auf dem Spiel. Du hast zwanzig Jahre Zeit gehabt, über die Dinge, die damals passierten, Dich zu informieren und darüber nachzudenken. Deine ›Bemerkungen‹ zeigen deutlichst, daß Du das nicht für nötig gehalten hast. Jetzt bist Du in der Tat ahnungslos.

Schließlich, Du sprichst davon, daß heute ›eine Kluft, die sich bereits *organisch* geschlossen hat, erneut aufgerissen‹ werde. Organisch? Das kann doch nur heißen: ohne daß man selbst etwas dazu tut. Das ist ein Irrtum und jeder Besuch ins Ausland mit offenen Augen könnte Dich eines Besseren belehren. Innerhalb Deutschlands selbst also? Mach Dir doch nichts vor. Die Adenauer-Administration hat alle Risse zugekleistert; Mörder wurden nicht nur nicht verfolgt, sondern konnten Staatsbeamte, oft in hohen Stellungen, werden. Der Kleister geht jetzt in die Brüche und die Risse werden sichtbar, das ist alles. Vielleicht wird es wieder gelingen, den Kleister darüber zu streichen. Ob das für die Entwicklung Deutschlands, auch wie Du sie jetzt wünschst, heilsam ist – das frag Dich selbst.

Ich weiß nicht, wie ich diesen Brief schließen soll, kann es auch nicht wissen, weil er ja die Kluft bestätigt, die Du geschlossen sehen willst und in Wahrheit selbst aufgerissen hast. Also mußt Du auch sagen, wie er (der Brief) nun geschlossen werden soll.

In diesem Sinne -«[25]

Daraufhin läßt von Wiese die Korrespondenz wieder einschlafen. In seiner Autobiographie gibt er schließlich zu erkennen, daß er immer noch nicht begriffen hat, worum es Arendt ging. Die hier zitierte Korrespondenz mit ihr bleibt unerwähnt, dafür bringt von Wiese eine offen antisemitische Erklärung dafür an, warum die Affäre des Jahres 1927 nicht von Dauer war: »Hannah besaß eine große psychologische Begabung, aber sie konnte sich trotzdem dort irren, wo zwar nicht ihr Geist, aber ihr Instinkt versagte. Diese Naturfremdheit mag wohl einer der Gründe gewesen sein, warum unsere Verbindung nicht zur Ehe geführt hat.«[26] Schließlich versteigt er sich sogar noch zu der abgrundtief zynischen Bemerkung: »Später, als ihr Schicksal als Jüdin sie zur Politisierung zwang, war es der Richterstuhl des Weltgewissens in einem demoralisierten Zeitalter, dessen entschiedene Sprecherin sie geworden ist. Bei Völkermord und Massenvernichtung blieb sie unerbittlich. Da gab es für sie keine Vergebung.«[27]

Arendts Brief zeigt deutlich, daß sie durchaus in der Lage war, Heuchelei und Verdrängung der Vergangenheit seitens ihrer ehemaligen ›Weggefährten‹ scharf zu kritisieren. Möglicherweise geschah dies im Fall Heidegger mündlich, möglicherweise zog Arendt einfach Heideggers Stillschweigen dem Gerede von Wieses vor. Vielleicht konnte sie auch eher damit leben, daß Heidegger vorübergehend wirklich geglaubt hatte, der Nationalsozialismus sei die richtige Antwort auf die Herausforderung der modernen Massengesellschaft, als mit von Wieses offenem Opportunismus.

Was die persönliche Beziehung zu Heidegger betrifft, so nimmt Arendt jedoch nach dem Krieg das alte Spiel wieder auf. Heidegger schreibt Gedichte und schickt sie ihr; sie schreibt Gedichte in ihr Denktagebuch und behält sie (zumindest besteht kein Anlaß zu gegenteiliger Vermutung) für sich.[28] Heidegger

---

[25] Hannah Arendt an Benno von Wiese, 3.2.1965, Library of Congress, Cont. 15, Dok.-Nr. 010327f.

[26] Benno von Wiese, Ich erzähle mein Leben, Frankfurt a. M. 1982, 89.

[27] Ebd., 90

[28] Heidegger schickt Arendt u.a. folgendes Gedicht: Das Mädchen aus der Fremde//Die Fremde,/die Dir selber fremd,/sie ist:/Gebirg der Wonne,/Meer des Leids,/die Wüste des Verlangens,/Frühlicht einer Ankunft./Fremde: Heimat jenes einen Blicks,/der Welt beginnt./Beginn ist Opfer./Opfer ist der Herd der Treue,/die noch aller Brände/Asche überglimmt und -/zuendet:/Glut der Milde,/Schein der Stille./Fremdlingin der Fremde, Du -/wohne im Beginn. (Laut handschriftlichem Vermerk Arendts geschrieben im Februar 1950. Die Gedichte Heideggers befinden sich in Arendts Teilnachlaß in *Marbach*.) Arendt selbst hatte sich in den 20er Jahren als ›Mädchen aus der Fremde bezeichnet‹ und ihn mit Brief vom 9.2.1950 daran erinnert, um sich der Kategorisierung durch Frau Heidegger zu entziehen: »Ich habe mich nie als deutsche Frau gefühlt und seit langem aufgehört, mich als jüdische Frau zu fühlen. Ich fühle mich als das, was ich nun

gibt ihr seine ›Holzwege‹, und sie lobt: »den Heraklit habe ich sehr glücklich angefangen. Selig bin ich mit dem *polla ta deina* – das ist vollendet gelungen«.[29] Gleichzeitig schreibt sie – über die ›Holzwege‹ – an Heinrich Blücher: »höchst beachtlich. Werde ja mitbringen. Vieles erstaunlich und vieles so falsch und verrückt, daß man es nicht glauben möchte«.[30]

Nachdem sich bei Heidegger die erste Euphorie über das Wiedersehen und die Aussöhnung gelegt hat, schläft der Briefwechsel über lange Jahre wieder ein. Erst in den späten 60er Jahren beginnt ein kontinuierlicher Austausch über philosophische Fragen, über die Werke beider und in sehr begrenztem Maß über tagespolitische Fragen. Insofern gibt dieser Teil der Korrespondenz am ehesten Aufschluß über die gegenseitige philosophische Beeinflussung. Arendt kommentierte beispielsweise Heideggers Büchlein ›Kants These über das Sein‹: »›Wirkliches ist jeweils das Wirkliche eines Möglichen; und daß es Wirkliches ist, weist zuletzt auf ein Notwendiges zurück.‹ Sagst Du das oder ergänzend Kant? Wenn das Wirkliche die Wirklichkeit eines Möglichen ist, wie kann es dann auf Notwendiges weisen? Denken wir das Wirkliche – das Unumgehbare, Nichtzuleugnende – als notwendig, weil wir keine andere Möglichkeit sehen, uns mit ihm zu ›versöhnen‹?«[31] Am Ende des kurzen Austauschs kommt Arendt zu dem Schluß: »Die Sache plagt mich seit vielen Jahren; die Konsequenzen für unser Denken scheinen mir in mancherlei Hinsicht ganz außerordentlich. Alle Welt scheint sich doch darüber einig, daß nur das sinnvoll sein kann, was auch notwendig ist. Dies halte ich für eine schäbige Meinung. Dein Wahrheitsbegriff ist einzig, weil er eben mit Notwendigkeit nichts zu schaffen hat.[32]

Auch über Heideggers ›Wegmarken‹ und ›Zur Sache des Denkens‹ und das Schelling-Buch entspinnen sich knappe Dialoge. In der Regel lobt sie seine Werke und läßt sich dabei zu allerlei Schmeicheleien hinreißen – »Du weißt ja selbst, daß es Deinesgleichen nicht gibt«[33] – während Heidegger sich mit seinen Kommentaren sehr zurückhält. Ansonsten berichtet Arendt regelmäßig darüber,

---

eben einmal bin, das Mädchen aus der Fremde.« Daß Heidegger das »Mädchen aus der Fremde« als »Schöne Jüdin« interpretiert, bleibt seitens Arendts unkommentiert. Daß Heideggers Zeilen auf unheimliche Weise an Paul Celans Todesfuge erinnern, (»Dein goldenes Haar Margarete/Dein aschenes Haar Sulamith«), scheint uns heute offensichtlich. Da die Todesfuge erst 1952 veröffentlicht wurde, kann das Gedicht Heideggers kaum eine direkte Anspielung darstellen, geschweige denn von Arendt als solche verstanden worden sein.
Arendt dichtet: Und keine Kunde/ von jenen Tagen,/ die ineinander/ sich brennend verzehrten/ und uns versehrten:/ Des Glückes Wunde/ wird Stigma, nicht Narbe.// Davon wär' keine Kunde,/ Wenn nicht Dein Sagen/ ihm Bleiben gewährte:/ Gedichtetes Wort/ ist Stätte, nicht Hort. (Denktagebuch XII (Nov./Dez. 1952), 39)

[29] Hannah Arendt an Martin Heidegger, 9.2.1950, Marbach.

[30] Hannah Arendt an Heinrich Blücher, 19.2.1950, Library of Congress, Washington.

[31] Hannah Arendt an Martin Heidegger, 24. 9.1967, Marbach.

[32] Hannah Arendt an Martin Heidegger, 27.11.1967, Marbach.

[33] Hannah Arendt an Martin Heidegger, 28. 7. 1971, Marbach

was sie gerade liest – und Heidegger darüber, was er gerade denkt. Oft handelt es sich um Fragmente, die offensichtlich durch Gespräche während der Besuche Arendts in Freiburg ergänzt wurden.

III.

An dieser Stelle möchte ich einen Aspekt herausgreifen, der bisher kaum Beachtung gefunden hat: den Einfluß von Heideggers Konzeption von Zeit und Geschichte auf das Geschichtsdenken und die historiographische Praxis Hannah Arendts. Werfen wir also zunächst einen Blick auf Heideggers Geschichtsdenken: in ›Sein und Zeit‹ entwickelt er eine Philosophie der Zeitlichkeit, die sich von dem ›vulgären Verständnis der Geschichte‹ im Sinne der realen Vergangenheit menschlichen Lebens ebenso wie von der Geschichtsphilosophie des 19. Jahrhunderts distanziert. Die Vergangenheit hat keinen Vorrang vor Gegenwart und Zukunft, sondern ist *ein* Bestandteil der zeitlichen Bedingtheit des Lebens. Geschichtlichkeit ist nur *eine* Form der Zeitlichkeit, und nicht gerade die bedeutendste:

> »Die Geschichte hat als Seinsweise des Daseins ihre Wurzel so wesenhaft in der Zukunft, daß der Tod als die charakterisierte Möglichkeit des Daseins die vorlaufende Existenz auf ihre *faktische* Geworfenheit zurückwirft und so erst der *Gewesenheit* ihren eigentümlichen Vorrang im Geschichtlichen verleiht. *Das eigentliche Sein zum Tode, das heißt die Endlichkeit der Zeitlichkeit, ist der verborgene Grund der Geschichtlichkeit des Daseins.*«[34]

Mit anderen Worten: »Das primäre Phänomen der ursprünglichen und eigentlichen Zeitlichkeit ist die Zukunft«[35], sofern alles Dasein Sein-zum-Tode ist. Doch nicht nur im Tod gewinnt die Zukunft primäre Bedeutung, sondern auch durch die Möglichkeit des ›Entwurfs‹: »Das in der Zukunft gründende Sichentwerfen auf das ›Umwillen seiner selbst‹ ist ein Wesenscharakter der *Existenzialität. Ihr primärer Sinn ist die Zukunft.*«[36]

Gegenstand einer Philosophie der Geschichtlichkeit ist nach Heidegger also nicht die historische Begriffsbildung, die Theorie historischer Erkenntnis oder dergleichen, sondern die Untersuchung der Zeitlichkeit des Daseins an sich. Aufgabe der Philosophie – im Kontrast zur Wissenschaft – ist »die Interpretation des eigentlich geschichtlich Seienden auf seine Geschichtlichkeit.«[37] Zeitlichkeit ist der Sinn des Daseins, und *die* Geschichte, d.h. das reale historische Gesche-

---

[34] Martin Heidegger, Sein und Zeit, 386.
[35] Ebd., 329.
[36] Ebd., 327.
[37] Ebd., 10.

hen ist folglich von sekundärer Bedeutung, eine Folgeerscheinung der Zeitlichkeit als Grundverfassung. Doch Heideggers Kritik an der Geschichtswissenschaft qua Wissenschaft geht noch weiter; er spricht vom »machenschaftliche[n] Wesen der Wissenschaft«, mit der man das Lebendige weder in der Natur noch in der Geschichte fassen könne, weshalb es notwendig sei, auf Begriffe wie ›Zufall‹ und ›Schicksal‹ zurückzugreifen.[38]

Heidegger unterscheidet zwischen eigentlicher und uneigentlicher Geschichtlichkeit:

»Die uneigentlich geschichtliche Existenz [...] sucht, beladen mit der ihr selbst unkenntlich gewordenen Hinterlassenschaft der ›Vergangenheit‹, das Moderne. Die eigentliche Geschichtlichkeit versteht die Geschichte als die ›Wiederkehr‹ des Möglichen und weiß darum, daß die Möglichkeit nur wiederkehrt, wenn die Existenz schicksalhaft-augenblicklich für sie in der entschlossenen Wiederholung offen ist«.[39]

In diesem Zusammenhang nun entwickelt er einen Begriff des ›Geschicks‹ als *historisches Schicksal* – wenn »das schicksalhafte Dasein als In-der-Welt-sein wesenhaft im Mitsein mit Anderen existiert, ist sein Geschehn ein Mitgeschehen und bestimmt als *Geschick*. Damit bezeichnen wir das Geschehen der Gemeinschaft, des Volkes«.[40]

Sich selbst sollte Heidegger später in der Rolle des Rektors der Freiburger Universität zum Vollstrecker des Seinsgeschicks befördern.[41] Nach Karl Löwith steht dieses Phänomen in engem Zusammenhang mit Heideggers Definition der Wahrheit als ›Unverborgenheit‹. Indem er behaupte, die Gleichsetzung von Wahrheit mit ›Richtigkeit‹, auf die man sich seit Platon geeinigt habe, sei ein grundlegender Irrtum, öffne er Tür und Tor für willkürliche Geschichts- interpretationen und -verdrehungen: »Die Geschichte [...] ist zuerst und zuletzt der Hervorgang des Verborgenen in die Wahrheit als Unverborgenheit. Als eine unbedingte Urgeschichte des Seins wird die Geschichte nicht nur undatierbar, sondern auch unerkundbar und unerkennbar.«[42]

Im Februar 1952 beschwert sich Heidegger bei Arendt über die scharfe Kritik, die Karl Löwith und Martin Buber anläßlich der Veröffentlichung der

---

[38] Störig 620f., nach: Beiträge zur Philosophie, Werke Bd. 65, Frankfurt a. M. 1989, 147.

[39] Martin Heidegger, Sein und Zeit, 389f.

[40] Ebd., 384.

[41] In den Worten Karl Löwiths: »Seine ›Führung‹ der Freiburger beanspruchte, selbst ›geführt‹ zu sein von der ›Unerbittlichkeit‹ eines geschichtlichen ›Auftrags‹, der ›das Schicksal des deutschen Volkes in das Gepräge seiner Geschichte zwingt‹.« (Karl Löwith, Heidegger. Denker in dürftiger Zeit, Göttingen 1960 (1. Aufl. 1953), 51, zit. nach Martin Heidegger, Die Selbstbehauptung der deutschen Universität, Breslau 1933, 5.)

[42] Karl Löwith, Heidegger. Denker in dürftiger Zeit, Göttingen 1960 (1. Aufl. 1953), 53.

›Holzwege‹ an seiner Philosophie übten.[43] In Arendts Denktagebüchern findet sich der Entwurf einer kritischen Entgegnung, geschrieben am 26.2.1952, der offenbar an Heidegger gerichtet war:

»Es sieht aus, als sollte sich alles wiederholen. Und ich frage mich, was wird mit Dir in sieben Jahren sein. Wird dich wieder der nächste Sturm, der schon aus allen Ecken bläst, als übe er sich im Blasen und Wegfegen, ansaugen und mitwirbeln, weil Du in der Seefahrt – und auch in der Not der Seefahrt – alles hast über Bord gehen lassen und ohne Eigengericht geblieben bist? Oder, um eine andere und sehr viel grausamere Sprache zu sprechen, die nicht meine Sprache ist, willst Du Dich wirklich zum ›Gefäß‹ machen (und das ist etwas sehr anderes als ›höchstens Mund dem Wagnis eines Lautes der mich unbedingter überfiel‹) und das Wesen (Schicksal?) des Gefäßes teilen, das Leere *ist*?
Schieb dies nicht *phil[osophisch]* weg. Wenn Du diesen Weg gehen willst (mußt?), hast Du nur eine Chance – treffbar zu bleiben. Stärke wird zur Macht erst, wenn sie sich mit anderen verbündet. Stärke, die nicht zur Macht werden kann, geht aus sich selbst in sich selbst zu Grunde.«[44]

Offensichtlich wurde der Brief nie abgeschickt und nur in der Korrespondenz Arendts mit ihrem Mann kommt das Thema zur Sprache. Heinrich Blücher ermuntert Arendt, die Kritik Löwiths aufzugreifen:

»Er zieht Heideggers Geschichtsbegriff in Frage und da hat er denn wie ich Dir immer sagte einen wirklichen wunden Punkt [...] Heidegger hätte allen Grund auf diese Kritik genau hinzuhören und vielleicht bietet es Dir eine Gelegenheit ihm seinen Begriff der Geschichtlichkeit ein wenig fragwürdig zu machen. Leider hat sich Löwith wieder nicht verkneifen können, konkret zu werden, aber warum sollten auch die Juden gerade so schnell vergessen. Tant pis.«[45]

Und Arendt antwortet:

»Bin nicht ganz Deiner Meinung, d.h. schon was Heideggers Geschichtsbegriff anlangt, der lamentabel ist, aber auch augenblicklich bei ihm gar keine Rolle spielt; aber Löwiths Manier, Heidegger mit seinen eigenen Begriffen runterzureissen, halte ich doch für ziemlich sinnlos [...] Heidegger ist gräßlich verletzt, teils auch mit Recht. Löwith hätte ihm die Sachen doch mindestens vor Drucklegung schicken können [...] Er war schließlich vor zwei Jahren bei Heidegger, tat als ob nun alles wieder in der Reihe sei – und nun so. Either – or.
Was dabei vermutlich wirklich passiert ist oder sein könnte, ist daß Löwith mit ganz guten Absichten hinkam und dann irgendeine Äußerung fiel, die wieder alles verdarb [...] Ausschlaggebend ist

---

43 Martin Heidegger an Hannah Arendt, 17.2.52, Marbach. Heidegger schreibt: »Inzwischen ›mehren sich‹ die kritischen Stimmen [zu den Holzwegen, anläßlich. der 2. Auflage]. Wenn es wenigstens ›Kritik‹ wäre; aber es ist immer das Gleiche, was ich nun schon seit 1927 genügend kenne. Löwith hat sich mit seinem Artikel in der ›Neuen Rundschau‹ einen schlechten Start geleistet. Er hat offenbar nichts gelernt. 1928 war S[ein] u[nd] Z[eit] für ihn ›unverkappte Theologie‹; 1946 reiner Atheismus u. heute? Ich frage mich, was dies alles soll. Martin Buber ist in der Haltung anders – aber von der Philosophie hat er offenbar keine Ahnung; er braucht sie für sich wohl auch nicht.« (Vgl. Karl Löwith, Heidegger. Denker in dürftiger Zeit, s. Anm. 1 und Martin *Buber*,.)

44 Denktagebuch VIII (Jan.-April 1952), 42f.

45 Heinrich Blücher an Hannah Arendt, 7.6.52

natürlich immer Frau Heidegger, die es ja auch fertig gebracht hat, ihn wieder mit allen, buchstäblichst, zu verfeinden [...] Überschrift: das Bündnis zwischen Mob und Elite, diesmal aufs engste geschlossen. Ein wahrhaft klassischer Fall. Tant pis pour moi.«[46]

Arendt mag Heideggers Geschichtsbegriff ›lamentabel‹ gefunden haben – formulierte aber ihre Kritik an keiner Stelle. Im Gegenteil: in ihrem eigenen Geschichtsdenken haben sich eindeutig Spuren des Heideggerschen Ansatzes konserviert. Über 40 Jahre nach der ersten Begegnung nannte Arendt die Lehre Heideggers eine Art »Revolution des Denkens«, das, »gerade weil ihm der Faden der Tradition gerissen ist, die Vergangenheit neu entdeckt [...] Das Gerücht sagte es ganz einfach: Das Denken ist wieder lebendig geworden, die totgeglaubten Bildungsschätze der Vergangenheit werden zum Sprechen gebracht, wobei sich herausstellt, daß sie ganz andere Dinge hervorbringen, als man mißtrauisch vermutet hat.«[47] Doch dieses Denken, das sie von Heidegger lernte, war genuin geschichtsfeindlich.

Anhand von zwei Beispielen soll gezeigt werden, wo sich Heideggers Einfluß in Arendts Werk verbirgt. Dabei handelt es sich zum einen um den Begriff der Wissenschaft im Allgemeinen und der Geschichtswissenschaft im Besonderen und zum anderen um die Gegenüberstellung von ›eigentlicher‹ und ›uneigentlicher‹ Geschichte bzw. Vulgärgeschichte.

Zeitlichkeit ist es, die Heidegger beschäftigt – Geschichtlichkeit nur insofern, als sie in der Zeitlichkeit des Daseins wurzelt. Geschichts*wissenschaft* interessiert ihn nur noch ganz am Rande. Sie ist ein Nebenresultat der Zeitlichkeit, aber ihr Gegenstand ist nur die Vergangenheit – nicht die Gegenwart und nicht die Zukunft – des Daseins und dadurch ist sie von begrenztem Interesse für die Grundfragen des Daseins, ebenso wie durch ihre generelle Ausrichtung auf partikulare Ereignisse. Gerade in ihrer Partikularität sind diese Ereignisse lediglich Bestandteile der ›vulgären‹ Geschichte. Arendts sich später zeigende Ambivalenz gegenüber der Geschichtswissenschaft ist anderer Art. Sie äußert Skepsis, ob es überhaupt eine *wissenschaftliche* Herangehensweise an die Vergangenheit geben kann, jedoch nicht, weil die Vergangenheit nur ein Bestandteil der Zeitlichkeit sei, sondern weil sie meinte, Kausalgesetze ließen sich grundsätzlich nicht auf die Geschichte anwenden. Die Geschichtsschreibung habe es nie mit allgemeinen Gesetzen zu tun, von deren Existenz jede wahre Wissenschaft ausgehen müsse. In Arendts Worten: »Whoever in the historical sciences honestly believes in causality actually denies the subject of his own science.«[48]

---

[46] Hannah Arendt an Heinrich Blücher, 13.6.52

[47] Hannah Arendt, Martin Heidegger ist achtzig Jahre alt, 174f.

[48] Hannah Arendt, Understanding and Politics, in: Partisan Review 20 (1953) 4, 388. (Dieser und der folgende Satz: ›Within the framework of causality, events in the sense of something irrevocably new can never happen; history without events would be the dead monotony of sameness,

Anders als Heidegger erkannte Arendt immerhin den Erkenntniswert der exakten Wissenschaften an und bezeichnete nicht Wissenschaft per se als Machenschaft.

Im Hinblick auf das kausale Denken in der Geschichtswissenschaft hatte Heidegger ähnliche Bedenken formuliert wie Arendt:

»Daß man in der Geschichte den ›Zufall‹ und das ›Schicksal‹ als mitbestimmend zugibt, belegt erst recht die Alleinherrschaft des kausalen Denkens, sofern ja ›Zufall‹ und ›Schicksal‹ nur die nicht genau und eindeutig wahrnehmbaren Ursache-Wirkungs-Beziehungen darstellen. Daß überhaupt das geschichtlich Seiende eine völlig andere [...] Seinsart haben könnte, kann der Historie niemals wißbar gemacht werden.«[49]

Wie Arendt bezweifelte er, daß es in der Geschichte gesetzmäßig zugehe und man sie deshalb wissenschaftlich erforschen könne. Doch bei Heidegger gilt dies für jegliche Wissenschaft – das Denken in Kausalitäten zeugt, so Heidegger, vom ›machenschaftlichen Wesen‹ der Wissenschaft.

Für Heidegger ist Temporalität der Sinn des Seins.[50] Jedes Dasein ist In-der-Welt-sein und der Modus des Daseins ist die Sorge, die nur aufgrund der Zeitlichkeit des Daseins möglich ist. Heidegger begreift das Dasein als ›Sein-zum-Tode‹. Zwar behauptet er, keine der drei Zeitstufen Vergangenheit, Gegenwart und Zukunft habe Vorrang vor den anderen, doch zeigt er, wie der Tod, der nur in der Zukunft jedes einzelnen Menschen existiert, zum bestimmenden Element des Lebens wird. »In der Einheit von Geworfenheit und flüchtigem, bzw. vorlaufendem Sein zum Tode ›hängen‹ Geburt und Tod daseinsmäßig ›zusammen‹. Als Sorge *ist* das Dasein das ›Zwischen‹.«[51]

Wo es bei Heidegger um Tod und Zeitlichkeit geht, geht es bei Arendt um Geburt und Unsterblichkeit. Die Geburt im Sinne von ›Neuanfang‹ ist in ihrer Sicht der Dinge eines der Grundelemente menschlichen Lebens. Dies gilt sowohl für den politischen Bereich, in dem jede Handlung einen Neuanfang darstellt, der unabsehbare Folgen haben wird, als auch für das Denken, das durch die Fähigkeit charakterisiert wird, der Tyrannei des logischen Folgerns durch das Denken eines neuen Anfangs zu entkommen.[52] Durch diese Bevorzugung der Natalität vor der Mortalität als bestimmendem Faktor des Lebens erhält Arendts

---

unfolded in time.‹ sind im Manuskript durchgestrichen, in der gedruckten Fassung allerdings wieder aufgenommen. (Library of Congress Cont. 63, file The Difficulties of Understanding, published, 1953, 14. Diese Passage findet sich außerdem in dem unveröffentlichten Aufsatz ›On the Nature of Totalitarianism‹ Library of Congress, Cont. 76, 7)

49 Martin Heidegger, Beiträge zur Philosophie, Werke Bd. 65, Frankfurt a. M. 1989, 147; geschrieben vermutlich in den späten 30er Jahren (vgl. 105).

50 Martin Heidegger, Sein und Zeit, 19.

51 Ebd., 374.

52 Hannah Arendt, Vita Activa oder Vom tätigen Leben, München 1989, 167 und Elemente und Ursprünge totaler Herrschaft, München 1986, 723.

(späteres) Werk eine Ausrichtung, die der Heideggers entgegengesetzt ist.[53] Zwar machte dieser sich auch seine Gedanken zum Begriff des Anfangs; anders als Arendt aber, die meinte, auf jeden Anfang folge eine unberechenbare Lawine von Handlungen und Ereignissen, die sich nicht aufhalten lasse, betonte Heidegger, der Anfang selbst sei das »Unheimlichste und Gewaltigste« und »was nachkommt, ist nicht Entwicklung, sondern Verflachung als bloße Verbreiterung, ist Nichtinnehaltenkönnen des Anfangs, ist Verharmlosung und Übertreibung«.[54] Ähnlich verhält es sich mit dem Gegensatz von Zeitlichkeit und Unsterblichkeit: während für Heidegger die zeitliche Struktur der Welt nicht einer von vielen bestimmenden Faktoren ist, sondern der Sinn und der Daseinsmodus allen Seins, sind für Arendt immer Raum und Zeit die Grundkoordinaten des Lebens und sie tendiert dazu, eher räumliche Konzeptionen zum Angelpunkt ihres Denkens zu machen, um der ›Zeitlichkeit zu entkommen‹.[55]

Im Gegensatz zu Arendt versucht Heidegger nicht, die Geschichtswissenschaft explizit anzugreifen; er findet sie in erster Linie uninteressant bzw. betrachtet sie als einen zweitrangigen Gegenstand der Untersuchung: »So ist z.B. das philosophisch Primäre nicht eine Theorie der Begriffsbildung der Historie, auch nicht die Theorie historischer Erkenntnis, aber auch nicht die Theorie der Ge-

---

53 Auch Heidegger dachte über den Anfang nach: »Das Geschehen und Geschehende der Geschichte ist zuerst und immer das *Zukünftige*, das verhüllt auf uns Zukommende, aufschließende, wagende Vorgehen und so das zu sich *Vorzwingende*. Das *Zukünftige* ist der *Anfang alles Geschehens*. Im Anfang liegt alles beschlossen. Wenngleich das Begonnene und Gewordene alsbald über seinen Anfang hinwegzuschreiten scheint, bleibt dieser – scheinbar selbst das Vergangene geworden – doch in Kraft und das noch Wesende, mit dem jedes Künftige in die Auseinandersetzung kommt.« (Martin Heidegger, Grundfragen der Philosophie, Gesamtausgabe Bd. 45, Frankfurt a. M. 1984, 36; vgl. auch 110ff) Doch Heideggers Hauptinteresse bleibt beim Sein-zum-Tode und damit beim *Ende* des Lebens. Dies gilt zudem nicht nur für das Einzelleben, sondern auch für die gesamte Geschichte des Abendlandes: »Wir müssen uns auf den ersten Anfang des abendländischen Denkens besinnen, weil wir in seinem Ende stehen« (125). Und »stünden nicht [...] *Hölderlin* und *Nietzsche* in der Bahn unserer Geschichte, dann hätten wir kein Recht zur Forderung, mit dem Anfang anzufangen« (126).

54 Martin Heidegger, Einführung in die Metaphysik, Gesamtausgabe Bd. 40, Tübingen 1987, 119.

55 Vgl. Gary Raymond Olsen, The Effort to Escape from Temporal Consciousness as expressed in the Thought and Work of Hermann Hesse, Hannah Arendt and Karl Loewith, Dissertation, University of Arizona 1973. Dana R. Villa zeigt, wie sehr Arendts politisches Denken sich an räumlichen Kategorien orientiert und behauptet, daß sich bei Arendt eine deutliche Tendenz zur Ästhetisierung von Politik handele: »[Arendt shifts] the emphasis from world- and self-creation to the world-illuminating power of ›great‹ words and deeds, to the *beauty* of such action. As a public phenomenon, the beautiful can only be confirmed in its being by an audience animated by a care for the world.« (Dana R. Villa, Beyond Good and Evil. Arendt, Nietzsche, and the Aestheticization of Political Action, in: Political Theory 20 (1992) 2, 298). Und tatsächlich sind es laut Arendt die ›großen Taten‹, aufgrund deren Menschen Unsterblichkeit erlangen und der Zeitlichkeit des irdischen Daseins entwischen können; diese Ansicht war, wie Arendt zeigt, den Griechen zu eigen, wurde allerdings durch das Christentum verdrängt (Vgl. Hannah Arendt, History and Immortality, in: Partisan Review 24 (1957) 1, 15 u. 19).

schichte als Objekt der Historie, sondern die Interpretation des eigentlich geschichtlich Seienden auf seine Geschichtlichkeit.«[56] Arendt dagegen bemüht sich, die konkreten methodischen Mängel und philosophischen Irrtümer zu zeigen, die ihrer Meinung nach die Geschichtswissenschaft kennzeichnen.

Trotz dieser Differenzen gibt es zahlreiche Gemeinsamkeiten im Umgang beider mit der Geschichte. Im Einzelfall ist es nicht einfach zu entscheiden, ob die Übereinstimmungen aus der Anlehnung Arendts an Heidegger resultieren, oder ob sie auf Einflüsse zurückzuführen sind, die beide gleichermaßen reproduzieren. Dies gilt in erster Linie für den starken Einfluß des romantischen Geschichtsbildes, in dem Arendts Abneigung gegenüber der Historiographie als Wissenschaft und ihre Konzeption von Wissenschaft im Allgemeinen sicher ebenso wurzelt wie in Heideggers Philosophie. Die Historiker der Romantik sahen in der Geschichte einen organischen Wachstumsprozeß und Ausdruck des Volksgeistes (eine Sichtweise, die direkt auf Herder zurückgeht). Die Prinzipien der Geschichtsphilosophie, so schrieb dieser in seinen ›Ideen zur Philosophie der Geschichte der Menschheit‹, »heißen Tradition und organische Kräfte. Alle Erziehung kann nur durch Nachahmung und Übung, also durch Übergang des Vorbildes ins Nachbild werden. Und wie könnten wir dies besser als Überlieferung nennen?«[57] Die organische Entwicklung jedes Volkes verlaufe in individuellen Bahnen und »jede Nation hat ihren Mittelpunkt der Glückseligkeit in sich, wie jede Kugel ihren Schwerpunkt«.[58] Später wurden diese Ideen zu einem Weltentwurf geformt, der durch Elemente wie Rückbindung an überlieferte Tradition, soziale Geborgenheit, Recht auf individuelle Entfaltung und Naturverbundenheit einen Gegenakzent zum rationalistischen Weltbild der Aufklärung setzte.

Bei Heidegger finden sich Elemente dieses Wissenschaftsbegriffes. Die Philosophie, meinte er, gehe der *Wahrheit* nach, während die Wissenschaften nur Einzelergebnisse lieferten; Wahrheit aber sei nicht – oder zumindest nicht nur – ›Richtigkeit‹. »Die Wahrheit ist zu denken im Sinne des Wesens des Wahren. Wir denken sie aus der Erinnerung an das Wort der Griechen *alhtheia* als die Unverborgenheit des Seienden.«[59] Die Wahrheit lasse sich nur durch ›Entbergung‹ finden, nicht durch systematisches Forschen. Allerdings seien »in keiner Wissenschaft [...] die ›Allgemeingültigkeit‹ der Maßstäbe und die Ansprüche auf

---

[56] Martin Heidegger, Sein und Zeit, 10.

[57] Johann Gottfried Herder, Ideen zur Philosophie der Geschichte der Menschheit, Darmstadt 1966, 227 (9. Buch Kap. I).

[58] Johann Gottfried Herder, Auch eine Philosophie der Geschichte zur Bildung der Menschheit, in: Willi A. Koch (Hg.), Mensch und Geschichte, Stuttgart 1957, 150.

[59] Martin Heidegger, Der Ursprung des Kunstwerks, in: ders., Holzwege, Frankfurt a.M. 1963, 39 (der Text geht auf eine 1935 gehaltene Vorlesung zurück); vgl. auch: Martin Heidegger, Grundfragen der Philosophie, 98.

›Allgemeinheit‹, die das Man und seine Verständigkeit fordert, *weniger* mögliche Kriterien der ›Wahrheit‹ als in der eigentlichen Historie.«[60] Die angemessene Methode für die Erschließung des Seins sei die Phänomenologie; deren Grundlage sei keine Theorie oder Methodologie, sondern, noch tiefer liegend, »die Urintention des wahrhaften Lebens als solchem«.[61] Das ›Prinzip der Prinzipien‹ ist, wie Husserl formuliert hatte, folgendes: »*Alles*, was sich *in der ›Intuition‹ originär* [...] *darbietet,* [*ist*] *einfach hinzunehmen* [...] *als was es sich gibt.*[62] Heidegger formulierte dies in einem Brief an Elisabeth Blochmann so: »Das neue Leben, das wir wollen, oder das in uns will, hat darauf verzichtet, universal, d.h. unecht und flächig (ober-flächlich) zu sein – sein Besitztum ist Ursprünglichkeit – nicht das Erkünstelte-Konstruktive, sondern das Evidente der totalen Intuition.«[63] Arendt adaptiert dieses Konzept nicht ausdrücklich, doch steht es in engem Zusammenhang mit ihrem späteren Rekurs auf Kants ›Vorstellungskraft‹ als notwendiger Voraussetzung für das Erzählen einer Geschichte: Kant »speaks directly of the ›schematism‹ involved in our understanding, he calls it ›an art concealed in the depths of the human soul‹ – namely that we have a kind of ›intuition‹ of something which *never* is present – and thus suggests that imagination is actually the common root of the other cognitive faculties«.[64]

Zwei Beispiele sollen zeigen, wo sich diese Denkweise in Arendts Werk konserviert hat: ihre Rezeption von Marcel Prousts Romanzyklus ›Auf der Suche nach der verlorenen Zeit‹ und ihre Lesart dessen, was Walter Benjamin ›Perlentauchen‹ nannte. Prousts Romanwerk ist die wichtigste Quelle für Arendts Beschreibung der französischen Gesellschaft im 19. Jahrhundert in den Elementen und Ursprüngen totaler Herrschaft.[65] Auf ihn beruft sie sich als genauen Beobachter der Integration der Juden in den französischen Salons und der

---

60 Martin Heidegger, Sein und Zeit, 395.

61 Martin Heidegger, Zur Bestimmung der Philosophie, Gesamtausgabe Bd. 56/57, Frankfurt a. M. 1987, 110.

62 Ebd., 109, zit. nach: Edmund Husserl, Ideen zu einer reinen Phänomenologie und phänomenologischen Philosophie I, Halle a. d. Saale 1913, 43. Vgl. auch: Martin Heidegger, Zur Bestimmung der Philosophie, 116f.

63 Martin Heidegger an Elisabeth Blochmann, 1.5.1919 in: Martin Heidegger – Elisabeth Blochmann. Briefwechsel 1918-1969, hg. von Joachim W. Storck, Marbach a. N.1989, 15.

64 Courses – Chicago and New School, Critique of Judgement, 1970, Library of Congress, Cont. 46, Dok.-Nr. 032212, zit. nach Immanuel Kant, Kritik der reinen Vernunft, B 180-1 (=A 141) [»eine verborgene Kunst in den Tiefen der menschlichen Seele«]. ›Intuition‹ ist hier die Übersetzung des deutschen Begriffs ›Anschauung‹ ins Englische. Vgl. auch A 180: » [...] von den Postulaten des empirischen Denkens überhaupt, welche die Synthesis der bloßen Anschauung [...], der Wahrnehmung [...] und der Erfahrung [...] zusammen betreffen, [gilt], daß sie nur regulative Grundsätze sind, und sich von den mathematischen, die konstitutiv sind, zwar nicht in der Gewißheit, welche in beiden a priori feststeht, aber doch in der Art der Evidenz, d.i. dem *Intuitiven* derselben [...] unterscheiden.« (Meine Hervorhebung.)

65 Hannah Arendt, Elemente und Ursprünge totaler Herrschaft, 146-160.

Dreyfus-Affäre, um ein Bild von der französischen Variante des sozialen Antisemitismus zu zeichnen. Prousts Werk ist natürlich kein historiographisches; er bedient sich seiner eigenen Erinnerungen, um sie literarisch zu verarbeiten, nicht um die Nachwelt über die Geschichte Frankreichs im 19. Jahrhundert aufzuklären. Samuel Beckett hat in seinem Essay über Prousts Werk dessen Art des Erinnerns analysiert. Er unterscheidet zwischen ›willentlicher‹ und ›unwillentlicher‹ Erinnerung; die ›willentliche‹ Erinnerung ist eigentlich gar keine, »sondern das Anwenden einer Konkordanz auf das Alte Testament«[66], während die ›unwillentliche‹, unwillkürliche Erinnerung das hervorbringt, »was durch unsere äußerste Unaufmerksamkeit registriert und in jenem fernsten und unzugänglichen Verlies unseres Seins aufbewahrt worden ist, zu dem die Gewohnheit den Schlüssel nicht besitzt [...] Aus dieser tiefen Quelle zog Proust seine Welt herauf. Sein Werk ist kein Zufall, aber dessen Bergung ist ein Zufall. «[67]

Prousts ›Genialität‹, schrieb Arendt, beruhte darauf, daß er der Gesellschaft angehörte, ohne ihr wirklich anzugehören, und »schließlich seine innere Erfahrung so meisterhaft in die Hand bekam, daß sie die Gesamtheit aller Aspekte, wie sie sich den verschiedenen Gliedern der Gesellschaft darboten und von ihnen individuell reflektiert wurden, umgriff und sie alle produzieren konnte«.[68] Gerade dies macht sein Werk für Arendt so interessant: »in [der] Abgeschlossenheit, verborgen hinter den schallabgedichteten Wänden und geschützt von Dienerschaft und Krankheit, konnte er ungestört auf ein ›Innenleben‹ horchen, in welchem alle gesellschaftlichen Erlebnisse und Ereignisse sich in innerer Erfahrung nochmals reproduzierten, als sei dies Innere der Spiegel, der auf zauberhafte Weise gelebte Wirklichkeit in Wahrheit verwandeln könne.«[69] Genau dadurch erhält Prousts Werk die philosophische Tiefe, die nach Heidegger allein das Finden der Wahrheit ermöglichte.

Laut Beckett ist in der Intuition die »Essenz unserer selbst gelagert, das beste unserer vielen Selbste und ihrer Konkretionen«, eine »Perle« – »aber es ist keinem Zweck gedient, wenn der Name des Tauchers zurückgehalten wird.

---

66 Samuel Beckett, Marcel Proust, Frankfurt a. M. 1989 (1931¹), 28.

67 Samuel Beckett, Marcel Proust, 27

68 Hannah Arendt, Elemente und Ursprünge totaler Herrschaft, 147.

69 Ebd., 147. Beckett beschreibt Prousts Vorgehen so: »Von diesem janushaften, dreiköpfigen, beweglichen Ungeheuer oder dieser Gottheit: Zeit – eine Bedingung der Auferstehung, weil ein Instrument des Todes; Gewohnheit – ein Fluch, insofern sie sich der gefährliche Exaltation des einen entgegensetzt, und ein Segen, insofern sie die Grausamkeit des anderen lindert; Erinnerung – ein klinisches Laboratorium, das mit Gift und Heilmitteln, Stimulativa und Sedativa ausgestattet ist: Von Ihm wendet sich der Geist zu der einzigen Kompensation und dem einzigen Wunder des Entkommens, das Seine Tyrannei und Wachsamkeit toleriert. Diese zufällige und flüchtige Erlösung mitten im Leben kann eintreten, wenn die Tätigkeit der unwillentlichen Erinnerung durch die Nachlässigkeit oder Agonie der Gewohnheit angeregt wird, unter keine anderen Umständen, und auch dann nicht unbedingt.« Samuel Beckett, Marcel Proust, 31. Fast könnte man meinen, Heidegger selbst habe seine Anregungen von Proust bekommen.

Proust nennt ihn ›unwillentliche Erinnerung‹.«[70] Er bedient sich des gleichen Bildes wie Walter Benjamin, der ebenfalls vom ›Perlentauchen‹ in der Vergangenheit sprach.[71] Benjamin meint damit vor allem das ›Tauchen‹ nach Zitaten und es ist bei ihm ein bewußter Akt, nicht unwillkürliche Erinnerung. Doch bei ihm wird dieser bewußte Akt intuitiv gelenkt[72] und möglicherweise lehnt er sich an Prousts Technik des Erinnerns an. Er hatte große Teile von ›A la recherche du temps perdu‹ ins Deutsche übersetzt und meinte, Proust sei eher dem Geruchssinn als dem Sehen gefolgt, als er seine Erinnerungen niederschrieb. Um Proust zu verstehen, müsse man sich in die »tiefste Schicht dieses unwillkürlichen Eingedenkens [...] versetzen, in welcher die Momente der Erinnerung nicht mehr einzeln, als Bilder, sondern bildlos und ungeformt, unbestimmt und gewichtig von einem Ganzen so uns Kunde geben wie dem Fischer die Schwere des Netzes von seinem Fang. Der Geruch, das ist der Gewichtssinn dessen, der im Meere des Temps perdu seine Netze auswirft.«[73] Benjamins Bild des Perlentauchens stammt natürlich nicht von Proust, sondern aus Shakespeares Sturm:

> Full fathom five thy father lies;
> Of his bones are coral made;
> Those are pearls that were his eyes:
> Nothing of him that doth fade
> But doth suffer a sea-change
> Into something rich and strange.[74]

---

70 Ebd, 27. Die Ähnlichkeit der Bilder ist frappierend: Proust läßt für seine Hauptfigur Swann die Erinnerung aufsteigen durch den »langvergessenen Geschmack einer in Tee getauchten ›Madeleine‹«, indem er die ganze »Plastizität und Farbigkeit ihrer essentiellen Bedeutung heraufbeschwört aus dem seichten Brunnen der unergründlichen Banalität einer Tasse« (28), Benjamin taucht in die Vergangenheit wie in einen Ozean.

71 Arendt kannte Benjamins Geschichtsphilosophische Thesen lange vor deren Veröffentlichung; Benjamin selbst hatte ihr 1940 in Südfrankreich das Manuskript anvertraut, das sich heute in Arendts Nachlaß in der Library of Congress in Washington befindet (Cont. 7, Dok.-Nr. 020950-58).

72 Benjamin bestreitet in diesem Zusammenhang nicht die Existenz von Kausalbeziehungen in der Geschichte, wirft allerdings dem Historismus vor, er begnüge sich damit, »einen Kausalnexus von verschiedenen Momenten der Geschichte zu etablieren. Aber kein Tatbestand ist als Ursache eben darum bereits ein historischer. Er ward das, posthum, durch Begebenheiten, die durch Jahrtausende von ihm getrennt sein mögen. Der Historiker, der davon ausgeht, hört auf, sich die Abfolge von Begebenheiten durch die Finger laufen zu lassen wie einen Rosenkranz. Er erfaßt die Konstellation, in die seine eigene Epoche mit einer ganz bestimmten früheren getreten ist. Er begründet so einen Begriff der Gegenwart als der ›Jetztzeit‹, in welcher Splitter der messianischen eingesprengt sind.« (Walter Benjamin, Geschichtsphilosophische Thesen: Über den Begriff der Geschichte (Anhang A), in: ders., Gesammelte Werke Bd. I/2, Frankfurt a. M. 1980, 704.)

73 Walter Benjamin, Zum Bilde Prousts, in: ders., Illuminationen, Frankfurt a. M. 1961, 368.

74 William Shakespeare, The Tempest, in: The Complete Works, hg. von W. G. Clark und W. Aldis Wright, Chicago, New York, San Francisco (Belford, Clarke & Co.) 1889, 1055 (Act I, Scene II, 375-418). In deutscher Übersetzung: Fünf Faden tief liegt Vater dein:/Sein Gebein wird zu Korallen;/Perlen sind die Augen sein:/Nichts an ihm, das soll verfallen,/Das nicht wandelt Meeresgut/In ein reich und seltnes Gut. Zit. nach Hannah Arendt, Walter Benjamin, in: Menschen in finsteren Zeiten, 229.

Statt die Vergangenheit systematisch zu untersuchen, verlegte sich Benjamin auf das ›Sammeln‹ – und er sammelte, neben Büchern, vor allem Zitate. Sein Unterfangen war es, »eine bestimmte Epoche aus dem homogenen Verlauf der Geschichte herauszusprengen, [...] ein bestimmtes Leben aus der Epoche, [...] ein bestimmtes Werk aus dem Lebenswerk. Der Ertrag besteht darin, daß *im* Werk das Lebenswerk, *im* Lebenswerk die Epoche und *in* der Epoche der gesamte Geschichtsverlauf aufbewahrt ist und aufgehoben.«[75] In Arendts Augen war Benjamins ›Perlentauchen‹ eine neue Art des Umgangs mit der Vergangenheit, die durch Traditionsbruch und Autoritätsverlust notwendig wurde.

Der ›Tigersprung ins Vergangene‹, wie Benjamin dieses Vorgehen auch nannte, war seine Lösung des Dilemmas, das sich durch den gleichzeitigen Wunsch nach Zerstörung und Bewahrung der Geschichte auftat. Jedenfalls meinte Arendt, Benjamin habe »mit Heideggers großem Spürsinn für das, was aus lebendigem Gebein Perle und Koralle geworden« sei, mehr gemein gehabt als »mit den dialektischen Subtilitäten seiner marxistischen Freunde«.[76] Sie selbst tendierte dazu, diese Vorgehensweise an die Stelle jeglicher historischer Methode zu rücken. 1951 schreibt sie in ihr Denktagebuch: »*Methode in den Geschichtswissenschaften: alle Kausalität vergessen.* An ihrer Stelle: Analyse der Elemente des Ereignisses. Zentral ist das Ereignis, in dem sich die Elemente jäh kristallisiert haben.«[77] In dieser Herangehensweise verbirgt sich – vielleicht auf dem Umweg über Proust und Benjamin – der Heideggersche Begriff der Wahrheit[78] und ihrer momenthaften Entbergung – ebenso wie seine ›intuitive Phänomenologie‹. Folglich erstaunt es kaum, daß es gerade ihre Anerkennung dieser Methode war, die sie später – zu seinem achtzigsten Geburtstag – zu seiner Verteidigung vorbringen sollte: die Wege des Denkens, schrieb sie in Anlehnung an ihren ehemaligen Lehrer, »dürfen ruhig ›Holzwege‹ sein, die ja gerade [...] demjenigen, der den Wald liebt und in ihm sich heimisch fühlt, ungleich gemäßer sind als die sorgsam angelegten Problemstraßen, auf denen die Untersuchungen der zünftigen Philosophen und Geisteswissenschaftler hin- und hereilen«.[79] (In ihrem

---

[75] Walter Benjamin, Über den Begriff der Geschichte, 703. Diese Vorgehensweise erinnert an Heideggers Worte: »Das Kunstwerk eröffnet in seiner Weise das Sein des Seienden. Im Werk geschieht diese Eröffnung, d. h. das Entbergen, d. h. die Wahrheit des Seienden. Im Kunstwerk hat sich die Wahrheit des Seienden ins Werk gesetzt.« Martin Heidegger, Vom Ursprung des Kunstwerks, 28.

[76] Hannah Arendt, Walter Benjamin, 238.

[77] Denktagebuch IV (Mai – Juni 1951), 37f. Hier klingt wieder die oben schon zitierte Passage aus Heideggers Brief vom 12.4.1950 an: »daß ein halber Augenblick *der Jähe* ›seiender‹ sein kann; daß der Mensch auf dieses ›Seyn‹ sich vorbereiten und ein anderes Gedächtnis lernen muß; daß ihm gar mit all dem ein höchstes bevorsteht«.

[78] Vgl. Ernst Vollrath, Hannah Arendt und Martin Heidegger, 358.

[79] Hannah Arendt, Martin Heidegger ist achtzig Jahre alt, 175. Es erstaunt allerdings, daß Arendt in ihrer öffentlichen Rede bereit ist, Heideggers ›Fehltritt‹ 1933/34 als ›Betriebsunfall‹ darzustellen, der ansonsten kaum etwas mit seiner Philosophie zu tun habe (s.o., S. 5f.).

Essay ›Was ist Existenzphilosophie?‹ hatte Arendt noch bemerkt, Heidegger habe »in seiner politischen Handlungsweise alles dazu getan, uns davor zu warnen, ihn ernst zu nehmen«.[80])

Die zweite Spur Heideggerschen Denkens in Arendts Werk ist die Unterscheidung zwischen ›eigentlichem‹ und ›uneigentlichem‹ Sein, an die die Unterscheidung zwischen ›eigentlicher‹ und ›vulgärer‹ Geschichte anknüpft: »Die existenzial-ontologische Verfassung der Geschichtlichkeit muß *gegen* die verdekkende vulgäre Auslegung der Geschichte des Daseins erobert werden.«[81] Mit anderen Worten: »Was unter dem Titel Alltäglichkeit für die existenziale Analytik des Daseins als nächster Horizont im Blick stand, verdeutlicht sich als uneigentliche Geschichtlichkeit des Daseins.«[82] In dieser Konzeption ist kein Platz für die Historisierung ökonomischer oder sozialer Prozesse. Löwith bemerkte, sich auf Georg Lukács beziehend, daß die »soziale Realität [...] daher dem ›wesentlichen‹ Denken Heideggers genau so verschlossen [bleibe,] wie dem privaten Existentialismus von Jaspers und Sartre«.[83] Was aber Heidegger und Jaspers in dieser Hinsicht unterscheidet, ist, daß Jaspers unter ›Größe‹ große Taten und Gedanken faßte, während Heidegger von der »›Größe‹ des Schicksals, den Augenblicken der Gipfelhöhe des Seyns« sprach – und 1933 konkret von der »Herrlichkeit« und der »Größe dieses [deutschen] Aufbruchs«.[84]

Das alltägliche Leben, das »von der ›Welt‹ und dem Mitdasein Anderer im ›Man‹ völlig benommen ist«[85], existiert parallel zu dieser eigentlichen Geschichtlichkeit, kann aber nicht deren Gegenstand sein. Zwar bemüht sich Heidegger, eine strenge Wertung zu vermeiden – »das Nicht-es-selbst-sein fungiert als positive Möglichkeit des Seienden, das wesenhaft besorgend in einer Welt aufgeht«[86] – doch suggeriert seine Terminologie eine eindeutige Rangordnung, in der das eigentliche, schicksalhafte vor dem uneigentlichen, vulgären Dasein rangiert. Diese Sichtweise finden wir bei Arendt in stark modifizierter Form

---

80 Hannah Arendt, Was ist Existenzphilosophie?, Frankfurt a. M. 1990 (zuerst in: Partisan Review 8 (1946) 1, 34-56), 28 (Anm.). Später distanzierte sie sich jedoch von dem Aufsatz anläßlich einer Bitte um Erlaubnis für den Wiederabdruck: »Finally, I must warn you of my essay on Existentialism, especially of the part on Heidegger which is not only wholly inandequate but in part simply wrong. So, please forget about it.« Hannah Arendt an Calvin Schrag, 31.12.55, Library of Congress, Cont. 13, Dok.-Nr. 009466.

81 Martin Heidegger, Sein und Zeit, 375f.

82 Ebd., 376.

83 Karl Löwith, Heidegger. Denker in dürftiger Zeit, 54f.

84 Martin Heidegger, Grundfragen der Philosophie, 55 und Die Selbstbehauptung der deutschen Universität, Breslau 1933, 22; vgl. auch Einführung in die Metaphysik, 207f.: »Was heute vollends als Philosophie des Nationalsozialismus herumgeboten wird, aber mit der inneren Wahrheit und Größe dieser Bewegung (nämlich mit der Begegnung der planetarisch bestimmten Technik und des neuzeitlichen Menschen) nicht das Geringste zu tun hat, das macht seine Fischzüge in diesen trüben Gewässern der ›Werte‹ und der ›Ganzheiten‹.« Martin Heidegger, Sein und Zeit, 176.

85 Martin Heidegger, Sein und Zeit, 176.

86 Ebd.; vgl. auch 179.

wieder: die Unterscheidung Heideggers zwischen eigentlichem und uneigentlichem Dasein läßt sich auf Arendts Gegenüberstellung von sozialem und politischem Leben übertragen. Das ›Man‹, die Masse, ist für sie das Subjekt des sozialen Lebens, während das Individuum, das sich durch ›Größe‹ von der Masse abhebt, Subjekt des politischen Lebens ist. ›Größe‹ meint aber, anders als bei Heidegger, gerade *nicht* die Größe des Schicksals, sondern des individuellen Handelns und ist unmittelbar an das *politische* In-der-Welt-sein gebunden. Während Heidegger die Selbstentfremdung des Individuums fürchtete – »Das Man-selbst sagt am lautesten und häufigsten Ich-Ich, weil es im Grunde nicht eigentlich es selbst ist und dem eigentlichen Seinkönnen ausweicht«[87] – war Arendt der Überzeugung, daß *Welt*entfremdung, nicht Selbstentfremdung charakteristisch für die Moderne sei.[88] (Arendt selbst läuft eher Gefahr, nicht das ›Eigentliche‹, sondern das ›Politische‹ zum Fetisch zu machen und dadurch den Blick auf strukturelle Veränderungen ebenso zu verstellen wie ihr Lehrer.)

Tatsächlich geriet Heideggers Philosophie bzw. Arendts Interpretation derselben – nicht nur aufgrund der historischen Entwicklungen seit den frühen 30er Jahren – in einen unvermeidlichen Konflikt mit ihrer eigenen Handlungstheorie, deren Anfänge sich bereits in Notizen aus den 50er Jahren zeigen; 1951 schrieb sie in ihr Denktagebuch:

> »Nach Heidegger müßte der Mensch das Ereignis des Seins sein. Dies könnte klären den Ereignis-Charakter des menschlichen Lebens wie der menschlichen Geschichte. Handeln aber bleibt zweideutig: vermutlich gedacht als Antwortendes, Entgegnendes. Reine Spontaneität im Kantschen Sinne von ›eine Reihe von sich aus anfangen‹ wäre dann bereits Revolte, deren Möglichkeit darin bestände, daß das Sein, indem es sich in den Menschen ›ereignete‹, dem Menschen gewissermaßen sich auslieferte. Handeln im Sinne der reinen, autonomen Spontaneität wäre als Revolte die höchste Undankbarkeit gegen das, dem man sein Dasein verdankt.«[89]

Gerold Prauss wies darauf hin, daß Heidegger zwar 1946 seinen ›Brief über den Humanismus‹ mit dem Satz einleitete: »Wir bedenken das Wesen des Handelns noch lange nicht entschieden genug«[90], daß er aber nicht das halte, was er verspreche, denn er mache sich in dem ›Brief‹ herzlich wenig Gedanken über das praktische Handeln – weder über Ethik noch über eine Theorie des Handelns.[91] Während Arendt das Handeln als Inbegriff des Neuanfangs verstand, war Heidegger der Ansicht, das »Neue, Abweichende, Herausfallende und Ausgefal-

---

[87] Ebd., 322.

[88] Hannah Arendt, Vita activa, 249.

[89] Hannah Arendt, Denktagebuch IV (Mai 1951 – Juni 1951), 22.

[90] Martin Heidegger, Brief über den Humanismus, in: Wegmarken, Gesamtausgabe Bd. 9, Frankfurt a. M. 1976, 313

[91] Gerold Prauss, Heidegger und die Praktische Philosophie, in: Heidegger und die praktische Philosophie, 177.

lene« sei »geschichtlich unwesentlich«.[92] Arendts Umwertung ist keine offene Abwendung von Heideggers Ansatz – eher setzt sie innerhalb des gleichen Rahmens andere Schwerpunkte. Doch diese neue Akzentuierung ist notwendige Voraussetzung für die Entwicklung, in deren Zuge sich ihr Interesse für Politik und politisches Handeln ausbildte und an deren vorläufigem Ende sie zu dem Ergebnis kam, jegliche Philosophie – mit Ausnahme derer Kants – sei genuin apolitisch.[93] Am Anfang dieser Entwicklung steht der Essay über ›Aufklärung und Judenfrage‹, an ihrem Ende steht das Büchlein über ›Macht und Gewalt‹, in dem Arendt sich zur Studentenbewegung äußert. Erst in den letzten Jahren ihres Lebens kehrt sie zurück zur ›reinen‹ Philosophie – und setzt sich, in ›Vom Leben des Geistes‹, erstmals direkt mit Heideggers Philosophie auseinander.

VI.

So negativ Arendt über Historiographie als Wissenschaft dachte, so positiv dachte sie über das Geschichtenerzählen in unwissenschaftlicher Form. Letzteres erfordert, so Arendt, eine ausgeprägte Vorstellungskraft und führt zu einer Versöhnung mit der Welt: »Das Geschichtenerzählen enthält den Sinn, ohne den Fehler zu begehen, ihn zu benennen; es führt zu Übereinstimmung und Versöhnung mit den Dingen, wie sie wirklich sind, und vielleicht können wir ihm sogar zutrauen, implizit jenes letzte Wort zu enthalten, das wir vom Tag des Jüngsten Gerichts erwarten.«[94] Hier klingen sowohl Einflüsse der Philosophie Kants (Einbildungs- und Urteilskraft) und Hegels (Versöhnung mit der Weltgeschichte) an als auch Elemente christlichen (und jüdischen?) Geschichtsdenkens. Für Arendt persönlich war dieses Geschichtenerzählen tatsächlich eine Möglichkeit, sich mit der Wirklichkeit – und der Vergangenheit – zu versöhnen. So wundert es kaum, daß sie auch den ›Fall Heidegger‹ zu einer Geschichte, einer Fabel formte:

> »Heidegger sagt, ganz stolz: ›Die Leute sagen, der Heidegger ist ein Fuchs‹. Dies ist die wahre Geschichte von dem Fuchs Heidegger:
> Es war einmal ein Fuchs, dem gebrach es so sehr an Schläue, daß er nicht nur in Fallen ständig geriet, sondern den Unterschied zwischen einer Falle und einer Nicht-Falle nicht wahrnehmen konnte. Dieser Fuchs hatte noch ein Gebrechen, mit seinem Fell war etwas nicht in Ordnung, so daß er des natürlichen Schutzes gegen die Unbilden des Fuchsen-Lebens ganz und gar ermangelte. Nachdem dieser Fuchs sich seine ganze Jugend in den Fallen anderer Leute herumgetrieben hatte

---

92 Martin Heidegger, Grundfragen der Philosophie, 37.

93 Hannah Arendt, Was bleibt? Es bleibt die Muttersprache, in: Günther Gaus (Hg.), Zur Person. Portraits in Frage und Antwort, München 1964. Vgl. auch: Ernst Vollrath, Hannah Arendt und Martin Heidegger, 357.

94 Hannah Arendt, Isak Dinesen, 125.

und von seinem Fell sozusagen nicht ein letztes Stück mehr über war, beschloß er sich von den Füchsen recht ganz und gar zurückzuziehen und ging an die Errichtung des Fuchsbaus. In seiner haarsträubenden Unkenntnis über Fallen und Nicht-Fallen und seiner unglaublichen Erfahrenheit mit Fallen kam er auf einen unter Füchsen ganz neuen und unerhörten Gedanken: Er baute sich eine Falle als Fuchsbau, setzte sich in sie, gab sie für einen normalen Bau aus (nicht aus Schläue, sondern weil er schon immer die Fallen der anderen für Baue gehalten hatte), beschloß aber auf seine Weise schlau zu werden, und seine selbst verfertigte Falle, die nur für ihn paßte, zur Falle für andere auszugestalten. Dies zeugte wieder von großer Unkenntnis des Fallenwesens: in seiner Falle konnte niemand recht sein; weil er ja selbst drin saß. Dies ärgerte ihn; schließlich man weiß doch (sic), daß alle Füchse gelegentlich trotz aller Schläue in Fallen gehen. Warum sollte es eine Fuchsenfalle, noch dazu vom in Fallen erfahrenste aller Füchse hergerichtet, nicht mit den Fallen der Menschen und Jäger aufnehmen können? Offenbar, weil die Falle sich als solche nicht klar genug zu erkennen gab. Also verfiel unser Fuchs auf den Einfall, seine Falle am schönsten auszuschmükken, und schnell klare Zeichen zu befestigen, die ganz deutlich sagten: Kommt alle her, hier ist eine Falle, die schönste Falle der Welt. Von da an war es ganz klar, daß in diese Falle sich kein Fuchs je unabsichtlicherweise hätte verirren können. Dennoch kamen viele. Denn diese Falle diente ja unserem Fuchse als Bau. Wollte man ihn im Bau, wo er zu Hause war, besuchen, mußte man in seine Falle gehen. Aus der freilich konnte jeder herausspazieren außer ihm selbst. Sie war ihm wortwörtlich auf den Leib geschnitten. Der Fallen-bewohnende Fuchs aber sagte stolz: so viele gehen in meine Falle, ich bin der beste aller Füchse geworden. Und auch daran war etwas Wahres: niemand kennt das Fallenwesen besser, als wer zeitlebens in einer Falle sitzt.«[95]

Die Belohnung für das Geschichtenerzählen liegt, so schrieb Arendt 1968 in Anlehnung an Isak Dinesen, »darin, etwas loslassen zu können«.[96] Gleichzeitig war sie davon überzeugt, daß man eine Geschichte erst dann erzählen könne, wenn sie an ihr Ende gekommen sei, daß sich erst dann ihr Sinn enthülle und »wir also zeit unseres Lebens in eine Geschichte verstrickt sind, deren Ausgang wir nicht kennen«.[97] Insofern ist auch diese Fabel nur ein Zwischenbericht. Heidegger überlebte Arendt um drei Monate und brachte sie damit – an ihrem Maßstab gemessen – um die Möglichkeit, ihre eigene Geschichte zu erzählen. So wäre es nun die Aufgabe des Historikers, der Geschichte Arendt-Heidegger einen Sinn zu geben.

Sicher ist es schwierig, den feinen Unterschied zwischen Inspiration, Beeinflussung und intellektueller Abhängigkeit zu definieren, insbesondere wenn es sich um zwei so komplexe Lebenswerke handelt wie Arendts und Heideggers. Offensichtlich ist, daß Arendt Heidegger – egal ob in Ablehnung oder Zustimmung – einfach nicht ›loslassen‹ konnte. Das heißt nicht, wie Ettinger interpretiert, daß es sich um eine quasimasochistische Beziehung und intellektuelle Abhängigkeit handelte, sondern zunächst, daß Arendt es aufgrund ihrer persönlichen Beziehung (sie war 18 Jahre alt, als sie ihn kennenlernte!) allenfalls schwerer als mancher Zeitgenosse hatte, sich dem Einfluß dieses charismatischen

---

[95] Denktagebuch XVII (Juli 1953), 15-18.
[96] Hannah Arendt, Isak Dinesen, 115.
[97] Hannah Arendt, Vita activa, 184.

Denkers zu entziehen. Es ist naiv zu glauben, daß Arendt, weil sie Jüdin war, sozusagen ein Gespür dafür hätte haben müssen, welchen Weg Heidegger einige Jahre später einschlagen sollte. Tatsächlich waren viele deutschsprachige Juden (neben Arendt z.B. Franz Rosenzweig, Karl Löwith, Leo Strauss oder Paul Celan) in gleichem Maße von Heideggers Persönlichkeit und seiner Philosophie beeindruckt, wie ihre nichtjüdischen deutschen (und französischen) Zeitgenossen. Arendts retrospektiv beunruhigende Schwärmerei für den ›letzten Romantiker‹ und ihre lebenslängliche Loyalität ihm gegenüber macht sie nicht zur selbsthassenden Jüdin und legitimiert auch nicht die Interpretation ihres Werkes als eines puren Abklatsches der heideggerschen Philosophie. Die persönliche Beziehung ist die historische Illustration einer philosophischen Strömung, die durch Heidegger repräsentiert wurde und die weit mehr europäische Dichter und Denker erfaßte als nur Hannah Arendt.

Summary

Hannah Arendt and Martin Heidegger. History and Society

The essay ›Hannah Arendt und Martin Heidegger. Geschichte und Geschichtsbegriff‹ examines the relationship between Heidegger and Arendt on two separate levels. The essay's first section contains a description of the 1925-1975 correspondence between these figures. The second section is concerned with the question of Heidegger's influence on Arendt's notion of history. The section's central argument, which is based on the correspondence along with other partly unpublished sources (e.g. Arendt's *Denktagebücher*), is that Arendt directly incorporated some elements from Heidegger's early work, such as an intuitive approach to history and the rejection of history as a science, into her own writing, while at other times thinking ›with Heidegger against Heidegger‹: for instance, in her transformation of the Heideggerian concept of ›being-unto-death‹ into her own concept of natality and a (historical) new beginning. The essay concludes is that while Arendt was indeed strongly influenced by Heidegger as were many of her contemporaries, she also achieved distance from Heidegger's philosophy, succeeding-particularly as regards her approach to history-in marking off her own intellectual terrain.

Rezensionen

Alois Riklin: *Die Führungslehre von Niccolò Machiavelli.* Bern-Wien 1996 (Verlag Stämpfli & Cie AG). 160 S.

Alois Riklin: *Giannotti, Michelangelo und der Tyrannenmord.* Bern-Wien 1996 (Verlag Stämpfli & Cie AG). 116 S.

Alois Riklin: *Ambrogio Lorenzettis Politische Summe.* Bern-Wien 1996 (Verlag Stämpfli & Cie AG). 144 S.

Alois Riklin, der an der Universität St. Gallen Politische Wissenschaft lehrt, hat drei anregende Studien zum politischen Denken der Renaissance verfaßt. Machiavelli, Giannotti und Lorenzettis berühmtes Fresco im Palazzo Pubblico in Siena sind die Themen dieser Untersuchungen. Sie umspannen einen Zeitraum, der von der Früh-Renaissance – Lorenzetti malte seinen Zyklus zwischen 1338 und 1340 – bis zum Höhepunkt der Florentiner Renaissance am Beginn des 16. Jahrhunderts reicht.

(1) *Die Führungslehre von Niccolò Machiavelli* – Riklins erste Studie beginnt mit einer Frage, welche die Realität bereits eingeholt hat. Machiavelli für Führungskräfte, Machiavelli für Manager, das ist keine hypothetische oder ironische Frage mehr. »Management bei Machiavelli« lautet der Titel eines Buches von Antony Jay, und die Cornell University darf sich des zweifelhaften Ruhmes erfreuen, an ihrer School of Business and Public Administration den ersten Machiavelli-Kurs für Manager tatsächlich durchgeführt zu haben.

Warum Machiavelli? Warum Machiavelli für Manager? Offenbar bürgt der Name für Praktiken, welche Karriere und Erfolg verheißen. Man empfiehlt – dies sind Beispiele aus einem deutschsprachigen Machiavelli-Kurs – Maximen wie diese: »Tue Gutes selbst und delegiere Schlechtes!«; »unterscheide zwischen offiziellen und tatsächlichen Gründen und verschweige die tatsächlichen!« Der Name Machiavelli steht für Praktiken, die man ansonsten Opportunismus, Gerissenheit, Skrupellosigkeit, Lüge, Verrat etc. nennt.

Riklins Studie zu Machiavelli nimmt das Phänomen des von den Fürsten zu den Managern heruntergekommenen Machiavelli zum Anlaß, nach Machiavellis Führungslehre und nach seiner Lehre überhaupt zu fragen. Dialektisch vorgehend, wird der These von der Nützlichkeit des Machiavelli die Gegenthese gegenübergestellt. Es folgt die Darstellung des recht verstandenen »Nutzens« der Lehre für Aufgaben der politischen, wirtschaftlichen und militärischen Führung. Dazu hat Machiavelli manches zu sagen, was allerdings nicht auf die Formeln der Manager-Kurse zu bringen ist.

Die Gegenthese zum Machiavelli-Mißbrauch der Manager-Kurse ist einfach zu begründen. Machiavellis eigene Biographie war nicht gerade vom Karriereerfolg geprägt, versteht man darunter Erfolg in Wirtschaft oder praktischer Politik. Machiavelli ist in der Politik gescheitert. Die Krise Italiens und seiner Heimatstadt Florenz hat ihn zur Misanthropie verführt; seine Maximen sind Ratschläge für den Notfall, nicht für den Normalfall. Sein großes Vorbild schließlich, der Cesare Borgia – auch er bekanntlich ein letztlich Gescheiterter – war ein »politischer Gangster«. Möchte man dies tatsächlich empfehlen: »politisches Gangstertum«?

Karriere, Erfolg, Opportunismus, gleichgültig mit welchen Mitteln, in solchen Zielsetzungen ist nach Riklin nicht die Stärke der Lehre des Machiavelli zu sehen. Diese erschließt sich erst in anderer Perspektive, wenn Machiavellis Lehre von virtù und fortuna, necessità und occassione ernster genommen wird. Riklin liest sie als eine Lehre von der politischen Gestaltungskraft, ihren Grenzen und ihren Chancen. Riklin interpretiert aus Machiavellis Grundbegriffen das heraus, was man ansonsten politischen Realismus nennt.

Was aber ist dann von der berüchtigten Amoralität des Machiavellismus zu halten? Riklin leugnet diese nicht. Sein Versuch, aus Machiavelli eine Führungslehre zu entwickeln, wird auf die Gewinnung einer moralisch neutralen Klugheitslehre beschränkt. Daß diese für eine Machiavelli-Deutung nicht ausreicht, zeigt der Schluß des Werks. Der Immoralismus Machiavellis ist auch ein Amoralismus, und Riklin erklärt ihn aus dem maßlosen Patriotismus, dem Machiavelli verfallen war. ›Er liebte sein Vaterland mehr als seine Seele.‹ Und dieser absolute Patriotismus hat Machiavelli zur Entrechtung der Individuen und zu einer Außenpolitik verleitet, welche allein an Expansion und imperialer Ambition ausgerichtet war.

(2) Machiavelli gehört zu den berühmten politischen Denkern der Neuzeit. Sehr viel weniger bekannt ist sein Florentiner Landsmann *Giannotti*, welcher zehn Tage, nachdem Machiavelli nicht mehr zum Sekretär des »Rates der Zehn« gewählt worden war, genau dieses Amt übernahm. Von den Medici 1530 verbannt, schrieb Giannotti einen »Discorso« über die Republik Florenz. Noch gewichtiger ist seine »Republica fiorentina«, die er 1532 bis 1534 niederschrieb. Darüber hinaus hatte Giannotti eine Schrift über Venedig verfaßt. Er hatte die beiden großen Republiken Italiens, Florenz und Venedig, zu seinem Thema gemacht.

Das spezielle Interesse der Schrift Riklins gilt der Erinnerung an die Freundschaft von Giannotti und Michelangelo. Sie hat ihre Spuren sowohl im Werk Michelangelos als auch im Werk Giannottis hinterlassen. So hat Giannotti einen Dialog verfaßt, ein Gespräch zwischen Michelangelo und ihm selbst. Beide streiten darin über Dantes »Divina Commedia«; sie streiten über die bei Dante so verstörende Verbannung des Brutus in die unterste Hölle. Dante hatte den Brutus in den Rachen des Lucifer gesteckt. Der Dichter hatte den Caesar-Mörder verdammt, und in den »Gesprächen mit Michelangelo« kritisiert Giannotti den Dichter, während ihn Michelangelo zu verteidigen sucht.

Was hinter diesem Streit steht, erklärt Riklin durch die Brutus-Büste des Michelangelo. Nach Riklins origineller Hypothese hat Michelangelo auf der fibula dieser Büste niemanden anderen als Giannotti selbst dargestellt. Dafür spricht nach Riklin, daß Giannotti dem Michelangelo den Auftrag zur Schaffung dieser Büste verschafft hatte, und dafür spricht, daß Giannotti in den »Gesprächen mit Michelangelo« sowie in der »Republica fiorentina« für den Brutus Partei ergreift – Dantes Dichtung zum Trotz. Michelangelo hätte demnach durch seine Büste den Freund Giannotti als einen Möchte-Gern-Brutus verewigt – eine Hypothese, deren Reiz in der Kombination von Textevidenz und Kunstwerk besteht.

So reizvoll diese Hypothese ist – in der mangelnden Eindeutigkeit des Kunstwerkes ist zugleich auch ihre Schwäche verborgen. Die Hypothese Riklins wird sich weder eindeutig beweisen noch widerlegen lassen. Das Porträt auf der fibula der Brutus-Büste kann ebensogut als ein Portrait des Brutus selbst durchgehen. Der Vergleich der Physiognomien gibt zuwenig Aufschluß darüber, ob Brutus oder Giannotti gemeint gewesen ist.

Ganz unabhängig freilich von dieser Frage wird man durch Riklins Schrift an einen bedeutenden Theoretiker der Republik erinnert. Giannotti war der letzte bedeutende politische Denker, den Florenz nach Dante, Salutati, Bruni, Savonarola, Guiccardini und Machiavelli hervorgebracht hat. Seine »Republik Florenz« liegt inzwischen in deutscher Übersetzung vor (München 1997, Verlag Wilhelm Fink). Ein zu Unrecht verkannter politischer Denker der Renaissance wird damit wieder in die Diskussion gebracht.

(3) Wer den Palazzo Pubblico von Siena betritt, begegnet einem der bedeutendsten Werke politischer Ikonographie: *Lorenzettis* Fresco über das gute und schlechte Regiment. Geschaffen im Auftrag der Neun Herren, der Nove von Siena, ist dieses Bild eine »politische Summe«, »a pictorial Summa of government« (Rowley), vergleichbar den großen philosophischen Summen jener Zeit. Lorenzetti hatte nicht nur das gute und das schlechte Regiment gemalt. Er hatte auch Allegorien der Tugenden, der Stände sowie der Wirkungen guter und schlechter Herrschaft gegeben. Er hatte darüber hinaus noch Jahreszeiten, Planeten und die freien Künste dargestellt. Viele Interpreten haben sich in den letzten Jahrzehnten an diesem Werk versucht. Riklin wagt – bisherige Deutungen souverän diskutierend – eine neue Interpretation.

Rubinstein hatte Lorenzettis Fresken durch Aristotelismus und Thomismus erklärt – eine naheliegende Deutung. Skinner dagegen hatte die praehumanistischen und römischen Quellen des Werkes hervorgehoben. Dabei diente Skinner Lorenzettis Freskenzyklus als ein Beispiel für die These, daß der Praehumanismus nicht nur aristotelische und thomistische, sondern vor allem römische Wurzeln gehabt habe, die Renaissance eher von Rom als von Athen aus zu deuten sei. Wiederum anders hat Kemper die Motive des Freskenzyklus auf die Stadtgeschichte von Siena zurückgeführt.

Riklin ergänzt diese Deutungen – ihr relatives Recht anerkennend – durch die neue These, daß die Allegorien Lorenzettis vornehmlich durch ihren religiös-biblischen Hintergrund zu erklären seien. So seien die Allegorien des guten Regiments Anspielungen auf das Alte (rechte Seite) und Neue Testament (linke Seite), und im Schnittpunkt dieser Anspielungen stehe die Figur der pax, Altes und Neues Testament vereinend.

Nun mag es durchaus sein, daß Riklin mit diesem Verweis auf biblisch-theologische Hintergründe des Werkes einen bisher nicht benutzten Schlüssel der Deutung an die Hand gibt. Bedenklich an einer solchen Deutung des Zyklus ist allerdings, daß die pax nicht die Hauptfigur des Werkes ist. Hauptthema ist nach Riklins eigener Auswertung der Bildlegenden weder die pax noch eine Lehre von Krieg und Frieden. Hauptthema ist vielmehr die Gerechtigkeit, die in der klassischen Philosophie die zentrale ethische und politische Tugend war.

In der ersten Bildlegende heißt es von dieser Gerechtigkeit:

Wo diese heilge Tugend regiert,
führt sie die vielen Seelen zur Einheit,
und diese so vereint,
erlangen ein Gemeinwohl für ihren Herrn.

An dieser letzten Zeile haben sich weitere Streitfragen der Deutung entzündet. Schon die Übersetzung ist umstritten. Rubinstein will lesen: »sie machen das Gemeinwohl zu ihrem Herrn«. Skinner übersetzt: »sie erlangen das Gemeinwohl durch ihren Herrn«. Riklins Übersetzung (»erlangen ein Gemeinwohl für ihren Herrn«) hat den Vorzug der Genauigkeit. Jedoch ist in jedem Fall die Frage, was man unter dem »Herrn« zu verstehen hat. Ist es die Kommune selbst? Ist es die Regierung oder der Regent? Man möchte schon wegen des »civile effetto« der Gerechtigkeit, der ebenfalls genannt wird, die Bürgerlichkeit des Herrschaftsbegriffs betonen. Aber man gerät damit, so oder so, in den Streit um den Beginn der kommunalen Selbstverwaltung in Italien, für den ganz unterschiedliche Jahreszahlen in Umlauf sind.

Riklins Untersuchungen zu Giannotti und Lorenzetti sind schöne Beispiele dafür, daß politisches Denken nicht allein aus Texten erschlossen werden kann und darf. Politik und politisches Denken dokumentieren sich ebensosehr in der

Kunst einer Epoche, in Plastiken, Gemälden und der Architektur öffentlicher Räume und Gebäude. Wie diese einzubeziehen sind in ein politisches Denken, das der Kulturhöhe einer Zeit gewachsen bleibt, dafür sind die Werke Riklins Vorbild und Ansporn. Sie beweisen, wie belehrend und unterhaltend eine politische Ikonographie sein kann.

Henning Ottmann, München

Carl Schmitt – Briefwechsel mit einem seiner Schüler. Hrsg. von Armin Mohler in Zusammenarbeit mit Irmgard Huhn und Piet Tommissen, Berlin 1995 (Akademie Verlag). 473 S.

Kaum eine Veröffentlichung zu Carl Schmitt, die nicht mit Anspielungen auf die eigentümliche Wirkungsgeschichte des Juristen und politischen Theoretikers einsetzte. So auch diese Bemerkungen anläßlich der Edition von Briefen Schmitts an einen seiner Schüler.

(1) In der Besprechungsliteratur zu den neueren Büchern von und über Schmitt war bisweilen ein deutliches Unbehagen daran herauszulesen, daß der Jurist a) noch immer eine solche Aufmerksamkeit auf sich zieht und b) inzwischen gleichberechtigt unter diejenigen verbucht wird, mit denen auseinanderzusetzen sich lohnt. Wie sind diese Vorbehalte zu erklären, sich einem doch unzweifelhaft wirkmächtigen und bisweilen sogar anregenden Traditionsstrang der deutschen Geistesgeschichte zu stellen? Zum einen hat sich bestätigt, daß der Name Carl Schmitt innerhalb der politischen Kultur der (alten) Bundesrepublik noch immer einen hohen symbolischen Gehalt besitzt. Sicher nicht zu Unrecht wird er mit abgelebten und anzulehnenden Tendenzen einer potentiell ungehegten Politik konnotiert. Auf der anderen Seite haben viele der jüngeren Auseinandersetzungen mit Carl Schmitts Werk – bei aller Fragwürdigkeit der darin enthaltenen Optionen – die Fruchtbarkeit der darin angesprochenen *Problem*stellungen noch einmal eindrucksvoll belegt.

Die meisten der jüngeren Forschungen zur *Wirkungs*geschichte haben freilich ergeben, daß eine tatsächlich von Schmitt ausgehende Gefahr für die zweite deutsche Demokratie jedenfalls kaum gegeben war. Die Literatur zur Einschätzung von Schmitts »Fall« (zuletzt durch Andreas Koenen) hat erwiesen, daß sich Schmitt – selbst für die entscheidenden Jahre nach 1933 – nur bedingt als bedeutende Figur der politischen Geschichte kennzeichnen läßt, dazu sind seine eigenen Interventionen in die praktische Politik letztlich zu marginal gewesen. Dennoch wirft seine Figur als Intellektueller in der Zeit durchaus charakteristische Lichtreflexe auf das, was etwas altertümlich als das Verhältnis von Geist und Macht bezeichnet worden ist. Und hier gibt es offenbar emotionalen Widerstand, die symbolische Bedeutung Schmitts zu relativieren, indem man seine Motive und Loyalitäten für konkrete Situationsentscheidungen ausdifferenziert, sie »verstehbar« werden läßt. Seine Rolle als zwar hochsensibler Deuter, die politische Dynamik seiner Theoreme aber auch frappant unterschätzender Denker ist ja auch ebenso aufschlußreich gewesen wie die Bedeutung, die ihm stellvertretend für diese Probleme innerhalb der politischen Kultur der Nachkriegszeit zugeschrieben worden ist.

Der hier anzuzeigende Briefwechsel bestätigt, daß der Schmitt der Nachkriegszeit kaum noch ein bohrender, gefährlicher Analytiker des liberalen Staatswesens gewesen ist. Sein bitterer Spott ist das einzige, was des Antidemokraten Herz an diesen Briefen über Bekanntes hinaus erfreuen dürfte. Und selbst Demokraten mögen einen »klammheimlichen« Gefallen daran finden, wenn einer virtuos Liberale beschimpft und den Finger auf die Schwächen der bisweilen allzu langen Entscheidungsketten des parlamentarischen Systems zu legen versteht. Die Demokratie ist eben nicht perfekt; nur können die größeren Übel zugunsten der kleineren aus dem Amt gewählt werden. Das macht sie so überlegen. Aber es geht den Kritikern ja wohl auch weniger um die Gefährdung der Bundesrepublik durch Unterminierer wie Schmitt. Ging und geht es bis heute nicht vielmehr darum, daß die ernste Würde des Neuanfangs sich nicht den Sarkasmen derjenigen ausgesetzt sehen wollte, die erwiesenermaßen »danebengelegen« hatten, als es ihnen selbst noch bitterernst gewesen war? Der Preis dieser Stigmatisierung freilich scheint es zu sein, daß eine Auflösung jener merkwürdigen Faszinationskraft letztlich verhindert wird, weil sich der Mythos Carl Schmitt fortschreibt.

(2) Armin Mohler, der Empfänger und Herausgeber dieser Briefe aus dem Zeitraum von 1948 bis 1980, ist während seines öffentlichen Lebens stets professionell mit Wirkungsgeschichte befaßt gewesen. Seine Aufmerksamkeit galt der Geschichte und Nachgeschichte der von ihm nachträglich eigentlich erst formierten ›Konservativen Revolution‹ und darin vornehmlich den beiden neben Heidegger vielleicht erfolgreichsten Protagonisten aus dieser Gruppierung, Ernst Jünger und Carl Schmitt.

Gerade jetzt, wo die Konservative Revolution wieder mehr Aufmerksamkeit erfährt (es gibt jetzt sogar ein »Jahrbuch«), darf man sich von ihrem Notar Auskünfte über ihr Nachleben wünschen. Mohler hat auf seinen »Rekognoszierungsreisen« (S. 23) zu den Vertretern der Konservativen Revolution, die ihn 1948 auch zu Carl Schmitt geführt hatten, ausführliche Gelegenheiten zu Vergleichen gehabt. Gerne wüßte man z.B. genauer, warum und worüber sich die Revolutionäre von einst nach 1945 so stark voneinander entfremdet haben, warum es trotz Mohlers Angebot, sich erneut zu sammeln, nicht mehr dazu gekommen ist und »Die Konservative Revolution in Deutschland« auf diese Weise entgegen ihrer Absicht zu einem rein historischen Werk geworden ist, gleichsam zur Festschrift einer pensionierten Geistesströmung.

Bis auf einige Fußnoten-Erläuterungen schlägt sich jedoch von diesem Wissen kaum etwas in der Edition nieder. Zwar ist Carl Schmitt in seiner Rezeptionsgeschichte der Nachkriegszeit sicher nicht uncharakteristisch für das Fortleben des revolutionär-konservativen Gedankenguts insgesamt. Doch vermag sich weder Schmitt selbst noch die Kommentierung seiner Briefe von der Fixierung auf die eigene Person und ihrer vermeintlich exzeptionellen Bedeutung zu entfernen. So bietet diese Korrespondenz vornehmlich indirekte Beiträge zu einer Soziologie der geistigen Entfremdung.

Eine sich liberalisierende und pluralisierende Gesellschaft versteht es, politischen Extrem-Positionen durch ihr Verständnis das Wasser abzugraben, so daß im Gefolge die heroischen Temperamente der präzisen Definition und Abgrenzung oft beginnen, sich selbst zu zerfleischen. Dieser Mechanismus »repressiver Toleranz« traf letztlich auch auf Schmitt zu, dem doch nach 1945 zunächst mit nur wenig Toleranz begegnet wurde. Anders als die meisten Mitglieder der ehemaligen NS-Funktionseliten erwies sich die rechte Deutungselite der 20er/30er Jahre als tief im Gestrüpp der Vergangenheitsbewältigung befangen. Es gelang ihr daher nicht, dauerhafte Seilschaften zu etablieren, mit deren Hilfe man sich kollektiv wieder ins Recht hätte setzen können. Derart individualisiert, beschränkte sich die Kommunikation oft auf »diplomatische Kontakte«, die zwei »gleichermaßen Verfolgte« wieder aufnahmen (wie Mohler über Schmitt und dessen früheren Konkurrenten Koellreutter bemerkt, S. 206). Erstaunlich ist in dieser Hinsicht erneut, wie distanziert das Verhältnis Schmitts zu Ernst Jünger tatsächlich gewesen ist. Von einer Männerfreundschaft zwischen beiden wird man nach dieser Lektüre kaum noch reden wollen.

Armin Mohler hat sein 1968 erschienenes Buch »Vergangenheitsbewältigung. Von der Läuterung zur Manipulation« nachträglich als das Gesellenstück dessen bezeichnet, was er von Schmitt über »die Anatomie einer politischen Situation« gelernt habe (S. 384). Auch sonst ist eines der Hauptgesprächsthemen der Briefe die Verfemung und ihre Wirkweisen. Bezeichnenderweise kommt es zu einer merklichen Abkühlung im Verhältnis der Korrespondenzpartner, als Mohler selbst die Aufmerksamkeit der von ihm beschriebenen »Vergangenheitsbewältiger« auf sich zieht. Nachdem er 1967 den Adenauer-Preis der Deutschland-Stiftung erhalten hatte und Probleme bekam, sich in Deutschland auch akademisch zu etablieren, wurde er selbst zum »Fall«.

Kurz vorher hatte die Bekanntschaft in der Zeit um 1965 noch einmal einen Höhepunkt erlebt, als Mohler sein erstes rein politisches Buch »Was die Deutschen fürchten« Schmitt gewidmet hatte als »von einem der zugibt, von ihm gelernt zu haben.« Schmitt bereitete dieses »heroische« Bekenntnis große Vorfreude: »Warten wir jetzt ab, was die Richterknaben, die Sauren, die National-masochisten, die Zeitgeschichtler, die Tabu-Polypen, die Volkspädagogen, die Buss- und Kollektiv-Scham-Schamanen, kurz, was die Grosse Koalition dazu zu sagen hat, die Einheitsfront der reinen Moral und der reinen Unpolitik, die Bruderschaft des Herder-Verlages mit Mitscherlich's Vater–(Sohn- und Geist)-loser Gesellschaft.« (S. 355f.) Es mag ihn enttäuscht haben, daß diese Widmung bei Mohlers – wie er es selbst nennt – »Hexenjagd« dann aber nur eine untergeordnete Rolle gespielt hat.

(3) Leider wird diese Veröffentlichung die manchmal geäußerte Ahnung, daß auch der sagenumwobene Nachlaß des Gelehrten vielleicht doch nicht die großen Schätze verbirgt, die man sich daraus versprach, eher bestätigen. Dabei ist diese Ahnung nur insofern zutreffend, als in der Tat kaum unveröffentlichte Texte darin schlummern, die einer Bergung harren. Die Briefe jedoch sind von unschätzbarem Wert. Das gilt vornehmlich für die Tausende von Briefen *an* Schmitt, der überwiegende Teil davon aus der Nachkriegszeit. Und diese sind es, die der Nachlaß hauptsächlich enthält. Es zeigt sich darin, wie Schmitt nach 1945 eine Maske auszufüllen begann in den unterschiedlichen Vorstellungswelten nicht nur der Marginalisierten, sondern wie er zu einer Projektionsfigur junger Wilder oder sonstiger *angry men* wurde. Für Schmitt, das merkte er bald, machte es Sinn, sich seinen Gesprächspartnern nach Möglichkeit nur je einzeln zu stellen, um nicht in heillose Konflikte zu geraten. Diese brachen erst in den 60er Jahren auf, als Mohler und viele von Schmitts loyalen Freunden sich zunehmend irritiert zeigten von dessen Offenheit bzw. enttäuscht darüber, daß er nicht länger ihren Rollen-Erwartungen entsprach. Im Briefwechsel kommt diese Entfremdung wegen seines »Techtelmechtels« mit den 68ern (S. 400) nur sehr vorsichtig zum Ausdruck. Was aber deutlich wird, ist, daß wiederum Bekenntnis und Nicht-Bekenntnis bzw. Abgrenzung zum entscheidenden Kriterium für die Enge einer Beziehung wird, bei der das Verhältnis Schüler-Meister nie überwunden wird. Auch die Kommentierung des Briefwechsels läßt eindeutig Vorlieben und Abneigungen spüren. Sie dienen eher der weiteren Schulbildung, nicht der Vermittlung eines Denkens, um dessen sachlichen Gehalt es den Herausgebern zu tun wäre.

Es ist sehr bedauerlich, daß die Briefe von Mohler selbst nicht bzw. nur gekürzt abgedruckt wurden. Nachdem die wesentlichen Stationen von Carl Schmitts Leben, Werk und Wirkung in den letzten Jahren nachgezeichnet wurden, ist in gewisser Hinsicht nun *er* der Interessantere, denn einen vergleichbaren Kenntnisstand besitzt man über die jungen Rechten der früheren Bundesrepublik nicht. Das, was Mohler so bedeutsam macht, ist weniger seine Deutung der Konservativen Revolution im einzelnen. Hier scheinen im Gegenteil wesentliche seiner Grundannahmen – etwa die von dem fundamental unchristlichen Charakter – inzwischen widerlegt zu sein. Seine Bedeutung liegt vielmehr ideenpolitisch in seinen Initiativen zur Rettung und Resurrektion eines der virulentesten geistigen Zusammenhänge in der ersten Hälfte unseres Jahrhunderts. Schmitt freilich verweigerte sich eindeutigen Zuordnungen und er vermied es, zu einem Aushängeschild interessierter Kreise zu mutieren. Mohler schrieb unter dem 6. Juli 1968 etwas enttäuscht:

»Mein altes Thema ist ja, dass Sie sich zum Einzelgänger machen wollen. Dabei sind Sie das Haupt der einen der beiden einzigen Schulen von Belang im Deutschland dieses Jahrhunderts, Heidegger und C.S. Nun, die Ihre ist, wie Sie wissen, auch mir lieber, und dass es eine richtige

Schule ist, sieht man schon daran, dass es Linksschmittianer und Rechtsschmittianer und Zentralschmittianer gibt, die sich unter Berufung auf ihren Meister fröhlich streiten.« (S. 391)

Für den Streit war Schmitt durch die Heterogenität seiner Zugriffe und die Buntheit seiner Anhängerschar gewissermaßen selbst verantwortlich. Mohler hat Schmitt daher in die Ahnenreihe der Postmoderne zu stellen versucht – um die *bricolage* seiner Zugriffe zu erklären, aber auch, um ihn anschlußfähig zu halten. Hierbei ist er jedoch nicht allzu weit vorgedrungen, denn eine Gegenströmung der Carl Schmitt-Literatur legte zur gleichen Zeit die religiöse Grundierung überzeugend frei, die Mohler hatte marginalisieren wollen. Ausgerechnet der Nachfolger Mohlers als Leiter der Münchener Siemens Stiftung, Heinrich Meier, hat vor kurzem eine Analyse vorgetragen (*Die Lehre Carl Schmitts*, 1994), die zur Überzeichnung ins Gegenteil neigte. In ihrer Stilisierung Schmitts zum Ultramontanen betonte sie freilich erneut, daß es eine »Lehre« politischer Philosophie, die für moderne politische Konstellationen attraktiv wäre, bei Carl Schmitt nicht zu holen gibt.

(4) Ironischerweise gibt der Wirkungs-Historiker Mohler an, der Anlaß für die Edition sei die Befürchtung gewesen, daß der Mensch Carl Schmitt hinter seiner Wirkung zu verschwinden drohe (S. 7). Und in der Tat gibt es im Briefwechsel wieder Bausteine zum Verständnis von Schmitts Faszination als Mensch, nicht nur als bitter-sarkastischer Kommentator der Zeit. Sie machen noch einmal die Mechanismen deutlich, mit denen Schmitt interessierte und suchende Menschen an sich band – durchaus eine »Verführung«, denn hinter den diplomatischen Außenbeziehungen verbarg sich ein Individuum, in dessen zerrissenes Innen man vor wenigen Jahren im »Glossarium« (1991) einen erschreckenden Blick hatte werfen können.

Die Briefe machen auch deutlich, daß es nicht in erster Linie die Kraft des Arguments gewesen ist, die enge persönliche Bindungen zu Carl Schmitt erzeugte, sondern dessen Art des Assoziierens, die ständig geheime oder verschlossene Bereiche der geistigen Landschaft zu öffnen versprach und manchmal sogar eröffnete. Immer wieder ist von geistesgeschichtliche Runen (42), verborgenen Kernen (49) oder Orakeln (52) die Rede. Derart neugierig gemacht, warte, wie Jacob Taubes es 1958 in einem Schreiben an Schmitt formulierte (vgl. S. 253!), auf Schmitts »Flaschenposten« am anderen Ufer immer jemand.

Auch wird die Rolle Mohlers als Medium sichtbar, und sie wurde von Schmitt weidlich genutzt, um sich Unterlagen besorgen zu lassen. Mohler gibt sich als notorischer Schüler, der hier nur in dritter Person oder kurz als »AM« auftaucht. Es sei zweierlei, so Mohler, was er dem Lehrer zu verdanken habe: »im Vordergrund die Schärfung des Blicks für das Politische schlechthin, und dahinter die beginnende Aufschließung der Welt.« (S. 90) –»Das Thema«, so Mohler weiter, sei die Frage gewesen: »wie hat sich der Deutsche in dem seit

1914 andauernden Krieg gegen Deutschland zu verhalten? Das weitere Leben von AM hat sich nach dieser ›Erhellung‹ ausgerichtet.« (S. 75) Das Politische erscheint in den Briefen freilich nur noch als Wende- und Verschwörungskunst: »Die Rolle des Nicht-Konvertiten im Zeitalter der allgemeinen Konvertibilität ist schwer, aber ehrenvoll.« (S. 184) Wirklich originell ist Schmitt zuletzt nur noch im Beschreiben der eigenen Situation, etwa als »Invalide des globalen Weltbürgerkrieges« oder als »Chaopolit« (S. 54). So ist es kaum mehr als das Nachglühen eines früheren geistigen Feuers, und unter die wenigen wirklich aufschlußreichen Stellen zählt vielleicht Schmitts Hinweis auf seine tatsächlichen Verbindungen zu General Schleicher (S. 32f.).

Mag sein, daß das Eigentliche zwischen Schmitt und Mohler in der Tat mündlich verhandelt wurde. Die Ursachen für die Bewunderung Carl Schmitts lassen sich über dessen Briefe jedenfalls nicht unbedingt erschließen. Vielmehr trifft auch für diese Edition zu, was Mohler selbst an einem Aufsatz kritisierte, den Schmitt 1962 in der »Zürcher Woche« über Rousseau geschrieben hatte: »Ich kann meine Meinung nicht ändern, daß Sie zu sehr in Andeutungen sprechen und zu sehr voraussetzen, daß der Leser bei jeder Andeutung merkt, was dahinter steht. Für Ihre Freunde ist der Aufsatz ein Genuss. Für einen der erstmals auf C.S. stößt bei der Gelegenheit, muß er verwirrend wirken.« (S. 321)

(5) In der vorgelegten Form bleiben Briefwechsel wie diese nicht mehr als Liebhaber-Editionen. Die Kommentierungen sind zu subjektiv, die Fülle der Bezüge und Anspielungen bleibt dem Außenstehenden unentdeckt. Aber gibt es überhaupt noch Außenstehende, die sich für Carl Schmitt interessieren? Es gibt Hinweise darauf, daß die neuerliche Welle von Literatur zu Carl Schmitt einem vorläufigen Zustand der Erschöpfung zustrebt. »Carl Schmitt und XY« oder »Die Soundso-Lehre/das Soundso-Denken bei Carl Schmitt« lauten die jetzt auf dem Markt erscheinenden Titel. Dies sind zweiffellos notwendige Beiträge, die zur weiteren Verortung seines Werkgehalts beitragen. Und sie zeigen, daß es kaum noch Ängstlichkeiten gibt, sich diesen Gehalten sachlich zu stellen.

Es wäre jedoch zu wünschen, daß noch mehr Material bereitgestellt und gesichtet würde, aus dem heraus sich die Soziologie einer gescheiterten Fraktion der geistigen Elite erschließen ließe. Dieser Briefwechsel stellt einen Anfang dar, aber er ist in seinem Ertrag noch deutlich steigerbar. Interessanter wären sicherlich die umfangreichen Briefwechsel mit Ernst Forsthoff, Hans Barion, oder – wenn auch sicher nicht unter dem Gesichtspunkt des »Scheiterns« – mit Ernst-Wolfgang Böckenförde. Auch gibt es den Plan, die Briefwechsel Schmitts mit den Mitgliedern des Münsteraner Ritter-Kreises zu edieren, die Schmitt bekanntlich überwiegend »liberal rezipiert« haben (so Hermann Lübbe). Oder sollte schließlich die Definition Schmitts aufgehen, nach der zur Elite diejenigen gehören, deren Soziologie sich niemand zu schreiben getraut?

Dirk van Laak, Jena

Jürgen Habermas: *Die Einbeziehung des Anderen. Studien zur politischen Theorie*, Frankfurt a. M. 1996 (Suhrkamp Verlag) 404 S.

Jürgen Habermas ist aus dem politischen Leben der Bundesrepublik nicht wegzudenken. Seit dem Positivismus-Streit der frühen sechziger Jahre gibt es keinen intellektuellen Konflikt, in dem er sein beachtliches polemisches Talent nicht zur Geltung gebracht hätte: Auf die Studentenrevolte, die sich mit guten Gründen auf ihn berief und die er dennoch mutig kritisierte, folgte die Marxismus-Diskussion, in der er für eine »Rekonstruktion« des historischen Materialismus Partei ergriff. Im erbitterten Streit über die Schulpolitik stand er für Emanzipation und Herrschaftsfreiheit. Im Lärm um das Nichts der Postmoderne attackierte er die Überdruß- und Überflußtheoretiker, die so gern den Abschied vom Prinzipiellen genommen hätten. Und den Historiker-Streit in der zweiten Hälfte der achtziger Jahre brach er schließlich selbst vom Zaun.

Schwach war er eigentlich nur 1989/90. Zwar gehörte er nicht zu jenen, denen die Wende die Sprache verschlug. Er kommentierte die Ereignisse fortlaufend und hatte sein erstes Buch darüber noch vor der Volkskammerwahl im März 1990 abgeschlossen. Doch die Vorgänge, die auf eine Gesellschaft zuliefen, über die er stets hinausgewollt hatte, waren ihm fremd. So fand er zu ihrer Beschreibung als »nachholende Revolution« auch einen denkbar unpassenden Begriff. Seine Kritik am »DM-Imperialismus« des Westens hatte den Wahrheitswert einer Karikatur. Und der erst kurz zuvor von ihm in Anspruch genommene »Verfassungspatriotismus« reichte noch nicht aus, um auch das Einheitsgebot des Grundgesetzes wirklich ernstzunehmen; statt dessen wurden Wähler und Politiker dem Verdacht ausgesetzt, nationalistischen Träumen nachzuhängen.

Das alles ist lange her. Habermas hat uns inzwischen mit einer Flut von politischen Aufsätzen eingedeckt, die seit 1991 drei neue Bücher füllen. Hinzu kommt die 1992 mit *Faktizität und Geltung* vorgelegte diskurstheoretische Rechtstheorie, die es ihm erlaubt, mit ungleich größerer Kompetenz über politische Fragen zu sprechen. Solange Habermas dem Traum der Herrschaftsfreiheit nachhing, stand er theoretisch auf Kriegsfuß mit dem Recht. Nun kann er endlich auch mit eigenen Gründen sein, was er eigentlich schon immer war: Ein Anwalt der Rechtsstaatlichkeit. Er verteidigt, in guter kantianischer Tradition, den »Republikanismus«, und hat dabei das Versagen der Philosophie vor und nach 1933 stets vor Augen.

Für sein neues Buch hat der Autor einen schlecht formulierten Titel in Kauf genommen, um keinen Zweifel zu lassen, was er von der neuesten französischen Mode hält. Dort glaubt man mit der Entdeckung des »Anderen« einen großen philosophischen Fund gemacht zu haben, der zu einer Revision der angeblich nur auf das eigene Selbst zentrierten alteuropäischen Tradition nötige. *Die*

Einbeziehung des Anderen stellt nun schon auf dem Titelblatt heraus, daß der Diskurstheorie dieser Vorwurf nicht gemacht werden kann.

Tatsächlich würde es gar nicht zu Diskursen kommen, wenn da nicht ein konkret unterschiedener Anderer wäre. In empirischen Diskursen ist das offensichtlich. Wenn Habermas aber darlegt, daß dies auch für die von ihm reklamierten »idealen« Diskurse gelten soll, befreit er *de facto* die gesamte Tradition des rationalen Denkens vom Vorwurf der Selbstbesessenheit: Denn jedes Argument bezieht seinen Sinn daraus, daß es sich an einen konkret unterschiedenen Anderen wendet.

Doch so weit will Habermas auch wieder nicht gehen. Er müßte sonst eingestehen, daß überall dort, wo rational argumentiert wird, »Diskurse« ausgetragen werden. Damit könnte schon Descartes als Diskurstheoretiker gelten, und Kant wäre nicht länger der Vorwurf zu machen, er sei ein »monologischer« Denker. Obgleich Habermas an einer Stelle die Nachlässigkeit unterläuft, Kant als einen Diskurstheoretiker zu bezeichnen, so legt er doch erneut den größten Wert darauf, die »monologisch vorgenommene egozentrische Handhabung« der Vernunft zu verwerfen. Von der aber könne sich auch Kants kategorischer Imperativ nicht gänzlich befreien. Denn der Vernunftgebrauch falle hier »doch wieder in die alleinige Kompetenz des Einzelnen«.

Wenn das bei Habermas anders wäre, könnte man den Vorwurf gelten lassen. Tatsächlich aber bleibt auch dem Diskurstheoretiker am Ende nur die *eigene* Einsicht. Da er nicht alles in empirische Diskurse auflösen will, muß er »ideale Diskurse« behaupten, für die er letztlich aber *allein* zuständig ist. Nur von sich aus kommt er zur »ideal erweiterten Wir-Perspektive«, die er notfalls ganz allein zu verteidigen hat.

Dieser für die Diskurstheorie bereits im Ausgangspunkt ruinöse Sachverhalt wird von Habermas mit versierter Rhetorik überspielt: Was er in der Sache vorträgt, soll immer wie das unausweichliche Ergebnis der von ihm rekonstruierten Theoriegeschichte erscheinen. Dadurch setzt er selbst die sachlichen Vorbedingungen für die Diskussion, in der er folglich nicht als bloßer Teilnehmer, sondern immer auch als Moderator fungiert. So wird er zum Herrn der Diskurse, dessen eigene Einsicht bereits wie ein Konsens zum Vortrag kommt.

Das demonstrieren die ersten beiden Aufsätze des Sammelbandes. Mit größter Reichweite und in eindrucksvoller Dichte bringt der Autor seine Moral- und Rechtsphilosophie auf den neuesten Stand und verteidigt sie vor dem Forum der von ihm herbeizitierten Weltphilosophie. In seinem Urteil sind alle anderen aufgehoben. Da gibt es kaum einen bedeutenden Gegenwartsautor, der nicht auch einen Beitrag zur Diskurstheorie geleistet hätte. Jedem Schüler wird ein Platz angewiesen; Abweichler aus den eigenen Reihen werden milde gerügt. Und John Rawls, dessen Werk Habermas mit vorbildlicher Intensität diskutiert, erhält eine Sonderstellung im unmittelbaren Vorfeld. Von ihm hat er in den letzten Jahren wahrhaftig viel gelernt.

Das kommt den im engeren Sinn politiktheoretischen Beiträgen im größeren Teil des Bandes zugute. Am Leitfaden des Rechts kann sich der moralische Universalist jederzeit auf konkrete Fälle einlassen, ohne das Prinzip aus dem Auge zu verlieren. Hier ist der *homo politicus Habermasiensis* in seinem Element: Ein Soziologe und Philosoph ganz im Dienst einer politischen Aufklärung, die sich nicht auf die Kritik beschränkt, sondern durch theoretische Konstruktion praktische Wege in die Zukunft weist.

Es kann kein Zweifel sein: In dieser Rolle ist Jürgen Habermas singulär. So wenig die Grundlegung seiner Diskurstheorie überzeugt, so einzigartig ist seine Leistung als Aufklärer und politischer Moralist. Mit sicherem Gespür nimmt er die wichtigen Gegenwartsfragen auf, gibt ihnen eine historische Dimension, erörtert sie unter dem Anspruch der Vernunft und stellt sie in eine umfassende menschheitliche Perspektive.

Im neuen Band gilt das für den Begriff der Nation, der eine rechtlich-demokratische Fassung erhält, so daß darin das Bewußtsein von den eigenen politischen Leistungen einer staatlichen Gemeinschaft zum Ausdruck kommt. Es gilt auch für Volkssouveränität und Menschenrechte, die Habermas als »gleichursprünglich« bezeichnet; das hat Folgen für die Bewertung von Emanzipationsbewegungen sowohl im Inneren der Staaten wie auch im globalen Zusammenhang. Und es gilt vor allem für die Deutung des Friedens als der vorrangigen Aufgabe aktiver internationaler Politik.

Dabei rücken die Fragen supranationaler Organisation in den Vordergrund, in denen Habermas völlig zu Recht die größte politische Herausforderung für die gegenwärtige Staatengemeinschaft erkennt. Und dies nicht zuletzt aus ökonomischen Gründen: Wenn der weltweite Finanzmarkt nicht als absolut verselbständigte Macht alles andere bestimmen soll, dann müssen neue Kompetenzen und Institutionen geschaffen werden, denen die Einzelstaaten sich zu fügen haben. Der souveräne Staat, an dem sich das Verständnis von Politik bis heute orientiert, muß umfassende Handlungsformen finden, wenn das, was ihm wichtig ist, politisch gewahrt bleiben soll. Um diese Perspektive näher zu kennzeichnen, greift Habermas auf eine oft zitierte Hegelsche Wendung zurück und spricht von der »Aufhebung« des Staates. Er selbst ist der staatlichen Macht theoretisch nie näher gewesen als hier.

Zu den wichtigsten Leistungen des Buches gehört die ausführliche Kritik an Carl Schmitt. Dieser in die Jurisprudenz verschlagene Literat, der sich wahllos historischer Denkfiguren bediente, um mit leichtfertiger Kritik am Parlamentarismus zu brillieren, wurde trotz seiner Karriere in Hitlers Drittem Reich zum Inspirator des Verfassungsrechts der Bundesrepublik. Das gehört in die *chronique scandaleuse* der deutschen Justiz.

Wenn Habermas nun so ausdrücklich gegen Schmitt Stellung bezieht, dann ist allein das schon ein eminentes Zeichen: Wir sollen und können erkennen, daß die Tradition des politischen Denkens in Deutschland nicht Figuren wie Carl Schmitt überlassen werden muß. Es gibt ein größeres republikanisch-demokratisches Erbe, das durch den Namen Kants bezeichnet ist. Habermas will es für die neue Weltlage aktualisieren.

Auch wenn man seinen Vorschlägen in der Sache oft nicht zustimmen kann, auch wenn man seine umständlichen Versuche, den Begriff der Nation zu rehabilitieren, nur als eine fällige Selbstaufklärung ansehen kann, auch wenn man die von ihm betriebene Abwertung der klassischen Theorien zugunsten des eigenen angeblich »nachmetaphysischen« Ansatzes immer wieder ärgerlich findet, und obgleich man sich von einem so nachdrücklich überzeugten Fallibilisten gelegentlich einmal das Eingeständnis eines eigenen Irrtums wünschte, so ist doch die historische Bedeutung der politischen Publizistik von Jürgen Habermas gar nicht zu übersehen: Mit dieser theoretischen Reichweite, mit dieser Präsenz hat seit Max Weber niemand mehr in Deutschland über Politik geschrieben.

Und selbst Max Weber hatte zu seinen Lebzeiten nicht das publizistische Renommee, das Habermas heute international genießt. Keiner hat so viel für die atlantische Gemeinschaft der Wissenschaftler getan wie er. Deshalb ist es ein Glück für das vereinte Deutschland, daß er es ist, der die bessere Tradition der Politischen Philosophie in diesem Land mit so viel Nachdruck zur Geltung bringt.

In dieser Perspektive ist es ein Vorzug, daß Habermas, trotz seines inzwischen erwachten Interesses an institutionellen Fragen, *primär moralisch* argumentiert und damit der Politik nach wie vor nur *als Kritiker* nahekommt. Er artikuliert Erwartungen und Ansprüche an die Politik, die in ihrer moralischen und rechtlichen Bedeutung wohl auch die Funktion von allgemeinen Kriterien übernehmen können. Die Kriterien aber müssen, wie Habermas nicht nur von Hegel, sondern auch von Kant hätte lernen können, mit den historischen, kulturellen und sozialen Bedingungen des jeweiligen politischen Lebens vermittelt werden, ehe daraus Elemente einer Theorie des Politischen werden können. Man hat den Eindruck, daß Habermas, der als Soziologe eigentlich auf die Wahrnehmung der konkreten Faktoren spezialisiert sein sollte, erstmals nach 1989 ahnt, daß es solche historisch-institutionellen Einflußgrößen gibt.

Doch er hält sich auch jetzt nicht länger bei ihnen auf. Seine Neigung führt ihn rasch zu den allgemeinen Bedingungen zurück, denen man jetzt mit dem Zauberwort der »Globalisierung« die Weihe des Konkreten geben kann. Überhaupt ist die »Globalisierung« *der* Glückfall für die verbliebenen Marxisten. Die schon von den Theoretikern des 18. Jahrhunderts vorhergesehene Entstehung eines Weltmarkts gibt ihnen nämlich noch einmal das gute Gefühl, daß Marx Recht gehabt hat. Und so können sie gleich wieder jene Illusionen mobilisieren, von denen der Marxismus von Anfang an gelebt hat. Daran sieht man, daß die »Entzauberung« der modernen Welt, diejenigen am wenigsten erreicht, die am liebsten von ihr reden.

Auch dies charakterisiert den *homo politicus Habermasiensis*: Er ist bereit, jederzeit an eine alternative Zukunft zu glauben, sofern er nur selbst zu denen gehört, die sie anderen versprechen – gleichviel, welche Erfahrungen man in der Vergangenheit mit jener (stets den anderen) versprochenen Zukunft gemacht hat. Das Stadium des *homo sapiens sapiens* ist in der politischen Philosophie aber erst erreicht, wenn zumindest jeder *Theoretiker* lernt, von der Politik im eigenen Namen zu sprechen.

Volker Gerhardt, Berlin

Zu den Autorinnen und Autoren

PROF. DR. JÜRGEN GEBHARDT, Institut für Politische Wissenschaft, Friedrich-Alexander-Universität Erlangen-Nürnberg, Bismarckstraße 8, 91054 Erlangen

PROF. DR. VOLKER GERHARDT, Institut für Philosophie, Humboldt-Universität Berlin, Unter den Linden 6, 10177 Berlin

PROF. DR. GILBERT KIRSCHER, Université Charles de Gaulle Lille III, Sciences Humaines, Lettres et Arts Domaine Universitaire, Literaire et Juridique, B.P. 149, F. 59653 Villeneuve D'Ascq. Cedex

DR. HANS-CRISTOF KRAUS, Forschungsinstitut für Öffentliche Verwaltung, Hochschule für Verwaltungswissenschaften Speyer, Postfach 1409, 67324 Speyer

DR. DIRK VAN LAAK, Historisches Institut, Friedrich-Schiller-Universität Jena, Humboldtstraße 11, 07743 Jena

PROF. DR. HENNING OTTMANN, Geschwister-Scholl-Institut für Politische Wissenschaft, Ludwig-Maximilians-Universität München, Oettingenstraße 67, 80538 München

DR. JÖRG PANNIER, Schiffarther Damm 55, 48145 Münster

PROF. DR. ALOIS RIKLIN, Institut für Politikwissenschaft, Universität St. Gallen, Dufourstraße 45, CH-9000 St. Gallen

DR. ANKE THYEN, Guerickestraße 41, 10587 Berlin

PROF. DR. PIET TOMMISSEN, Reinaertlaan 5, B-1850 Grimbergen

DR. ANNETTE VOWINCKEL, Blücherstraße 40, 10961 Berlin